U0323883

徐州工程学院学术著作出版资金资助项目

复杂场景下目标跟踪关键技术

孙金萍　著

中国矿业大学出版社

·徐州·

图书在版编目(CIP)数据

复杂场景下目标跟踪关键技术 / 孙金萍著. —徐州：
中国矿业大学出版社，2023.4
　　ISBN 978 - 7 - 5646 - 5321 - 7

　　Ⅰ. ①复… Ⅱ. ①孙… Ⅲ. ①目标跟踪—研究　Ⅳ.
①TN953

中国版本图书馆 CIP 数据核字(2022)第 039547 号

书　　名　复杂场景下目标跟踪关键技术
著　　者　孙金萍
责任编辑　姜　华
出版发行　中国矿业大学出版社有限责任公司
　　　　　（江苏省徐州市解放南路　邮编 221008）
营销热线　(0516)83884103　83885105
出版服务　(0516)83995789　83884920
网　　址　http://www.cumtp.com　E-mail:cumtpvip@cumtp.com
印　　刷　苏州市古得堡数码印刷有限公司
开　　本　787 mm×1092 mm　1/16　印张 14　字数 368 千字
版次印次　2023 年 4 月第 1 版　2023 年 4 月第 1 次印刷
定　　价　58.00 元

（图书出现印装质量问题,本社负责调换）

前　言

　　视频目标跟踪是当前计算机视觉领域的重要研究方向，在人工智能和大数据应用中扮演着重要角色。目标跟踪的任务是根据第一帧中目标的初始状态，对视频序列后续帧中目标状态进行估计和定位。过去几十年里，大量关于目标跟踪的理论和算法相继提出，不断提高了算法性能。但是，当处理实际应用场景下目标跟踪问题时，随时会出现不可预知的干扰因素，影响到算法的效果，给跟踪带来巨大挑战。如何进一步提高目标跟踪算法在目标形变、低照度、背景干扰、快速运动、遮挡、低分辨率等复杂场景下的跟踪性能，并实现算法在实时性和鲁棒性之间的平衡，仍然是一个亟须解决的问题。

　　本书以实现复杂场景下的目标跟踪为研究主线，以生成式模型、判别式模型和孪生网络架构的相关知识为驱动，在不影响实时性的前提下，以提高算法的准确率、成功率和鲁棒性为目标，设计满足实际应用需求的目标跟踪算法。本书主要的研究工作概括如下：（1）针对传统 Camshift 算法的目标外观表征模型和重定位策略设计简单，在复杂场景下不能实现有效目标跟踪的问题，以优化目标外观表征模型和提高跟踪精度为目标，提出一种联合改进局部纹理特征和辅助重定位的生成式跟踪算法。（2）针对相关滤波器处理边界效应问题时，在考虑输入特征相关性和多样性方面存在的不足，以优化滤波器特征选择模型和提高算法成功率为目标，提出一种基于动态空间正则化和目标显著性引导的相关滤波跟踪算法。（3）针对单个相关滤波器跟踪模型对背景干扰、低分辨率等复杂场景比较敏感的问题，以优化多传统手工特征交叉融合的滤波器数学模型和提高算法准确率为目标，提出一种基于优化多特征耦合模型和尺度自适应的相关滤波跟踪算法。（4）针对传统相关滤波器在建模和目标外观表示等方面存在的不足，以优化滤波器模型的建模方法和提高算法鲁棒性为目标，提出一种改进深度特征与稀疏/平滑双约束的相关滤波跟踪算法。（5）针对基于孪生网络的目标跟踪算法仅使用单一固定的模板分支，导致算法难以有效处理目标遮挡、外观变化和相似干扰物等场景下的跟踪问题,以提高共享骨干网络的泛化能力和模板分支的抗噪能力为目标,提出一种基于双模板分支和层次化自适应损失函数的孪生轻量型网络的目标跟踪算法。(6)针对目标外观变化、雾霾天气、低分辨率、光照变化、背景干扰、遮挡等复杂场景下,现有视频监控系统的跟踪效果不理想、准确性差的问题,设计一套具有目标检测、车牌识别和目标跟踪功能的智能视频监控系统。

作者一直从事图像处理技术、计算机视觉、模式识别等方向的研究工作,尤其针对计算机视觉领域视频运动目标检测和跟踪技术进行了较为深入的研究。本书第3—8章等核心章节中的关键技术均已通过大量实验进行了测试,并与其他目标跟踪算法进行了对比分析,验证了所提算法的有效性。对应第3—8章内容,以第一作者公开发表SCI检索期刊论文6篇,EI检索期刊论文4篇,中文核心期刊2篇,所设计的算法得到同行评审专家的认可。期望本书能够为读者进一步研究提供有益的帮助,为本领域的发展产生一些积极作用。

本书的出版得到江苏省高等学校基础科学(自然科学)研究重大项目(复杂场景下基于相关滤波的单目标跟踪技术研究,22KJA520012)和徐州市科技计划重点研发计划(社会发展)项目(智能交通复杂场景下基于相关滤波的交通目标跟踪关键技术研究,KC22305)的资助。在此表示感谢!

由于作者时间和水平所限,书中的错误在所难免,恳请读者指出。

著者

2023.4

目　　录

1　绪论 ……………………………………………………………………………………… 1

　1.1　研究背景及意义 …………………………………………………………………… 1

　1.2　研究范畴 …………………………………………………………………………… 2

　1.3　国内外研究现状 …………………………………………………………………… 3

　　1.3.1　生成式跟踪模型 …………………………………………………………… 3

　　1.3.2　判别式跟踪模型 …………………………………………………………… 5

　　1.3.3　基于孪生网络的跟踪模型 ………………………………………………… 6

　1.4　目标跟踪面临的挑战 ……………………………………………………………… 7

　1.5　存在的问题 ………………………………………………………………………… 8

　1.6　研究内容 …………………………………………………………………………… 9

　1.7　本书结构 …………………………………………………………………………… 13

2　相关准备知识 …………………………………………………………………………… 14

　2.1　Camshift 算法-生成式模型 ……………………………………………………… 14

　2.2　相关滤波算法-判别式模型 ……………………………………………………… 15

　　2.2.1　循环矩阵的性质 …………………………………………………………… 16

　　2.2.2　单通道的岭回归建模 ……………………………………………………… 17

　　2.2.3　多通道的岭回归建模 ……………………………………………………… 17

　2.3　孪生网络结构的目标跟踪架构 …………………………………………………… 18

　2.4　目标跟踪中的常用特征 …………………………………………………………… 19

　　2.4.1　经典手工特征 ……………………………………………………………… 19

　　2.4.2　深度特征 …………………………………………………………………… 20

　　2.4.3　轻量型卷积神经网络 ……………………………………………………… 23

　2.5　目标跟踪测试集及评价指标 ……………………………………………………… 25

　　2.5.1　测试数据集 ………………………………………………………………… 25

　　2.5.2　评价指标 …………………………………………………………………… 27

　2.6　本章小结 …………………………………………………………………………… 28

3　联合改进局部纹理特征和辅助重定位的生成式跟踪算法 …………………………… 29

　3.1　研究动机 …………………………………………………………………………… 29

　3.2　整体框架 …………………………………………………………………………… 30

　3.3　联合改进局部纹理特征和辅助重定位的跟踪算法 ……………………………… 31

3.3.1 基于改进粒子群优化算法的局部纹理特征模型……………… 31

3.3.2 目标外观表征模型……………………………… 38

3.3.3 基于改进局部纹理特征的跟踪算法……………… 39

3.3.4 基于样本队列的目标重定位模块………………… 42

3.3.5 目标模板更新……………………………… 45

3.3.6 算法流程……………………………… 46

3.4 实验结果分析及讨论……………………………… 48

3.4.1 定量分析……………………………… 48

3.4.2 定性分析……………………………… 55

3.5 本章小结……………………………… 56

4 基于动态空间正则化和目标显著性引导的相关滤波跟踪算法……… 58

4.1 研究动机……………………………… 58

4.2 整体框架……………………………… 59

4.3 空间正则化和目标显著性引导的相关滤波跟踪算法……… 60

4.3.1 动态空间正则化目标函数的建模………………… 60

4.3.2 目标函数的优化过程……………………… 61

4.3.3 目标外观表征模型……………………… 62

4.3.4 基于动态空间正则化的跟踪算法………………… 63

4.3.5 基于目标显著性引导的重检测模块……………… 65

4.3.6 目标模型更新……………………… 67

4.3.7 算法流程……………………… 67

4.4 实验结果分析及讨论……………………… 69

4.4.1 显著性检测效果对比分析………………… 69

4.4.2 目标跟踪结果对比分析…………………… 71

4.5 本章小结……………………… 77

5 基于优化多特征耦合模型和尺度自适应的相关滤波跟踪算法……… 78

5.1 研究动机……………………… 78

5.2 整体框架……………………… 79

5.3 多特征耦合建模和尺度自适应的相关滤波跟踪算法……… 80

5.3.1 判别式相关滤波模型……………………… 80

5.3.2 多特征耦合目标函数的建模………………… 81

5.3.3 目标函数的优化过程……………………… 82

5.3.4 基于多特征耦合的跟踪算法………………… 84

5.3.5 候选区域建议方案……………………… 85

5.3.6 目标模型更新……………………… 86

5.3.7 算法流程……………………… 89

5.4 实验结果分析及讨论……………………… 90

　　　5.4.1　定量分析 ……………………………………………………… 91
　　　5.4.2　定性分析 ……………………………………………………… 97
　5.5　本章小结 ……………………………………………………………… 98

6　改进深度特征与稀疏/平滑双约束的相关滤波跟踪算法 …………………… 99
　6.1　研究动机 ……………………………………………………………… 99
　6.2　整体框架 ……………………………………………………………… 100
　6.3　分层深度特征和低秩相关滤波的跟踪模型 ………………………… 101
　　　6.3.1　单通道的套索回归建模 …………………………………… 101
　　　6.3.2　滤波器的低秩约束 …………………………………………… 101
　　　6.3.3　多通道的低秩建模 …………………………………………… 102
　　　6.3.4　目标函数的优化过程 ………………………………………… 102
　　　6.3.5　目标外观表征模型 …………………………………………… 103
　　　6.3.6　由粗粒度到细粒度的跟踪算法 …………………………… 105
　　　6.3.7　目标模型更新 ………………………………………………… 107
　　　6.3.8　算法流程 ……………………………………………………… 108
　6.4　实验结果分析及讨论 ………………………………………………… 109
　　　6.4.1　定量分析 ……………………………………………………… 109
　　　6.4.2　定性分析 ……………………………………………………… 115
　6.5　本章小结 ……………………………………………………………… 117

7　基于双模板分支和层次化自适应损失函数的孪生轻量型网络的目标跟踪算法 …… 118
　7.1　研究动机 ……………………………………………………………… 118
　7.2　整体框架 ……………………………………………………………… 119
　7.3　基于双模板分支孪生轻量型网络的目标跟踪算法 ………………… 120
　　　7.3.1　构建层次化自适应损失函数的轻量型 CNN ……………… 120
　　　7.3.2　核损失函数分析 ……………………………………………… 122
　　　7.3.3　动态外观模板构建 …………………………………………… 126
　　　7.3.4　双模板分支目标跟踪模块 ………………………………… 128
　　　7.3.5　算法流程 ……………………………………………………… 128
　7.4　实验结果分析及讨论 ………………………………………………… 129
　　　7.4.1　消融实验 ……………………………………………………… 129
　　　7.4.2　定量分析 ……………………………………………………… 130
　　　7.4.3　性能与速度分析 ……………………………………………… 136
　　　7.4.4　定性分析 ……………………………………………………… 136
　7.5　本章小结 ……………………………………………………………… 137

8　基于目标检测跟踪的智能视频监控系统 …………………………………… 139
　8.1　系统概述 ……………………………………………………………… 139

8.1.1 系统总体架构 ·· 139
8.1.2 客户端的总体架构 ·· 140
8.1.3 服务器的总体架构 ·· 141
8.1.4 系统的通信流程 ·· 141
8.2 客户端功能设计 ·· 143
8.2.1 数据采集模块设计 ·· 143
8.2.2 数据传输模块设计 ·· 144
8.2.3 报警联动模块设计 ·· 144
8.3 服务器功能设计 ·· 148
8.3.1 硬盘录像模块设计 ·· 148
8.3.2 目标检测模块设计 ·· 151
8.3.3 车牌识别模块设计 ·· 152
8.3.4 目标跟踪模块设计 ·· 153
8.4 系统网络架构设计 ·· 156
8.5 系统心跳、容灾机制设计 ·· 157
8.6 系统测试分析 ·· 157
8.6.1 测试环境搭建 ·· 158
8.6.2 目标检测模块测试与分析 ·· 159
8.6.3 目标跟踪模块测试与分析 ·· 159
8.6.4 系统容灾能力测试与分析 ·· 160
8.6.5 协议包分析 ·· 160
8.7 本章小结 ·· 162

参考文献 ·· 163

附录 ·· 176

后记 ·· 209

1　绪　　论

视频中目标跟踪技术是当前计算机视觉领域的重要研究方向和研究热点之一,已被广泛地应用于智能交通、安全监控等诸多领域。本章主要从以下七个方面展开论述:第一部分主要介绍研究背景及意义;第二部分主要介绍本书的研究范畴;第三部分详细阐述目前国内外在目标跟踪领域的研究进展情况;第四部分概述目前目标跟踪领域存在复杂场景的挑战;第五部分分析目标跟踪目前存在的主要问题;第六部分对本书的研究内容进行简要介绍;第七部分给出本书的框架结构。

1.1　研究背景及意义

在现实生活中,人类的视觉范畴是非常广泛的,往往人们观测到的场景或图像中,不仅包含了运动目标,还包括了许多静止的物体和背景。但是在工业控制、交通监控、安全防护、军事制导等领域,人们感兴趣的主要是视频中运动目标的状态,而并不考虑静止物体或背景的状态。于是,针对运动目标的视频监控系统得到了发展和应用。智能视频监控系统是指在视频监控系统中增加图像分析处理模块,使得计算机能够实现无人监管下的自动监控。它采用一些图像识别技术,利用计算机从动态的视频图像序列中检测出感兴趣的目标信息并对目标进行跟踪,从而提高人们的工作效率和生活质量。运动目标跟踪是智能视频监控系统[1]中一项最关键的技术,融合了图像处理、模式识别和计算机应用等若干领域的先进技术,也是当前计算机视觉研究中尚未根本解决的重点和难点问题。视频目标跟踪是各种高层级视频处理的基础,如目标行为分析、行为识别、视频图像的压缩编码等,已经成为众多研究机构以及研究者重点关注的研究领域[2-3]。视频跟踪技术为主或与之密切相关的重要应用包括:智能监控[4]、基于视觉的人机交互[5]、智能交通、自动驾驶[6-8]、机器人视觉导航[9]、精确制导系统。此外,视频目标跟踪在医学诊断[10]、图像压缩、三维重构、视频检索等领域均有广泛的应用和发展前景。

过去几十年里,比较经典的目标跟踪算法主要基于卡尔曼滤波[11]、均值漂移[12]和粒子滤波[13]相关理论知识展开的,但在处理光照变化、遮挡、背景干扰和形变等复杂多变场景下的跟踪问题时,跟踪效果差、鲁棒性不强。近几年相关滤波[14-16]的出现,利用循环矩阵产生大量训练样本,利用频率域的快速傅立叶变换加快处理速度,为目标跟踪提供了一个新的研究思路。尤其,将深度学习和相关滤波相结合[17-21],既得益于深度特征强大的表达能力,又得益于相关滤波跟踪框架的高速处理能力,使跟踪算法在鲁棒性和准确率方面都有很大提升。

然而,随着信息智能和网络技术的不断发展,实际应用中视频数据与日俱增,对视频目标跟踪在学术层面提出更高质量的要求。目前,大部分跟踪算法都是在基于公开数据集上进行参数在线训练、测试和评价的,通过这种方式训练出的目标跟踪模型,在某些数据集上表现出很好的跟踪性能。但目标跟踪算法最终的任务是处理实际应用场景下的目标跟踪问题，而实际跟踪环境随时会出现不可预知的干扰因素，导致跟踪场景复杂多变，最终影响到算法的跟踪结果。目前，针对目标遮挡、光照变化、形变、低分辨率、低照度和旋转等复杂场景下的目标跟踪，仍然可能因为目标外观表征模型受到干扰、模型鉴别能力弱或不正确的模型更新而引起跟踪漂移或丢失的问题，跟踪准确性和鲁棒性仍需进一步提高，才能不断满足实际应用的需要。研究对各种复杂场景更具普适性的目标跟踪算法，具有十分重要的理论意义和实践价值。本书正是在这种背景下展开目标跟踪算法的研究和改进工作的。

1.2　研究范畴

根据跟踪目标数量的不同，将目标跟踪分为单目标跟踪和多目标跟踪，本书主要研究单目标跟踪技术。仅对所关注的单一目标及其所包含的背景统一进行建模，设计鲁棒的外观表征模型，在给定初始帧中目标初始状态的前提下，实现后续目标跟踪。

目标跟踪总体可以划分为五个部分内容：① 运动模型：如何产生众多的候选样本。② 特征提取：如何有效表达目标特征的外观表征模型。③ 观测模型：对候选样本进行评价，预测最优结果的跟踪模型。④ 模型更新：如何对模型进行更新使其能够适应目标变化的更新模型。⑤ 集成方法：如何融合多个决策获得一个更优的决策结果。按照这五个部分对目标跟踪进行流程划分，如图 1-1 所示。

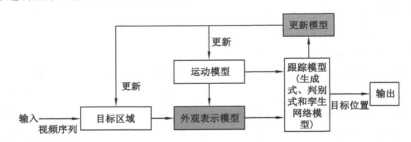

图 1-1　跟踪流程图

目标跟踪过程描述为：给定某视频序列初始帧的目标大小与位置的情况下，预测后续帧中该目标的大小与位置。输入初始化目标框，在下一帧中产生众多候选框（Motion Model），提取这些候选框的特征（Feature Extractor），然后对这些候选框评分（Observation Model），最后在这些评分中找一个得分最高的候选框作为预测的目标（Prediction A），或者对多个预测值进行融合（Ensemble）得到更优的预测目标。跟踪示意图如图 1-2 所示。

第1帧　　　　　　　　第2帧　　　　　　　　第t帧

图 1-2　跟踪示意图

1.3 国内外研究现状

目前,国内外一些权威期刊和国际顶级会议上,目标跟踪技术仍然是一个关注度很高的研究领域。如《自动化学报》、《计算机学报》、《通信学报》、《软件学报》、TPAMI(IEEE Transactions on Pattern Analysis and Machine intelligence)和 IJCV(International Journal of Computer Vision)等国内外期刊,以及计算机视觉与模式识别(IEEE Conference on Computer Vision and Pattern Recognition,CVPR)、国际计算机视觉(IEEE International Conference on Computer Vision,ICCV)和欧洲计算机视觉(European Conference on Computer Vision,ECCV)等国际顶级会议,每年都发表和收录大量关于目标检测和跟踪理论研究新进展的论文。国际上著名的卡内基梅隆大学、麻省理工学院和加州理工学院等高校,三菱电气研究实验室等研究所,国内中国科学院自动化所、清华大学信息处理实验室、大连理工大学等高校,都设计了专门用于目标跟踪研究的工作室,对目标跟踪理论的发展做出了突出的贡献。

根据不同的跟踪原理和评价标准,解决目标跟踪问题的算法可以分成不同系列。根据跟踪目标的个数划分,可以分为基于单目标的跟踪[22-24]和基于多目标的跟踪[25-28]。根据构建目标外观模型时是否依赖相邻帧中目标图像,可以分为基于在线视频的跟踪[29-30]和基于离线视频的跟踪[31-32]。按照跟踪模型的建模方式划分,大致可以分为基于生成式模型的跟踪[33-34]和基于判别式模型的跟踪[35-37]。接下来结合本书的研究工作,分别从基于生成式、判别式和孪生网络三个跟踪模型对目标跟踪算法的研究现状进行分析和介绍。

1.3.1 生成式跟踪模型

基于生成式跟踪模型的跟踪算法流程如图 1-3 所示。首先提取目标的特征模型,建立目标运动模型,判断候选区域和目标模型之间的相似性,选择和目标模型最相似的迭代结果作为预测结果,输出目标的状态。

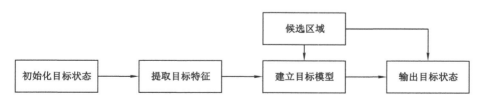

图 1-3 生成式跟踪模型

早期目标跟踪研究工作由于受计算资源和数据资源的限制,目标跟踪算法主要集中在基于生成式模型上,典型的算法有粒子滤波[13,38]、光流法[39-40]和均值漂移[12,41-43]算法。其中,光流法是利用前后两帧之间的像素关系来计算出像素位移的变化情况,进而判断出目标运动状态,实现对目标的跟踪。如果目标发生的光照变化或者位移变化很大,会影响光流法的跟踪效果,无法满足实际的目标跟踪场景。针对光流法鲁棒性不强的问题,一些文献[44-45]在特征表示方面做了改进。利用 Harris 角点特征[46]代替光流法中的像素更好地描述目标,降低算法的复杂度,提高跟踪性能。将通过构建尺度不变的三分支网络[47]应用到目标检测中,取得一定效果。为了缩小参与计算像素范围,出现了 Kalman 滤波和粒子滤波算法。Kalman 滤波对目标出现遮挡情况时,能够有效进行位置预测,但只适用于线性系统。杨旭升等人[48]利用平方根容积来改进 Kalman 滤波算法,提高跟踪精度。粒子滤波[49-50]可以克服 Kalman 滤波在非高斯分布噪声干扰方面的问题,但是其条件概率使用欧氏距离或者马氏距离来度量,且估计精度与选择的粒子数量有关,在跟踪效果和实时性方面受限。

为了减少光照变化和外观形变对模型的影响,均值漂移算法使用核密度函数对目标外观模型进行表示,通过迭代的方式定位局部最优位置。Meanshift[41]算法以其计算简单、实时性高的特点被广泛应用。但 Meanshift 由于对旋转、尺度、背景运动等不敏感,且缺乏对目标模型的实时更新,因而在工程应用中,容易因目标尺度变化而导致跟踪失败。Bradski 为解决 Meanshift 算法无法实时更新目标模型的问题,对 Meanshift 算法进行改进并提出 Camshift 算法[51](Continuously Adaptive Mean Shift algorithm)算法,它是一种基于颜色概率分布的跟踪算法。该算法适用于目标颜色单一且与背景有较大颜色差异的跟踪场景,不适用于目标和背景颜色相近或者背景复杂、目标纹理丰富的目标跟踪场景。国内外学者在特征提取和位置预测等方面对 Camshift 算法进行了改进。在基于颜色概率分布的基础上,引入具有鉴别能力的纹理[52]等特征,解决了传统 Camshift 算法的不足。在 Camshift 算法和多特征融合的基础上,利用高斯函数对目标区域进行加权,利用卡尔曼滤波对运动目标的位置进行预测,以达到准确跟踪目标和防止遮挡的目的[53]。采用核回归度量学习方法构建最小化预测误差的距离度量矩阵优化模型,用最优候选预测值计算重构误差以构建目标观测模型实现有效跟踪[54]。

Camshift 算法在获取跟踪目标的颜色直方图时,由于夹杂了背景像素信息,导致跟踪的准确性不高。针对该问题,研究者们提出以颜色特征为基础并融入纹理、边缘方向等特征作为辅助特征的解决方案[55-56]。该类方法对于提升跟踪算法鲁棒性有一定效果,但同时也增加了算法的时间复杂度,影响算法的执行效率。另外,提取这些辅助特征也会存在一定偏差[57],从而影响算法的跟踪效果。将目标区域看成是前景目标和背景的叠加,如果能抑制背景对目标干扰的影响,可以在一定程度上提高算法跟踪效果。王旭东等人[58]提出背景抑制直方图模型的连续自适应均值漂移跟踪算法,通过对原始颜色模型中属于背景的色调进行抑制,提高了跟踪的准确性和稳定性。Howard 等人[59]对 Camshift 算法进行扩展,添加了自适应核带宽和状态估计的快速运动目标状态预测算法,减少了平均位移迭代。Roy 等人[60]利用 Camshift 跟踪器从视频图像中检测手部运动轨迹,结合马尔可夫模型序列分类方法提高目标检测的成功率。Liu[61]采用背景相减的方法获得前景像素进行目标检测,并基于 Camshift 算法预测行人姿态。Bankar 等人[62]利用 Camshift 算法进行了头部姿势的预测,为目标检测提供一定的参考。Guan 等人[63]不仅将 Camshift 算法与卡尔曼滤波器相结合,还引入 Bhattacharyya 系数来判断跟踪的准确性。

除了考虑对目标本身进行建模外,有些研究将目标信息和背景信息联合建模,设计鉴别式跟踪算法,最典型的是基于统计理论的支持向量机(Support Vector Machine,SVM)方法[64]和结构化的支持向量机方法[65]。此外,将生物信息学和信号分布特性交叉研究,基于子空间先验分布的跟踪算法得到发展,如低秩表示的跟踪算法[66]和稀疏表示的跟踪算法[67-68]。

1.3.2　判别式跟踪模型

基于判别式跟踪模型将跟踪任务等价于一个二值分类问题,同时提取目标和背景并分别作为正负样本输入分类器,并通过机器学习方法来训练分类器。输入一帧新的图像,分类器能够判别目标和非目标,输出的分类结果即为目标的最终位置[69-76],判别式跟踪算法的流程图如图 1-4 所示。

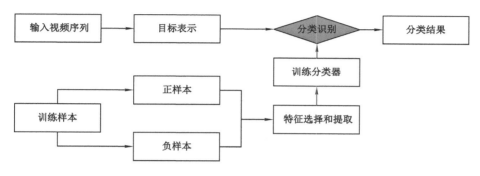

图 1-4　判别式跟踪模型

Avidan[77]在跟踪算法中引入支持向量机,结合光流法和支持向量机算法进行车辆跟踪任务,其中光流法用于实现对目标的跟踪,而支持向量机则利用提取到的特征对候选样本进行筛选。Grabner 等人提出采用多个弱分类器组合成一个强分类器的实时在线跟踪算法[78],这种集成学习的方法可以有效提高目标的检测精度。Babenko 等人[79]在 Boosting 算法的基础上提出基于在线多示例学习目标跟踪算法,训练样本是由多个示例组成的包,通过对正负样本包进行训练,该算法能够有效降低跟踪漂移。Hare 等人[80]提出结构化 SVM 的自适应目标跟踪算法(Struck:Structured output tracking with kernels, Struck),省略分类过程而直接输出结果,通过限制跟踪过程中支持向量的增长,算法获得较高实时性。Kalal 等人[81]结合在线半监督学习算法和未标记结构化数据,提出一种单目标长时间跟踪算法,采用一种基于跟踪-学习-检测(Tracking-Learning-Detection, TLD)的跟踪框架,通过在线学习机制不断更新跟踪模块的特征点及检测模型,可有效应对形变和遮挡等问题,其跟踪效果比较可靠和稳定。

近年来,在判别式跟踪模型的框架下,主要有以下三个研究方向:基于相关滤波的目标跟踪算法、基于深度特征的目标跟踪算法和基于孪生网络的目标跟踪算法,其研究现状分别介绍如下:

(1)基于相关滤波的目标跟踪算法

在基于相关滤波的目标跟踪算法出现之前,跟踪所有操作都是在时域内完成的,矩阵运算的数据量大,算法计算时间较长。而基于相关滤波[82-85]的目标跟踪算法将运算转换为频域,减少计算量的同时也能保证数据的完整性。利用循环矩阵在频域内的对角化性质,降低计算复杂度,提高了跟踪速度。

Bolme 等人[86]首次将相关滤波引入到跟踪领域,提出使用输出平方误差最小(Minimun Output Sum of Square Error, MOSSE)滤波器实现跟踪任务,该算法能够在保证跟踪精度的同时获得较快的跟踪速度。但 MOSSE 滤波器在进行密集采样时会出现由于训练样本不足而导致跟踪性能下降的问题。Henriques 等人针对该问题提出 CSK(Circulant Structure of Tracking－by－detection with Kernels, CSK)算法[87-88]，通过对目标区域进行循环移位来增加训练样本的数量。Danelljan 等人[89]在 MOSSE 的基础上，在构造目标函数时添加正则项，缓解样本在频域内有零频分量的情况，构建尺度金字塔进行目标尺度估计。Henriques 等人[90]提出 KCF(Kernel Correlation Filter, KCF)算法，是对 CSK 算法的进一步完善，解决 CSK 算法对目标描述能力不足的问题，通过提取梯度直方图(Histogram of Oriented Gradient, HOG)特征，并与岭回归和循环矩阵结合，使得目标跟踪速度得到大幅提升。在目标特征表示方面采用多特征融合的方式[82]，在滤波器目标函数建模方面采用空间正则[83]和时序加权的方式，都可以增强滤波器的准确性和鲁棒性。SAMF(A scale adaptive kernel correlation filter tracker with feature integration, SAMF)算法[91]是将颜色特征、灰度特征和 HOG 特征融合后矢量链接作为目标的特征，刘明华等人[92]利用局部敏感直方图和超像素分割表示目标外观模型，赵浩光等人[93]设计了尺度自适应的多特征外观模型，Yuan 等人[94]在多特征融合方面也做了大量工作，提出基于多特征融合的相关滤波模型(Multiple feature fused tracker, MFFT)，并取得较好的跟踪结果。

（2）基于深度特征的目标跟踪算法

近年来，深度学习推动了人工智能领域的飞速发展，在人脸识别、语音识别、图像检测等方面，其识别准确率超越了传统机器学习算法。在特征提取方面，不同于传统机器学习方法，深度学习以自学习的方式自动从原始数据中挖掘更高级特征，而这些高级特征往往比传统手工特征具有更强的鉴别性。因此，利用深度特征对跟踪目标进行外观表达，可以取得不错的跟踪效果。首次将相关滤波和深度特征相结合的是 DeepSRDCF(Learning Spatially Regularized Correlation Filters for Visual Tracking, DeepSRDCF)算法[95]，只使用单层卷积特征代替手工特征，仍然比传统 KCF 算法的性能提升明显。C-COT(Continuous Convolution Operators, C－COT)算法[96]则使用多层卷积特征来表示目标，在 VOT(Visual Object Tracking Challenge, VOT)2016[97]中获得第一名，但其模型太复杂，速度达不到实时要求。ECO(Efficient Convolution Operators for Tracking, ECO)算法[98]是 C-COT 的改进版本，对模型和更新策略进行了优化，提高了跟踪速度。侯建华等人[99]提出一种深度神经网络和度量学习的关联模型，跟踪目标的行动痕迹。徐天阳[100]提出将手工特征和深度特征相结合方式表示目标，充分利用两种特征的特性，满足复杂场景下的目标跟踪。MFT(Multi-solution Fusion for Visual Tracking, MFT)算法[101]在基于 ECO 模型基础上，添加运动状态估计功能，算法鲁棒性明显得到提高。黄树成等人[102]提出基于连续条件随机场的深度相关滤波器，嵌入转移函数使输出更精确，提高跟踪的鲁棒性。

1.3.3　基于孪生网络的跟踪模型

采用离线训练的方式，基于深度卷积网络的跟踪算法可以学习到能够表示目标鲁棒的公共特征模型，并通过在线学习的方式动态更新分类器的系数，达到提升跟踪性能的目的。但在跟踪过程中，会涉及到庞大网络参数的调整更新问题，这会消耗大量的运算时间，在实时性方面还不能完全达到工业级标准。在这种背景下，出现了孪生网络(Siamese Network, SiamNet)[103]，主要原理是对网络模型采用离线训练的方式，学习得到一个非线性相似度函数，该函数作用于整个跟踪过程，对候选区域和初始目标状态进行相关运算，直接得到搜索区域响应图。SiamFC(Fully-convolutional siamese networks for object tracking,SiamFC)算法[104]首先提出孪生结构概念,该结构有两个输入:一个是第一帧手工标注的目标作为基准模板,另一个是跟踪过程中所有其他图像搜索候选区域。孪生结构的目的就是寻找每一帧中和第一帧基准模板最相似的区域,损失函数的设计和优化对跟踪效果影响起到关键作用。SiamRPN(High performance visual tracking with siamese region proposal network,SiamRPN)算法[105]在孪生网络的基础上,提出孪生候选区域生成网络结构。该结构包含两个子网络:特征提取孪生子网络和用于生成目标区域的候选区域生成子网络。在搜索目标区域时,分成分类和回归两个支路进行。在此过程中,不再需要对传统多尺度进行测试和在线参数的微调,提高了跟踪速度。其他基于孪生网络的比较经典算法有 Siam R-CNN(Siam R-CNN:visual tracking by re-detection,Siam R-CNN)[106]、SiamRPN＋＋(SiamRPN＋＋:Evolution of Siamese Visual Tracking with Very Deep Networks,SiamRPN＋＋)[107]、StructSiam(Structured siamese network for real-time visual tracking,StructSiam)[108]、SiamCAR(SiamCAR:siamese fully convolutional classification and regression for visual tracking,SiamCAR)[109]。陈志旺等人[110]以 SiamRPN＋＋算法为基础,提出在线目标分类的孪生网络跟踪算法,增强目标的上下文信息,提高算法的稳健性。谭建豪等人[111]提出无锚框全卷积孪生跟踪器,直接在像素上进行分类和预测,提高跟踪器的鲁棒性。

相关滤波跟踪算法起初以传统手工特征表示目标,再借助频率域的快速傅立叶变换,使其表现出优越的处理速度,掀起视觉跟踪的新篇章。后来,出现很多基于相关滤波框架的算法,但是在不断增加难度数据集上进行测试,跟踪性能会降低。所以就促使跟踪算法的模型不断优化,一方面可以借助多特征融合的方式,另一方面从优化滤波器数学建模的方式。目前,目标跟踪技术中将孪生网络和相关滤波相结合是较受欢迎的方向,另外一个特点是正在向目标像素级跟踪(视频目标分割)方向发展,以期获得更高的跟踪准确率和鲁棒性。

1.4　目标跟踪面临的挑战

实际应用中的目标跟踪会受到各种复杂场景挑战,具体表现在:跟踪目标从刚体到非刚体的变化,跟踪目标所处的场景从简单到复杂多变,比如目标的外观变化、低照度、低分辨率、光照变化、背景干扰、遮挡等。这些因素是设计目标跟踪算法时必须考虑的,否则就会影响跟踪性能,甚至导致跟踪漂移。目标跟踪算法面临的挑战归纳如下:

(1)低照度挑战。低照度主要是指光线暗淡的场景,比如煤矿井下的场景、夜晚没有灯光或灯光较弱的场景,目标附近区域的亮度和对比度低,很容易错误地跟踪到背景物体上。

(2)低分辨率挑战。低分辨率的跟踪场景主要是指目标本身的快速运动、运动模糊、雾霾天气或低照度的情况,会影响目标外观表征模型的辨别能力,易受背景干扰的影响。

(3)背景干扰挑战。跟踪场景中在目标附近有与目标颜色和纹理类似的物体,背景亮度较低或干扰物多,使目标区域和背景区域之间的区别不明显,容易错误地跟踪到干扰物上,导致跟踪漂移。

(4)光照变化挑战。跟踪场景有灯光或光照明暗剧烈变化、目标运动时经过不同亮度场景时,都会导致目标区域发生明暗变化现象。这将导致目标的光学特征发生变化,需要构建更具鲁棒性的目标光学特征表征模型以适应光照变化的影响。

（5）目标外观变化挑战。目标自身的形变、姿态变化、尺度缩放、运动模糊等因素都会造成目标外观变化。同样，目标所处的环境发生变化时，比如背景干扰、光照变化等因素也会造成目标外观变化。目标外观的变化会影响目标外观模型表示的精度，进而影响跟踪的效果。当目标尺度缩小时，由于跟踪框不能自适应跟踪，会将很多背景信息包含在内，导致目标模型的更新错误。当目标尺度增大时，由于跟踪框不能将目标完全包括在内，跟踪框内目标信息不全，也会导致目标模型的更新错误。所以，研究鲁棒的目标外观表征模型以及有效的目标模型更新机制，才能有效降低跟踪漂移，提高算法鲁棒性。

（6）目标旋转挑战。跟踪目标出现平面内旋转或平面外旋转的场景，对目标外观表征模型适应旋转的能力和目标模型更新提出更高的要求。

（7）目标遮挡或消失挑战。目标在运动过程中可能出现被遮挡或者短暂的消失情况。当这种情况发生时，跟踪框容易将遮挡物以及背景信息包含在跟踪框内，会导致后续帧中的跟踪目标漂移到遮挡物上面。若目标被完全遮挡时，由于找不到目标的对应模型，会导致跟踪失败。当目标重新出现在视野中时，要求目标跟踪算法能够快速、准确地定位到目标，并使跟踪继续进行，这涉及到重定位-重跟踪问题。

（8）实时性与鲁棒性的平衡。实时性主要是以视频播放速度（24帧每秒）为基准，当算法速度达到或超过播放速度时，认为满足实时性要求。有些跟踪算法设计得非常复杂，有较好的鲁棒性，但实时性就达不到要求。而有些算法运行速度较快，但不能有效在各种复杂场景下准确跟踪。所以，评价一个算法要从实时性和鲁棒性两方面综合考虑。但往往是，在提高跟踪精度的同时也会增加算法的复杂度，降低算法速度。而在实际应用场景下实现目标跟踪任务，实时性是一个基本要求。因此，设计跟踪算法时，如何平衡实时性和鲁棒性，也是一个研究的难点问题。

实际应用场景中的目标跟踪，以上跟踪挑战不会单独出现，且具有随机性，从而构成目标跟踪中的复杂场景。设计能够自适应应对各种复杂场景的跟踪算法，是一个具有挑战的任务。

1.5 存在的问题

尽管目前基于生成式模型、判别式模型和孪生网络模型的目标跟踪算法在设计多特征融合方案、建立前景和背景模型、优化滤波器数学模型等方面做了大量工作，在基准测试集上取得了较好的跟踪性能。但仍存在如下问题有待解决：

（1）目标外观特征模型鲁棒性不强的问题。传统Camshift算法仅使用一种颜色或灰度特征对目标区域进行建模，颜色或灰度特征描述简单，存在目标外观表征模型和目标模型更新策略设计简单的问题，而且缺少目标受遮挡的特殊处理和目标重定位策略的设计，使算法很难满足各种复杂场景下目标跟踪需要。

（2）目标空间特征失真的问题。相关滤波器通过对基础样本进行循环位移的方式产生众多训练样本，在样本边缘会出现空间特征失真的现象，影响训练样本的质量，产生边界效应问题，影响目标空间特征表达能力，从而降低目标跟踪算法的跟踪准确性。

（3）单一特征不能有效解决目标外观多变的问题。不同手工特征在不同复杂场景下表现出不同的鉴别能力，在单个相关滤波器基础上融合多特征设计跟踪算法，在多特征目标函数的数学建模和优化层面改进滤波器模型考虑较少,容易忽视多特征在不同场景中所能发挥的多元化优势,从而影响算法在不同场景下的综合跟踪效果。

(4)相关滤波器的目标函数可解释性差的问题。传统相关滤波器通过 L_2 范数设计目标函数,在增强模型泛化能力的同时也牺牲了模型的可解释性,而通过套索回归建模方式进行滤波器建模可能会存在过拟合和性能不稳定的问题,从而影响跟踪算法的鲁棒性。

(5)基于孪生网络的跟踪框架模板分支单一固定、骨干网络泛化能力差的问题。传统基于孪生网络的跟踪框架仍然使用单一固定的模板分支,算法难以有效根据复杂场景进行自适应处理,且存在骨干网络特征表达能力弱和计算参数大的问题,从而影响跟踪算法的成功率和实时性。

(6)传统视频监控系统的目标跟踪效果差的问题。传统视频监控系统中的目标检测和目标跟踪算法设计简单,很难适应复杂多变的现场监控场景,鲁棒性差。

1.6　研究内容

基于作者参与的国家自然科学基金资助项目"面向少量标签的深度相对属性学习关键方法研究(62102344)",作者主持的江苏省高等学校基础科学(自然科学)研究重大项目"复杂场景下基于相关滤波的单目标跟踪技术研究(22KJA520012)"、住房和城乡建设部科学技术项目"复杂环境下的交通事件自动检测和跟踪技术研究(2016-R2-060)"、徐州市科技计划重点研发项目"智能交通复杂场景下基于相关滤波的交通目标跟踪关键技术研究(KC22305)"、徐州市科技计划项目"基于视频图像的交通事件自动检测技术研究(KC16SH010)"、横向科研课题"基于机器视觉的智能交通监控系统(2022320306000926)",在已有研究成果的基础上,确定本书的研究内容。针对当前目标跟踪领域存在的问题和所面临的挑战,分别采用基于生成式模型、基于判别式模型和基于孪生网络的跟踪框架,从目标外观表征模型的建立、滤波器模型优化、目标模型更新、骨干网络优化等方面进行研究,研究内容关系如图 1-5 所示。

首先,针对上述问题(1),在生成式模型基础上,设计鲁棒的局部纹理提取模式,联合辅助重定位模块,提高算法的跟踪精度;其次,针对上述问题(2),在判别式模型基础上,引入抑制边界效应的空间正则化矩阵,并将目标显著性检测和相关滤波框架相结合,在保证时效性的同时提高算法的成功率;针对上述问题(3),从多特征目标函数的构建和优化入手,设计鲁棒多特征互补方案,实现跟踪准确性和实时性的平衡;针对上述问题(4),从滤波器的数学建模方式入手,设计基于分层深度特征的目标跟踪算法,增加滤波器模型的可解释性和鲁棒性;然后,针对上述问题(5),从优化骨干网络入手,设计双模板分支的孪生轻量型网络跟踪算法,提高算法的成功率和实时性;最后,针对上述问题(6),设计一套支持目标检测和跟踪的视频监控系统,解决跟踪算法的实际应用问题。具体研究内容从以下六个方面展开:

(1)联合改进局部纹理特征和辅助重定位的生成式跟踪算法

研究鲁棒的局部纹理特征提取模型,探索不同场景下不同手工特征表达能力,设计自适应动态加权的多特征融合方案,联合不同特征利用 Meanshift 算法收敛到的候选区域和 Kalman 滤波的位置补偿,使候选目标搜索窗口更接近真实目标的位置。当出现跟踪漂移或失败时,通过动态维护高置信度历史跟踪结果样本队列的机制,快速从样本队列中获取重

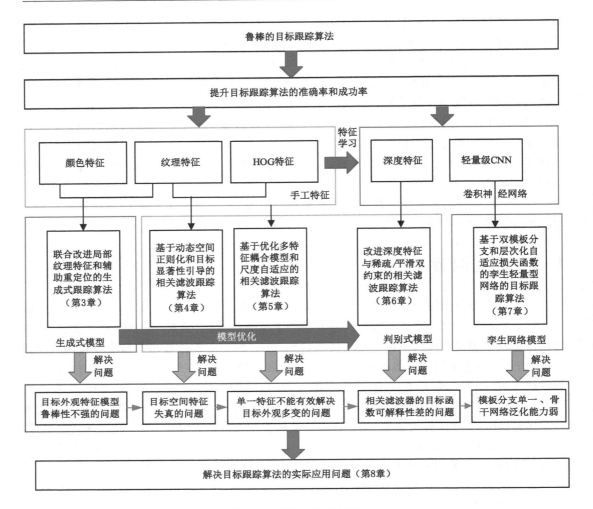

图 1-5　研究内容结构图

新跟踪的初始帧进行在线训练更新目标模板,实现目标的重定位。

(2)基于动态空间正则化和目标显著性引导的相关滤波跟踪算法

基于研究内容(1)的成果,研究目标空间特征失真的问题:

在滤波器目标函数建模时引入空间正则化矩阵解决循环位移带来的边界效应问题,对滤波器中的系数添加不同的惩罚约束,从而获得抑制背景干扰的滤波器模型。研究不同特征的滤波响应值和贡献度的关系,在计算加权系数时添加惩罚项,最终达到自适应融合到最终目标位置的目的。研究跟踪漂移或失败时当前帧和前一帧以及第一帧之间的关系,依此作为目标显著性引导遍布到多层元胞自动机的每一层,进行目标的显著性检测,达到目标重新检测的目的。

(3)基于优化多特征耦合模型和尺度自适应的相关滤波跟踪算法

基于研究内容(2)的成果,研究多特征耦合优化模型的构建问题:

研究不同手工特征对目标外观表示的差异性,构造联合多特征的目标函数,并通过拉格朗日算法进行优化求解,分别训练独立的具有辨别能力的滤波器,根据不同特征贡献度和最大响应值之间的相关性,实现目标位置自适应估计,再结合自适应尺度模型获得最终跟踪结果。引入平均峰值相关能量作为滤波响应震荡程度的衡量指标,并结合最大滤波响应值,联合判断目标模型的更新,解决不正确的模板更新而可能引起的跟踪漂移问题。

(4)改进深度特征与稀疏/平滑双约束的相关滤波跟踪算法

基于研究内容(2)和(3)的成果,研究目标函数的稀疏低秩优化问题:

采用套索回归模式对滤波器目标函数进行建模,在最小化目标函数的过程中强制稀疏滤波器模型,减少对输出预测的干扰,并在建模过程中添加不同视频帧之间的低秩约束,预防滤波器过拟合和性能不稳定的现象。研究不同分层深度特征对目标外观表征的特性,设计一个由粗粒度到细粒度的跟踪策略,实现由高层特征进行粗略定位,由低层特征实现精确定位,提高算法的鲁棒性。

研究内容(2-4)围绕相关滤波算法,从基于目标空间特征失真、多特征耦合方法以及目标函数建模优化三个方面开展研究:从降低空间特征边界效应的角度,研究基于动态空间正则化的减少目标特征失真的解析方法;从增加多特征相关性的角度,研究多特征耦合目标函数的数学建模方法;从平衡目标函数泛化能力的角度,研究提高目标函数可解释性的低秩套索回归的建模方法。这三个研究内容是与相关滤波器目标函数相关且密不可分的三个因素,直接影响着复杂场景下目标跟踪的准确性和鲁棒性,研究内容关系如图1-6所示。

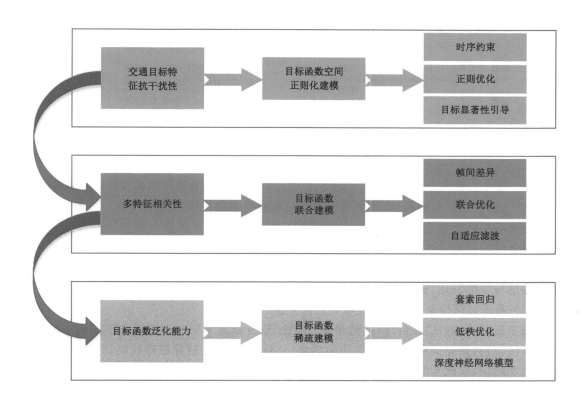

图 1-6　研究内容(2-4)总体框架

研究内容(2-4)从相关滤波目标函数的空间优化、联合优化及稀疏建模这三个方面入手,具体研究方案如图 1-7 所示。

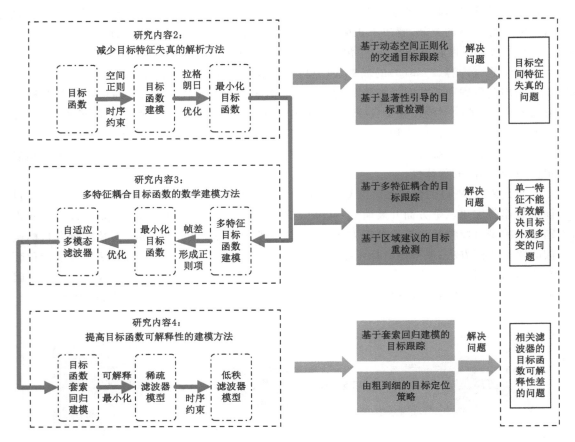

图 1-7 研究内容(2-4)总体研究方案

(5) 基于双模板分支和层次化自适应损失函数的孪生轻量型网络的目标跟踪算法

基于研究内容(4)的成果,研究骨干网络泛化能力差的问题:

分析传统基于孪生网络跟踪算法性能下降的原因,研究基于第 1 帧初始模板分支对跟踪效果影响的因素,增加一个根据跟踪结果置信度自适应调整的外观模板分支,并构建一个层次化自适应损失函数的轻量型 CNN 骨干网络,减少网络计算参数,增加模型对于跟踪历史帧深层特征的利用,更好地应对目标出现的各种复杂变化。

(6) 基于目标检测跟踪的智能视频监控系统

基于研究内容(1-5)的目标检测和跟踪算法,设计满足不同应用需求的不同版本的视频监控系统,包括数据采集模块、数据传输模块、目标检测模块、目标跟踪模块和报警联动模块五大功能模块,实现实时监控、车牌识别、目标检测、目标跟踪以及异常情况下报警联动的处理,解决现有视频监控系统在不同复杂场景下监控和跟踪效果不理想的问题。

1.7 本书结构

本书共分为 8 章,核心创新内容为第 3 到 8 章。在基于生成式模型、判别式模型和孪生网络模型基础上,提出五种目标跟踪算法:基于改进局部纹理特征和辅助重定位的生成式模型跟踪算法、基于动态空间正则化和目标显著性引导的相关滤波跟踪算法、基于优化多特征耦合模型和尺度自适应的相关滤波跟踪算法、改进深度特征与稀疏/平滑双约束的相关滤波跟踪算法以及基于双模板分支和层次化自适应损失函数的孪生网络跟踪算法。最后,基于所提出的五种目标跟踪算法,设计一套智能视频监控系统。具体章节内容安排如下:

第 1 章 绪论。主要分析研究背景及国内外现状,探讨目标跟踪面临的复杂场景挑战,最后给出主要解决问题及研究内容。

第 2 章 相关准备知识。本章分别从视频目标跟踪的相关理论知识,常用数据集和评价标准三个方面阐述了视频目标跟踪的一些经典思路、特征表示以及评价方法。

第 3 章 联合改进局部纹理特征和辅助重定位的生成式跟踪算法。设计改进的局部纹理特征提取模式,通过动态加权的融合方式实现目标位置估计。研究基于分块和 Kalman 位置补偿的抗遮挡模型和用于重新恢复跟踪的辅助重定位模块,提高算法的跟踪精度。

第 4 章 基于动态空间正则化和目标显著性引导的相关滤波跟踪算法。该算法将添加空间正则约束的相关滤波和显著性检测相结合,探索一个鲁棒的目标重检测-重跟踪机制,提高算法的跟踪成功率和实时性。

第 5 章 基于优化多特征耦合模型和尺度自适应的相关滤波跟踪算法。通过最优化多特征耦合目标函数的方式,设计一个多特征耦合加权的响应互补方案,并结合鲁棒的目标模型更新准则,解决不正确的模板更新方式而可能引起的跟踪漂移问题,提高算法的跟踪准确性。

第 6 章 改进深度特征与稀疏/平滑双约束的相关滤波跟踪算法。该算法从滤波器的数学建模入手,改进传统相关滤波器通过 L_2 范数设计目标函数求解模型的方式,并设计由粗粒度到细粒度的跟踪策略,增加滤波器模型的可解释性和鲁棒性。

第 7 章 基于双模板分支和层次化自适应损失函数的孪生轻量型网络的目标跟踪算法。该算法增加了一个自适应外观模板分支,训练了一个轻量型 CNN 骨干网络,提高算法的执行速度和准确率。

第 8 章 基于目标检测跟踪的智能视频监控系统。将前期已有的算法模型和实际应用相结合,设计了一套具有目标检测、车牌识别和目标跟踪功能的视频监控系统,实现了实时监控、车牌识别、人车定位识别和跟踪。

2 相关准备知识

本章围绕视频目标跟踪中所涉及到的背景知识展开,结合本书的研究基础,分别从视频目标跟踪的算法、常用特征和测试集及评价指标三个方面对视频目标跟踪进行阐述。总体上本章分成了五个部分,首先介绍了基于生成式模型的 Camshift 算法、基于判别式模型的相关滤波算法和基于孪生网络的目标跟踪架构,结合本书中的相关工作,叙述了基于这三个模型的跟踪原理。然后又具体介绍了用于视频目标跟踪的常用特征,最后对目标跟踪常用的测试集和对应的评价指标进行了详细介绍。

2.1 Camshift 算法-生成式模型

给定初始帧的目标中心位置坐标(x_c, y_c),以(x_c, y_c)为中心画出矩形搜索区域,搜索区域一般是目标区域的 1.5~2 倍,这样可以包含足够的样本和背景信息,训练出的模板更具有鉴别力。搜索区域用(W, H)表示,W是搜索区域的宽度,H是搜索区域的高度。

Meanshift[41] 是 Camshift 算法[51] 的核心,设q_u为目标颜色分布,$p_u(x_i)$为第i帧图像候选目标的颜色概率密度分布,通过 Bhattacharrya 系数对颜色概率密度分布进行相似度度量。设新目标中心为x_{i+1},通过在$i+1$帧寻找x_{i+1},使得$p_u(x_{i+1})$和q_u最相似。巴氏系数表示如下:

$$\rho(p, q) = \sum_{u=1}^{m} \sqrt{p_u(x_{i+1}) q_u} \qquad (2-1)$$

可以通过计算搜索窗(W, H)内的 0 阶矩、一阶矩和二阶矩的方法,估计被跟踪目标的大小和方向角。搜索框内的 0 阶矩表示如下:

$$M_{00} = \sum_{x_i} \sum_{y_i} I(x_i, y_i) \qquad (2-2)$$

搜索框内的 1 阶矩表示如下:

$$\begin{cases} M_{01} = \sum_{x_i} \sum_{y_i} y_i I(x_i, y_i) \\ M_{10} = \sum_{x_i} \sum_{y_i} x_i I(x_i, y_i) \end{cases} \qquad (2-3)$$

搜索框内的 2 阶矩表示如下:

$$\begin{cases} M_{20} = \sum_{x_i} \sum_{y_i} x_i^2 I(x_i, y_i) \\ M_{02} = \sum_{x_i} \sum_{y_i} y_i^2 I(x_i, y_i) \\ M_{11} = \sum_{x_i} \sum_{y_i} x_i y_i I(x_i, y_i) \end{cases} \qquad (2-4)$$

$I(x_i, y_i)$是搜索区域(W, H)中坐标为(x_i, y_i)的像素值。搜索框的质心(x_0, y_0)可表示为：

$$(x_0, y_0) = \left(\frac{M_{10}}{M_{00}}, \frac{M_{01}}{M_{00}}\right) \tag{2-5}$$

在得到质心的坐标(x_0, y_0)后，搜索框不断向质心移动，直至收敛到目标区域。目标长轴l、短轴w和方向角分别可以通过式(2-6)计算得到：

$$\begin{cases} l = \sqrt{((a+c) + \sqrt{b^2 + (a-c)^2})/2} \\ w = \sqrt{((a+c) - \sqrt{b^2 + (a-c)^2})/2} \\ \theta = \dfrac{\arctan(b/(a-c))}{2} \end{cases} \tag{2-6}$$

式中，中间变量a, b和c可以通过搜索框的n阶矩计算得出，表示如下：

$$\begin{cases} a = M_{20}/M_{00} - x_0^2 \\ b = 2(M_{11}/M_{00} - x_0 y_0) \\ c = M_{02}/M_{00} - y_0^2 \end{cases} \tag{2-7}$$

2.2　相关滤波算法-判别式模型

典型的相关跟踪器是根据预训练的分类器计算搜索区域的响应图，响应图最大值对应的位置作为目标位置。通过对样本进行循环移位形成训练样本，并使用快速傅立叶变换利用样本来训练相关滤波器。设计核函数来预测目标位置，解决训练样本不足的问题。假设向量$A = [a_1, a_2, \cdots, a_n]^T$表示基础样本，$a_i$为向量中的第$i$个元素。对基础样本采用循环移位操作，可以得到$n-1$个训练样本。按$k$位元素进行循环移位的样本如下：

$$A^k = [a_{n-k+1}, a_{n-k+2}, \cdots a_{n-k}] \tag{2-8}$$

最后将基础样本A和循环移位后的训练样本作为行向量组成一个矩阵，表示如下：

$$\boldsymbol{A} = \begin{bmatrix} A \\ A^1 \\ A^2 \\ \vdots \\ A^n \end{bmatrix} = \begin{bmatrix} a_1 & a_2 & \cdots & a_n \\ a_n & a_1 & \cdots & a_{n-1} \\ a_{n-1} & a_n & \cdots & a_{n-2} \\ \vdots & \vdots & \ddots & \vdots \\ a_2 & a_3 & & a_1 \end{bmatrix} \tag{2-9}$$

向量的循环可由排列矩阵$\boldsymbol{P}$得到，排列矩阵$\boldsymbol{P}$表示如下：

$$\boldsymbol{P} = \begin{bmatrix} 0 & 0 & \cdots & 0 & 1 \\ 1 & 0 & \cdots & 0 & 0 \\ 0 & 1 & \cdots & 0 & 0 \\ & & \vdots & & \\ 0 & 0 & \cdots & 1 & 0 \end{bmatrix}, \boldsymbol{PA} = [a_n, a_1, a_2, \cdots, a_{n-1}]^T \tag{2-10}$$

对于二维图像可以通过x轴和y轴分别循环移动（可以用矩阵$\boldsymbol{Q}$实现）实现不同位置的移动。

$$Q = \begin{bmatrix} 0 & 1 & \cdots & 0 & 0 \\ 0 & 0 & \cdots & 0 & 0 \\ & & \vdots & & \\ 0 & 0 & \cdots & 0 & 1 \\ 1 & 0 & \cdots & 0 & 0 \end{bmatrix} \tag{2-11}$$

图 2-1 是对目标样本分别在 x 轴和 y 轴方向循环移位不同像素得到的结果。

（a）+30 　　（b）+15 　　（c）原始样本 　　（d）−15 　　（e）−30

图 2-1　目标样本循环移位

2.2.1　循环矩阵的性质

假设基础样本用 X 表示,对其进行离散傅立叶变换,可以提高算法的运算效率。离散傅立叶变换 $\hat{X}$ 表示如下:

$$\hat{X} = XF = X \begin{bmatrix} (f_n^0)^0 & (f_n^0)^1 & \cdots & (f_n^0)^{n-1} \\ (f_n^1)^0 & (f_n^1)^1 & \cdots & (f_n^1)^{n-1} \\ \vdots & \vdots & \ddots & \vdots \\ (f_n^{n-1})^0 & (f_n^{n-1})^1 & \cdots & (f_n^{n-1})^{n-1} \end{bmatrix} \tag{2-12}$$

F 是离散傅立叶变换矩阵,$f_n = \mathrm{e}^{-j\frac{2\pi}{n}}$。结合式(2-9),可以将 $\hat{X}$ 转化成对角矩阵,用 $\mathrm{diag}(\hat{X})$ 表示如下:

$$\mathrm{diag}(\hat{X}) = \mathrm{diag}(XF) = F^H XF \tag{2-13}$$

式中,( )^H 的含义是矩阵的复共轭转置操作,对式(2-13)进行变换后得到结果如下:

$$X = F\mathrm{diag}(\hat{X})F^H \tag{2-14}$$

$$X^H X = F\mathrm{diag}(\hat{X}^* \odot \hat{X})F^H \tag{2-15}$$

式中,( )* 表示是对矩阵进行复共轭操作,$\odot$ 表示按位乘。由式(2-14)和式(2-15)可以看出,循环矩阵 X 的元素可以由基础样本 X 通过离散傅立叶变换和矩阵的线性关系来进行重构。

2.2.2　单通道的岭回归建模

首先给定初始帧的目标位置（target），以 target 为中心周围区域画出矩形区域，矩形一般是目标区域的 $1.5\sim2$ 倍，这样可以包含足够的样本和一些背景信息，训练出的滤波模板更具有鲁棒性。矩形区域可以表示为 $(W,H)=\mathrm{sizeof}(target)\times(1+padding)$，$W$ 是区域的宽度，H 是区域的高度，中心位置坐标为 $(W/2,H/2)$。假设提取的第 t 帧特征图为 $x_t\in \mathbf{R}^{W\times H}$，它是一个张量，由从第 t 帧中提取的 D 通道特征组成，D 是通道的个数。将特征 x_t 沿着 W 和 H 方向循环移位结果作为训练样本，每个移位采样 x_{ij}，$(i,j)\in \{0,1,\cdots,W-1\}\times\{0,1,\cdots,H-1\}$ 均有一个期望输出。期望输出由高斯函数产生，目标中心位置是高斯函数的峰值。则期望输出可以表示为：

$$y_{ij}=\mathrm{e}^{-\frac{(i-W/2)^2+(j-H/2)^2}{2\sigma^2}} \tag{2-16}$$

式中，σ 为核带宽。中心位置具有最高的分数，也就是 $y_{(W/2,H/2)}=1$。当坐标位置 (i,j) 不断远离目标中心时，期望输出 y_{ij} 会迅速减少，从 1 降到 0。用上面学习到一对训练样本 $\{x_t,Y\}$ 来学习第 t 帧的滤波器 $\omega_t\in\mathbf{R}^{W\times H}$，寻找一个和 x_t 相同尺寸的分类器 w，使滤波器的输出和期望输出 y_{ij} 的误差最小。判别式相关滤波器在求解滤波器 ω_t 时，将其描述为一个正则化的最小二乘问题[90]：

$$\omega_t=\underset{\omega}{\arg\min}\sum_{ij}\|x_t\omega_t-y_{ij}\|_2^2+\lambda\|\omega_t\|_2^2 \tag{2-17}$$

式中，λ 是防过拟合的正则化参数，为了描述简洁，省略下标 t，对式（2-17）求导后置零得到闭合解：

$$\omega=(\boldsymbol{X}^{\mathrm{H}}\boldsymbol{X}+\lambda\boldsymbol{I})^{-1}\boldsymbol{X}^{\mathrm{T}}\boldsymbol{Y} \tag{2-18}$$

式中，$\boldsymbol{X}=[x_1,x_2,\cdots,x_n]^{\mathrm{T}}$，每一行表示一个向量；$\boldsymbol{Y}$ 是列向量，每一个元素表示期望输出 y_{ij}，$(i,j)\in\{0,1,\cdots,W\}\times\{0,1,\cdots,H\}$；$\boldsymbol{X}^{\mathrm{H}}$ 表示复共轭转置矩阵，也即 $\boldsymbol{X}^{\mathrm{H}}=(\boldsymbol{X}^*)^{\mathrm{T}}$；$\boldsymbol{I}$ 是一个大小和 $\boldsymbol{X}$ 相同的所有元素均为 1 的单位矩阵。将（2-14）代入（2-18），可得 $\omega=(\boldsymbol{F}\mathrm{diag}(\hat{x}^*\odot\hat{x})\boldsymbol{F}^{\mathrm{H}}+\lambda\boldsymbol{I})^{-1}\boldsymbol{X}^{\mathrm{H}}\boldsymbol{Y}$ 通过代数推导以及 $\boldsymbol{F}$ 为酉矩阵。

$$\omega=(\boldsymbol{F}\mathrm{diag}(\hat{x}^*\odot\hat{x})\boldsymbol{F}^{\mathrm{H}}+\lambda\boldsymbol{F}\boldsymbol{I}\boldsymbol{F}^{\mathrm{H}})^{-1}\boldsymbol{X}^{\mathrm{H}}\boldsymbol{Y}$$
$$=(\boldsymbol{F}\mathrm{diag}(\hat{x}^*\odot\hat{x}+\lambda)^{-1}\boldsymbol{F}^{\mathrm{H}})\boldsymbol{X}^{\mathrm{H}}\boldsymbol{Y} \tag{2-19}$$

$$\omega=\boldsymbol{F}\mathrm{diag}(\hat{x}^*\odot\hat{x}+\lambda)^{-1}\boldsymbol{F}^{\mathrm{H}}\boldsymbol{F}\mathrm{diag}(\hat{x})\boldsymbol{F}^{\mathrm{H}}\boldsymbol{Y}=\boldsymbol{F}\mathrm{diag}(\frac{\hat{x}}{\hat{x}^*\odot\hat{x}+\lambda})\boldsymbol{F}^{\mathrm{H}}\boldsymbol{Y} \tag{2-20}$$

式（2-20）等价于：$\boldsymbol{F}\omega=\mathrm{diag}(\frac{\hat{x}}{\hat{x}^*\odot\hat{x}+\lambda})\boldsymbol{F}\boldsymbol{Y}$。

由于对任意向量 $\boldsymbol{Z}$，$\boldsymbol{F}\boldsymbol{Z}=\hat{\boldsymbol{Z}}$，所以有 $\hat{\omega}=\mathrm{diag}(\frac{\hat{x}}{\hat{x}^*\odot\hat{x}+\lambda})\hat{y}$。循环矩阵 $\boldsymbol{X}$ 可以在傅立叶域进行对角化，利用这一特性可以得到傅立叶域的结果。

$$\hat{\omega}=\frac{\hat{x}\odot\hat{y}^*}{\hat{x}^*\odot\hat{x}+\lambda\boldsymbol{I}} \tag{2-21}$$

其中加法和除法是按照元素进行的，$\odot$ 表示按元素乘。^是对应的傅立叶表示，* 是复共轭。通过傅立叶逆变换很容易求解时域滤波器 ω，$\omega=F^{-1}(\hat{\omega})$。

2.2.3　多通道的岭回归建模

利用一对训练样本 $\{x_t,\boldsymbol{Y}\}$ 来学习第 t 帧的滤波器 $\omega_t\in\mathbf{R}^{W\times H\times D}$，$x_t\in\mathbf{R}^{W\times H\times D}$ 是从第 t 帧

图像中提取的包含 D 个通道的特征,矩阵 Y 表示理想响应输出。式(2-17)的多通道形式表示如下:

$$\hat{\omega}_t = \arg\min_{\omega_t} \sum_{d=1}^{D} \| \omega_t^d * x_t^d - Y \|^2 + \lambda \sum_{d=1}^{D} \| \omega_t^d \|^2 \qquad (2\text{-}22)$$

式中,x_t^d 表示 x_t 的第 d 层通道特征;ω_t^d 表示第 d 层对应的滤波器;$*$ 表示循环卷积操作;λ 是正则化参数;$\sum_{d=1}^{D} \| \omega_t^d \|^2$ 是正则项。根据循环卷积结构的性质,在频域可以直接得到式(2-22)优化的闭合解:

$$\hat{\omega}_{ijt} = \left(I - \frac{\hat{x}_{ijt}\hat{x}_{ijt}^{H}}{\lambda n^2 + \hat{x}_{ijt}^{H}\hat{x}_{ijt}}\right)\frac{\hat{x}_{ijt}\hat{y}_{ij}}{\lambda n^2} \qquad (2\text{-}23)$$

式中,ω_{ijt} 表示滤波器 ω_t 在所有通道中第 i 行第 j 列位置元素组成的向量。同理,x_{ijt} 则表示特征 x_t 在所有通道中第 i 行第 j 列位置元素组成的向量。y_{ij} 表示矩阵 Y 中第 i 行第 j 列位置上的元素。

2.3 孪生网络结构的目标跟踪架构

在基于相关滤波的判别式跟踪框架之后,基于孪生网络结构的跟踪算法由于在速度和准确率方面的优势,在近些年取得很大发展,成为之后很多跟踪算法的基本框架。如前文所述,Bertinetto[104] 提出的 SiamFC 为首个孪生网络类跟踪算法,以此为例介绍孪生网络类算法的基本结构和计算框架。

典型孪生网络结构采取双分支结构,在特征提取网络部分采用预训练模型,在第一个分支部分对于初始帧或经过处理后历史帧进行操作,将提取得到的特征作为模板或相关滤波类算法中的训练样例;第二个分支中对当前帧选定的搜索区域进行特征提取,利用模板匹配策略寻找对应目标位置或作为相关滤波类算法中测试样本。典型孪生网络目标跟踪算法架构如图 2-2 所示,主体由 Z 分支和 X 分支组成。其中 Z 分支是模板分支(Template Branch),用于对初始帧中给定标注目标进行特征提取,其输入尺寸为 $127\times127\times3$。另一个 X 分支是当前输入帧的搜索分支(Search Branch),输入尺寸是模板分支的 2 倍为 $255\times255\times3$。双分支的输入图片经过特征提取网络后,会分别得到中间结果为 $6\times6\times128$ 以及 $22\times22\times128$ 的特征组,再通过相关操作以获取模板在搜索区域的对应结果,获取尺寸为 $17\times17\times1$ 的响应图

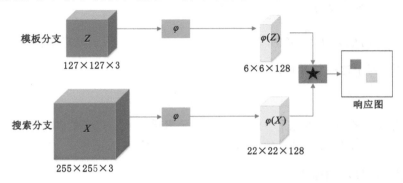

图 2-2　典型的孪生网络结构跟踪框架

(Response Map),以响应图最大值所处位置为当前帧目标所处位置估计。用一个离线训练好的共享权值的主干网络 φ 取两个分支的特征,主干网络的参数为 θ。因为在网络结构中存在全连接层,其计算过程可以用公式(2-24)表示:

$$f_\theta(Z,X) = \varphi_\theta(Z) * \varphi_\theta(X) + b \qquad (2\text{-}24)$$

式中,b 表示模拟相似度偏移的偏差项。式(2-24)相当于模板 Z 在图像 X 上执行穷尽搜索,得到每个位置的相似度得分。

2.4　目标跟踪中的常用特征

在传统的目标跟踪算法中,目标特征的提取尤为重要,选取不同的特征直接影响最后的跟踪算法的性能。传统的目标跟踪算法中的特征大多采用手工设计的特征来对目标进行描述,这些常用的特征有:HOG 特征、纹理特征、颜色名(Color Name,CN)特征、角点特征和边缘特征等经典手工特征以及深度特征。

2.4.1　经典手工特征

（1）HOG 特征

HOG 特征是 Dalal 等人在 2005 年的 CVPR 会议上提出的一种特征描述子,广泛应用于计算机视觉领域,HOG 特征通过计算图像局部区域在梯度方向上的直方图来表征目标。首先,在目标图像内划分小的连通区域;其次,计算连通区域内每个像素点梯度的方向直方图;最后,统计物体边缘的方向密度分布来表征物体的外观与形状。HOG 特征结合 SVM 分类器进行行人检测的方法获得了极大的成功,如今虽然有很多行人检测算法不断被提出,但传统的行人检测算法基本都是以 HOG 和 SVM 相结合的思路为主。

（2）纹理特征

纹理特征指图像中重复出现的局部区域模式及排列规则,有较好的抗光照变化特性,纹理特性主要包括规律性、对比度、粗糙度和方向性。对纹理图像的研究主要包括结构研究和统计研究,可以采用傅立叶变换、共生矩阵分析方法或自相关函数分析方法。灰度共生矩阵描述了图像灰度的变化幅度、方向等信息,是常用的分析纹理的方法。傅立叶变换后的图像可以根据功率谱矩阵作为纹理特征,并在此基础上提取二次特征以判断纹理方向、粗细以及综合特征。

（3）CN 特征

CN 特征是一个颜色映射空间,被人为指定用来描述颜色的标签。与 RGB(Red,Green,Blue)空间相比,颜色名特征将 3 维的 RGB 空间映射为 11 维的颜色名空间,颜色名特征中空间的距离与人的视觉感知系统更接近。颜色名特征代表了对物体颜色的感知,包含了关于目标的重要信息。颜色名特征已经在目标识别、目标检测和动作识别等其他视觉任务中取得了良好的效果。描述颜色常采用颜色特征直方图统计像素在各个量化区间的分布情况,其计算简便,容易统计,且对旋转缩放有一定的适应性。

（4）角点特征

角点是指图像边缘曲率极大值或亮度变化明显的点。利用角点提供的信息可以进行可靠的图像匹配,提高计算的实时性。近几年,角点检测的方法一般基于灰度图像,包括基于几何特征的角点检测和基于模板的角点检测。前者通过像素微分几何性质检测角点,如基于曲率的角点检测算法,当图像高斯滤波卷积后计算的曲率高于阈值时,候选点即为局部最大值点。Harris角点[46]通过二阶矩阵描述图像邻域梯度分布情况,只用到一阶差分,计算简单,纹理丰富区域角点较多,通过阈值可以调整角点个数,但应用时不易控制高斯窗口大小,对尺度变化较敏感。由于角点检测算子描述信息较为单一,特征点只集中在某些区域,缺乏形状信息,并且对光照、大尺度、大视角、噪声环境敏感,因此目前研究的重点放在区域检测子上。

（5）边缘特征

边缘是指像素周围产生屋顶或阶跃性变化的像素集合,包括阶梯型边缘、屋顶型边缘和线性边缘。边缘检测方法很多,如Roberts算子、Sobel算子、Prewitt算子通过梯度最大值检测边缘,利用多尺度小波检测边缘,利用二阶零交叉点统计像素是边缘的概率检测边缘,利用积分变换检测边缘等等。

对于被检测的目标,特征选取对后续的目标跟踪性能的影响非常重要,颜色特征是目前最为广泛应用的特征,但通常情况下选择哪种特征描述目标取决其应用的目的。经典手工特征的设计在很大程度上依赖于经验和环境,其中大多数测试和调整工作耗费大量人工。特征在选取时应注意以下特点:① 目标不同,目标和背景特征值的差异应该较明显;② 同类目标的特征值应该接近;③ 相同目标的各个特征应该互补相关,如果相关性高则进行合并;④ 特征数量不宜多,因为特征量增加的同时,计算复杂度也会相应增加,高维特征可映射到低维空间处理。

2.4.2　深度特征

以上手工设计的特征通常会丢失有用的信息,手工设计的特征已经成为目标跟踪算法中的跟踪精度提升的瓶颈。相比之下,深度学习直接从原始图像中学习与任务相关的特征,提升了特征提取的准确性,在算法设计中得到了广泛的应用。

如图2-3所示,在深度学习算法框架下,不需要手工设计特征去进行特征提取操作,只需要将数据输入,通过训练就可以输出结果。深度学习可以根据任务需要来选择网络的层数,理论上可以映射到任意函数,所以深度学习能解决许多复杂的问题。深度学习利用多层神经网络的层次化学习,实现从输入到输出的非线性映射。目前,深度学习在计算机视觉中的应用研究主要集中在三个方面:一是训练好的网络的中间一层或者多层的输出作为特征提取器,替代传统的特征提取算法;二是在已有的网络中添加新的层或者减少一些层,进行微调（Fine tune）;三是针对特定的任务,构建一个新的网络结构,从头开始训练。

现在,卷积神经网络（Convolutional Neural Networks, CNN）已经成为了计算机视觉领域的研究热点之一,由于CNN网络不需要对图像进行复杂的预处理操作就可以提取输入图像中的特征,降低了特征提取的难度,因而得到了广泛的应用。与传统的全连接神经网络相比,卷积神经网络有三个结构上的特性:局部感知、权重共享以及池化运算。这些特性使得卷积神经网络具有一定程度上的平移、缩放和旋转不变性。

① 局部感知

在一幅图像中,像素的关联性会随着像素间距离增大而减弱。因此神经网络首先使用浅层的神经元分别对图像的每个局部位置的信息进行感知,从中获取初级特征（局部信息）,

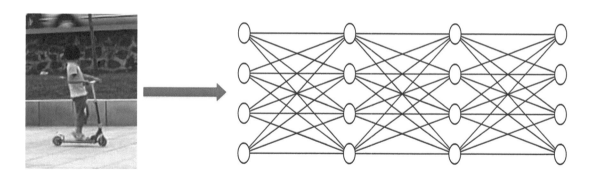

图 2-3 端到端的深度学习框架

然后将初级特征在深层神经元汇总得到高级特征（全局信息）。这种神经元只与图像的特定像素区域连通然后响应这些像素刺激的策略叫作局部感知。

② 权重共享

在卷积神经网络中，卷积层中的卷积核（也被称为滤波器）类似于一个滑动窗口，在整个输入图像中以特定的步长来回滑动，经过卷积运算之后得到输入图像的特征图，这个特征图就是卷积层提取出来的局部特征，而这个卷积核的参数是共享的，这就是所谓的权值共享。在整个网络的训练过程中，包含权值的卷积核也会随之更新，直到训练完成。

③ 池化层

池化层（Pooling Layer）也叫子采样层（Subsampling Layer），一般用在卷积层之间，用来减少参数数量，降低特征维数，以达到缓解过拟合的目的。池化层可以使网络对一些小的局部形态改变能够保持不变性，并让神经网络拥有更大的感受野。在卷积神经网络中，常用的池化层有最大池化（Max pooling）和平均池化（Average pooling），最大池化在实际应用中更为常见。

CNN 的主要操作包括卷积、池化、全连接和损失函数等操作。卷积操作通过设计合适的卷积核来实现，是 CNN 的重要操作之一。卷积核的大小通常小于输入的大小，并采取滑动操作对输入数据进行局部的空间关联特征提取，卷积计算过程如图 2-4 所示。假设，$W \in \mathbf{R}^{C \times r \times r \times M}$ 表示 CNN 中某一卷积层 $r \times r$ 大小的卷积核，$X \in \mathbf{R}^{C \times H \times W}$ 和 $Y \in \mathbf{R}^{M \times H \times W}$ 分别表示该卷积层的输入和输出的特征图，其中 C 和 M 分别表示输入特征图和输出特征图的通道维度，标量 H 和 W 分别表示特征图的长度和宽度。对于输入 X 和输出 Y 特征图中的一块 $r \times r$ 大小区域而言，忽略偏置 b 部分，其卷积过程可以表示为：

$$\begin{bmatrix} Y_1 \\ Y_2 \\ \vdots \\ Y_M \end{bmatrix} = \begin{bmatrix} W_{11} & W_{12} & \cdots & W_{1,C} \\ W_{21} & W_{22} & \cdots & W_{2,C} \\ \vdots & \vdots & \ddots & \vdots \\ W_{M,1} & W_{M,2} & \cdots & W_{M,C} \end{bmatrix} \begin{bmatrix} X_1 \\ X_2 \\ \vdots \\ X_C \end{bmatrix} \tag{2-25}$$

其中，$X_i, i \in [1, C]$ 代表 C 个 $r \times r$ 大小的输入矩阵。$W_{ij}, i, j \in [1; L, M]$ 表示该卷积层参数矩阵，卷积核的尺寸为同样为 $r \times r$。经过该卷积计算后，可以得到 M 个输出 $Y_j, j \in [1, M]$。

池化操作一般用于卷积操作之后，其主要作用有以下两点。首先，通过降低特征图的维度，来降低网络整体的计算量。其次，在下采样的过程中可以进行特征选择，能够防止过拟

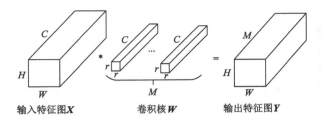

图 2-4　二维卷积运算过程

合现象,从而提升网络的泛化性能。如图 2-5 所示,滤波器为 2×2,滑动步长为 2。可以看出,池化后的特征图大小变为原来的一半,降低了输入特征的维度。

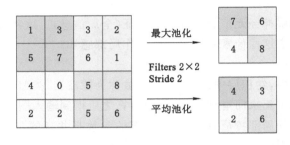

图 2-5　最大池化和平均池化

激活函数通常由非线性的映射构成,性能优良的激活函数不但可以避免梯度消失或梯度爆炸问题,还可以提升网络优化的效率。常用的激活函数包括 Sigmoid 函数、$\tan h$ 函数和 ReLU 函数等分别用 $\sigma(x)$、$\tan h(x)$ 和 $\xi(x)$ 表示,函数波形如图 2-6 所示。其计算公式如下:

$$\sigma(x) = 1/(1 + \exp(-x)) \tag{2-26}$$

$$\tan h(x) = (e^x + e^{-x})/(e^x - e^{-x}) \tag{2-27}$$

$$\xi(x) = \max(x, 0) \tag{2-28}$$

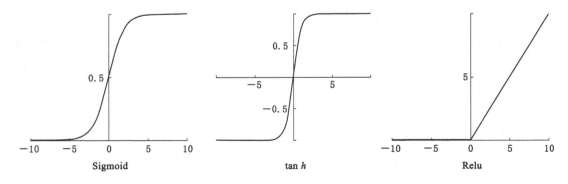

图 2-6　常用激活函数

损失函数的本质是一种度量函数。在神经网络的训练阶段,损失函数用来衡量神经网络的预测值和真实值之间的距离。损失函数的性能直接影响神经网络的特征学习和表达性能。本书设计的算法使用孪生网络对目标实现分类和回归,其中分类是为了区分前景与背景,前景是指目标所在位置,背景则是非目标的位置;回归是确定目标的大小。

2.4.3　轻量型卷积神经网络

虽然深层 CNN 的特征表达性能较强,但巨大的参数量和计算量使得该类 CNN 的应用场景相对受限,通常部署在高性能的服务器上。而大量的边缘或终端设备的存储和计算资源往往受限,无法部署深层 CNN 模型。为此,Google 为资源受限的终端设备设计多种轻量型 CNN,并以其应用场景而命名为 MobileNet,该成果为轻量型 CNN 的研究奠定了良好的基础。

MobileNet 系列包含 V1、V2 和 V3 三种网络结构。2017 年,Google 提出 MobileNet-V1 网络[112],主要贡献是使用深度可分离卷积结构替代标准的 3×3 卷积核,较大地减少了卷积的参数量和计算量。如图 2-7 所示。深度可分离卷积主要关注特征图中通道内的空间相关性信息,而忽略通道间的相关性信息。为了弥补这一不足,轻量型 CNN 采用参数量和计算量相对较小的点卷积提取通道间的相关性信息。假设,$\boldsymbol{W}\in\mathbf{R}^{C\times r\times r\times C}$ 表示轻量型 CNN 中的一层深度可分离卷积层的卷积核,其大小为 $r\times r$。w 表示 1×1 大小的点卷积核。$\boldsymbol{X}\in\mathbf{R}^{C\times H\times W}$ 和 $\boldsymbol{Y}\in\mathbf{R}^{C\times H\times W}$ 分别表示该卷积层的输入和输出的特征图,其中,C 表示输入特征图和输出特征图的通道维度,标量 H 和 W 分别表示特征图的长度和宽度。对于输入 $\boldsymbol{X}$ 和输出 $\boldsymbol{Y}$ 特征图中的一块 $r\times r$ 大小区域而言,忽略偏置 b 部分,其卷积过程可以表示为:

$$\begin{bmatrix}\boldsymbol{Y}_1\\\boldsymbol{Y}_2\\\vdots\\\boldsymbol{Y}_C\end{bmatrix}=\begin{bmatrix}\boldsymbol{W}_{11}&0&\cdots&0\\0&\boldsymbol{W}_{22}&\cdots&0\\\vdots&\vdots&\ddots&\vdots\\0&0&\cdots&\boldsymbol{W}_{C,C}\end{bmatrix}\begin{bmatrix}\boldsymbol{X}_1\\\boldsymbol{X}_2\\\vdots\\\boldsymbol{X}_C\end{bmatrix} \tag{2-29}$$

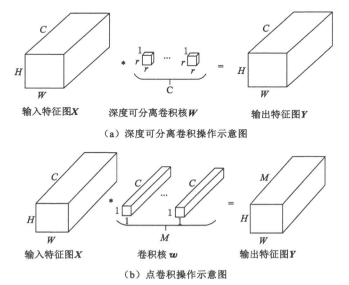

（a）深度可分离卷积操作示意图

（b）点卷积操作示意图

图 2-7　深度可分离卷积和点卷积操作的示意图

令 $w_{i,j}$ 表示 1×1 大小的点卷积核，点卷积在特征图空间上一个点的操作用如下公式表示：

$$\begin{bmatrix} \boldsymbol{Y}_1 \\ \vdots \\ \boldsymbol{Y}_C \end{bmatrix} = \begin{bmatrix} w_{11} & \cdots & w_{1,C} \\ \vdots & \ddots & \vdots \\ w_{M,1} & \cdots & w_{M,C} \end{bmatrix} \begin{bmatrix} \boldsymbol{X}_1 \\ \vdots \\ \boldsymbol{X}_C \end{bmatrix} \tag{2-30}$$

和传统的标准卷积相比，深度可分离卷积在计算量和参数量方面均显著降低。具体而言，假定某卷积层的卷积核大小为 $r\times r$，输入特征图的大小为 $H\times W\times C$，输出特征图的大小为 $H\times W\times M$。传统卷积操作的参数量和计算量分别为 r^2CM 和 $HWCMr^2$，而深度可分离卷积的参数量和计算量分别为 r^2C 和 $HWMr^2$。由此看出，轻量型 CNN 在参数量和计算量方面均显著降低。

MobileNet-V2 网络[113]是在 MobileNet-V1 的基础上提出的一种包含三个卷积层的倒置残差模块。如图 2-8(b)所示，第一部分使用 1×1 的标准卷积对通道维度进行扩张，保留更多的特征，有利于深度可分离卷积学习更多的信息；第二部分由 3×3 深度可分离卷积和 1×1 标准卷积构成的深度分离卷积，分别用于特征学习和降维。此外，将最后一层的ReLU 函数替换成线性激活函数，实现"扩张-卷积-压缩"，模块的输出和输入再进行对应位置相加的 shortcut 操作。2019 年提出的 MobileNet-V3 网络[114]，在 V2 的基础上引入了 SE（Squeeze Excitation，SE）注意力机制，使用 NAS（Neural Architecture Search，NAS）神经结构来搜索网络的配置和参数，由于嵌入式设备计算 Sigmoid 函数的资源耗费比较大，作者提出使用 H-swish 作为激活函数。

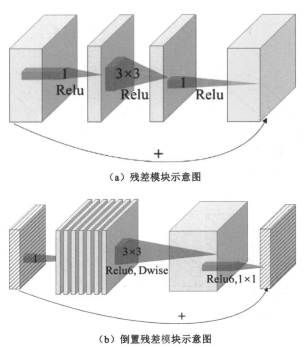

（a）残差模块示意图

（b）倒置残差模块示意图

图 2-8　残差模块和倒置残差模块示意图

2.5 目标跟踪测试集及评价指标

本书主要研究复杂场景下单目标跟踪问题,为了能将目标跟踪算法由理论研究成果转换到实际应用中,相应出现公认的实验测试集和评价指标,为不同目标跟踪算法性能的分析和比较提供有效的评判依据。用于单目标跟踪实验测试集主要有:OTB(Object Tracking Benchmark,OTB)、TC-128(Temple Colour 128,TC-128[115])、UAV-123(Unmanned Aerial Vehicle,UAV[116])、TrackingNet[117] 和 VOT(Visual Object Tracking Challenge,VOT[97,118-122])。

2.5.1 测试数据集

本书主要选用 OTB、TC-128 和 VOT 数据集作为测试数据集,在此基础上对不同算法进行对比和分析。

(1) OTB 数据集

OTB 可以细分为三个版本:OTB2013[123]、OTB2015[124] 和 OTB50。OTB50 和 OTB2013 均包含 50 个特定对象的跟踪序列,OTB2015 是 OTB2013 和 OTB50 的组合,包含 100 个特定的目标跟踪序列。OTB 将目标跟踪划分成 11 种视觉挑战属性,并为每一个视频序列进行挑战属性标注,每一个视频序列对应的属性标签不止一个,这样可以分析算法在不同挑战属性中的跟踪能力。11 种视觉挑战属性分别是:尺度变化(Scale Variation,SV)、光照变化(Illumination Variation,IV)、运动模糊(Motion Blur,MB)、形变(Deformation,DEF)、遮挡(Occlusion,OCC)、平面外旋转(Out-of-Plane Rotation,OPR)、快速运动(Fast Motion,FM)、背景干扰(Background Clutter,BC)、离开视线(Out-of-View,OV)、平面内旋转(In-Plane Rotation,IPR)和低分辨率(Low Resolution,LR)。另外,OTB 还提供一套兼容性较强的评价工具,比较不同算法在不同数据集上的跟踪效果,仍然适用于 TC-128、UAV123 等公开数据集。OTB 数据集目前被广泛地应用在目标跟踪中,部分视频序列所具有的视觉挑战属性如表 2-1 所示。

表 2-1 OTB 数据集部分视频序列 11 种视觉挑战属性

视频序列	视觉挑战属性										
	SV	IV	OCC	MB	DEF	FM	OPR	OV	IPR	BC	LR
Basketball		√	√		√		√			√	
Boy	√			√		√	√		√		
Car4	√	√									
Deer				√		√			√	√	√
Dog	√				√		√				
Girl	√		√				√		√		
Jogging			√		√		√				
Lemming	√	√	√			√	√	√			

表 2-1(续)

视频序列	视觉挑战属性										
	SV	IV	OCC	MB	DEF	FM	OPR	OV	IPR	BC	LR
MotorRolling	✓	✓		✓		✓			✓	✓	✓
Matrix	✓	✓	✓			✓	✓		✓	✓	
Singer1	✓	✓	✓		✓						
Singer2		✓			✓		✓		✓	✓	
SUV			✓					✓	✓		
Walking	✓		✓								✓
Walking2	✓		✓								✓
Woman	✓	✓	✓	✓	✓	✓	✓				

（2）TC-128 数据集

TC-128 是 Liang 等人在 2015 年发表的论文中提出的,包括 128 个手工标注不重复的视频序列。该数据集主要分析比较颜色信息对目标跟踪的影响,所以所有视频序列均为彩色图像。视觉挑战属性的标注和 OTB 一样,每个视频序列均包含多个视觉挑战属性。其中 50 个视频序列和 OTB 存在重合,另外新加 78 个手工标注的视频序列,在 OTB 数据集基础上增加了目标跟踪算法评测数据集的多样性和复杂性。

（3）UAV-123 数据集

UAV123 数据集由阿卜杜拉国王科技大学的 Mueller 等人在 2016 年 ECCV 会议上提出。该数据集中视频序列都是俯瞰拍摄的,这些视频中大部分是由无人机拍摄制作的,也有部分视频序列是电脑合成的。UAV123 数据集有着更为明确的任务和应用场景,主要包括 123 个带有人工标注的视频序列。除此之外,该数据集还提供了 20 个超长的视频序列用于测试视频目标跟踪算法在长视频中的跟踪能力,这 20 个超长视频序列所组成的数据集被命名为 UAV20L。

（4）TrackingNet 数据集

TrackingNet 数据集由 Muller 等人在 2018 年 ECCV 会议上提出的大型数据集。该数据集从 YouTube 上筛选和获取视频序列,可以看作是视频目标检测数据集 YT-BB 的一个子集。TrackingNet 数据集主要针对的是一些户外的视频序列,且其总共超过 3 万个视频序列,大于 1 400 万个标注了目标框的视频帧。该数据集的提出有助于改善一些需要大量数据作为支撑的跟踪算法。TrackingNet 数据集的整体大小为 1.1 TB,是目前最大的视频目标跟踪数据集。

（5）VOT 数据集

VOT 数据集主要目的是为视频目标跟踪方法提供一个精确定义的、可以重复比较的方法和环境,同时为促进和探讨视频目标跟踪算法的发展提供一个共同的平台。因此 VOT 挑战自 2013 年起,每年都会发布一个数据集以供各个跟踪算法进行比较和评价。到目前为止 VOT 数据集主要包括了 VOT2013[118]、VOT2014[119]、VOT2015[120]、VOT2016[97]、VOT2017[121]、VOT2018[122] 和 VOT2019。不同于 OTB 数据集,VOT 数据集的更新速度很快,其每年都会根据已有跟踪算法的一些可能弱点保留上一年数据集中的部分视频序列,并且加入一些新的视频序列,以增加被跟踪视频序列中目标的难度。如 VOT2019 数据集针对目前基于深度特征的跟踪算法对于小目标物体跟踪较为薄弱的特点,在之前数据集的基础上加入诸如对蚂蚁跟踪的视频序列。除此之外,VOT2019 还针对目前跟踪算法主要是基于 RGB 图像的跟踪,对 RGBD(Red,Green,Blue,Depth)目标跟踪算法相对少的问题,加入了针对 RGBD 跟踪算法的跟踪数据集。与一般目标状态的标注方式不同,VOT 数据集不再采用规则的矩形框来标注目标区域,而是采用带有旋转的不规则矩形框,这一标注可以更为精确地框出目标区域,并使得目标图像尽量少地混入背景信息。

2.5.2 评价指标

不同测试数据集的评价指标不完全相同,主要有精确性、鲁棒性、中心位置误差、距离准确率、重叠率、重叠成功率、期望平均重叠等评价标准。从跟踪精度、成功率、鲁棒性和速度四个层面对不同算法进行分析和评价。OTB、TC-128 和 UAV123 等数据集一般采用一次性评价的精确率和成功率;VOT 系列数据集一般采用期望平均重叠和 A-R 曲线进行分析和评价。本书主要在基于 OTB、TC-128 和 VOT 数据集上展开实验,OTB 和 TC-128 数据集主要用中心位置误差、距离准确率、重叠率、重叠成功率和帧率等评价指标对算法进行对比分析,VOT 数据集主要用准确率(Accuracy)、鲁棒性(Robustness)和 Expected Average Overlap(EAO)评价指标对算法进行对比分析,分别介绍如下:

(1) 中心位置误差(Center Position Error,CPE)

中心位置误差表明了视频序列中目标状态真值(Ground Truth)的中心点位置和跟踪器预测目标状态值(Bounding Box)的中心点位置之间的距离,其单位是像素(pixel)。中心位置误差是指迭代得到的质心估计位置 (x', y') 和真实位置 (x, y) 之间的欧式距离 D,可以用式(2-31)进行计算。D 的值越小说明算法跟踪精度越高。

$$D = \sqrt{(x - x')^2 + (y - y')^2} \tag{2-31}$$

中心位置误差能够很好地反映跟踪算法在某一帧中目标中心定位的精确度。将一个视频序列中的所有中心误差值连成一条曲线,则会得到该视频序列的中心误差曲线。

(2) 距离准确率(Distance Precision Rate,DPR)

首先根据(1)计算所有视频帧预测位置和真实位置之间的欧式距离,欧式距离满足阈值条件的视频帧个数占总帧数的比例即为距离准确率。在基于中心位置误差对跟踪成功的定义中,如果中心位置误差 D 小于阈值,则认为跟踪成功。如果改变中心位置误差的大小,则距离精确率也会随着阈值的变化而变化。阈值不同,计算的比例就不同,一般阈值设定为 20 个像素点。逐渐增加阈值,则满足条件的帧数也在逐渐增多,因此准确率曲线为一个单调增的曲线。

(3) 重叠率(Overlap Rate,OR)

跟踪算法精度的评价标准体现了跟踪器对目标中心位置预测的准确性,其简便易行,计算效率高,但是并没有考虑到目标的大小,也不能直接指示跟踪算法是否跟踪失败。例如:中心位置重合,但是目标框尺度大小不一的情况,跟踪精度评价方法就会失效。区域重叠采用某一帧中目标状态真值所围成的目标框和跟踪算法预测状态围成的目标框的交并比作为评价标准。该评价标准考虑了目标的大小,并且直接地表示出了跟踪算法对目标跟踪是否成功。

预测目标位置边界框 S_P 和真实边界框 S_G 的重叠率,重叠率越大表示跟踪成功率越高。重叠率 S 表示如下：

$$S = \frac{|Area(S_P \cap S_G)|}{|Area(S_P \cup S_G)|} \quad (2-32)$$

式中，$\cap$ 和 $\cup$ 分别表示两个边界框的交集和并集；$Area(\cdot)$ 表示两个边界框交集或并集下的面积。重叠率 S 是一个位于 0 到 1 之间的实数，$S \in [0,1]$。如果 $S=0$，表示该帧中目标状态真值所围成的目标框和跟踪算法预测目标状态所围成的目标框之间没有交集，即两者完全没有重叠区域。反之，如果 $S=1$，则表示两个目标框完全重叠。

（4）重叠成功率（Overlap Success Rate，OSR）

重叠成功率是指重叠率大于给定阈值的视频帧占总帧数的比例。在基于区域重叠对跟踪成功的定义中，如果区域重叠 S 大于阈值，则认为跟踪成功。如果改变区域重叠阈值的大小，则重叠成功率也会随着这阈值的变化而变化。阈值不同，计算的比例就不同，一般阈值设定为 0.5。逐渐增加阈值，则满足条件的帧数逐渐减少，因此成功率与阈值成反比关系，成功率曲线是一个单调减的曲线。

（5）帧率

帧率是衡量算法跟踪速度的一个重要评价标准，其表示跟踪器在一秒内能够跟踪目标的帧数，单位是帧每秒（Frame Per Second，FPS）。帧率是判断跟踪算法能否达到实时跟踪的一个衡量指标。一般情况下，如果跟踪算法的帧率能够超过 24 FPS 或者 30 FPS，就认为其能够达到对目标的实时跟踪。帧率可以通过编程时的计时器计算得到，也可以通过对视频序列跟踪的总耗时除以总帧数计算其平均帧率得到。帧率会受到跟踪算法和硬件设备的影响，因此在使用帧率时需要对算法运行的硬件设备和配置进行介绍。

（6）VOT 数据集评价指标

Accuracy 用来评价跟踪器的准确度，其数值越大说明跟踪器跟踪得越准确。在每一帧图像中，跟踪的准确率由交并比（intersection-of-union，IoU）来表示。Robustness 用来评价跟踪器的稳定性，跟踪器重启次数越多，鲁棒性数值越大，说明跟踪器越不稳定。EAO 则是根据所有视频序列跟踪的交并比、重启间隔和次数等综合评价得出的一个指标，可以反映跟踪器的综合性能。

2.6　本章小结

本章分别从视频目标跟踪的基本技术、常用数据集和评价标准三个方面阐述了视频目标跟踪的一些经典思路、特征提取以及评价方法。在视频目标跟踪相关背景知识中，分别从基于生成模型的视频目标跟踪算法、基于判别模型的视频目标跟踪算法、基于孪生网络结构的目标跟踪三个方面入手，介绍了经典的跟踪框架。在目标跟踪的常用特征章节，给出目标表示的纹理特征、HOG 特征、边缘特征、深度特征和轻量型 CNN 特征等几种常见特征及特点。在跟踪数据集简介中，分别对 OTB 等 5 个数据集的特点进行了介绍，其中最为常用的 OTB 数据集也是本书中采用最多的视频跟踪数据集。在视频目标跟踪算法的评价章节中，叙述了跟踪算法的中心位置误差、距离准确率、重叠率、重叠成功率和帧率、Accuracy、Robustness 和 EAO 八种评价标准，这些评价标准不仅展示了跟踪器性能的优劣，也预示着在设计跟踪器时所应考虑的方向。

3 联合改进局部纹理特征和辅助
重定位的生成式跟踪算法

目标跟踪中的观测模型主要包括生成式模型和判别式模型,Camshift 算法作为生成式模型中一个典型算法,因其计算简单、实时性高的特点而被广泛应用。传统 Camshift 算法仅使用一种颜色或灰度特征对目标区域进行建模,颜色或灰度特征描述简单,算法的复杂度低,但很难满足各种复杂场景下的目标跟踪。通过多特征融合和背景建模的方式可以在一定程度上提高算法的准确率和成功率,但仍难于满足各种复杂场景下的目标跟踪。而且缺少目标模型更新和目标受遮挡时的特殊处理,导致算法鲁棒性差。因此,本章从设计鲁棒的目标外观表征模型入手,在目标模板更新层面改进传统 Camshift 算法,结合 Kalman 滤波器和辅助重定位模块,提高跟踪的准确性和鲁棒性。

鉴于以上分析,提出一个联合改进局部纹理特征(Local Binary Pattern,LBP)和辅助重定位的生成式跟踪算法。首先,设计改进的局部纹理特征提取 LBP$^+$ 模式,将 HSV(Hue Saturation Value)颜色特征和 LBP$^+$ 局部纹理特征进行融合,分别利用 Mean shift 算法收敛到候选目标,通过动态加权的方式实现目标位置估计。然后,设计一个基于分块和 Kalman 位置补偿的抗遮挡模型,结合 Kalman 滤波器对目标进行最优估计。其次,设计一个用于重新恢复跟踪的辅助重定位模块。动态维护高置信度跟踪结果的样本队列,在跟踪漂移或失败时,快速从样本队列中获取重新跟踪的初始帧进行在线训练更新目标模板。最后,设计双阈值目标模型更新策略,分别是候选目标与目标模型的巴氏距离和巴氏距离梯度,当两个判别依据都满足阈值条件时,才进行目标模板的更新。

本章组织如下:3.1 节首先介绍本章的研究动机;3.2 节介绍本章的整体框架,给出算法模型;3.3 节设计改进的局部纹理特征提取模型以及改进的生成式跟踪算法,并研究基于样本队列的辅助目标重定位模块;3.4 节给出实验结果及分析,通过定量分析和定性分析两个方面验证算法的跟踪性能;最后,3.5 节对本章的研究内容进行总结。本章主要内容来自作者的文献[41,43]。

3.1 研究动机

由绪论可知,Meanshift 算法和 Camshift 算法都是无参密度估计,将颜色特征空间作为先验概率密度函数,特征空间中数据最密集处对应概率密度最大处,两者都适用于目标和背景区分明显的目标跟踪系统中。在构建跟踪目标直方图的过程中,不可避免会包含背景信息,从而影响跟踪的准确性。基于此,研究者在特征提取和位置预测等方面对 Camshift 算法进行改进。在基于颜色的跟踪模型上,融合边缘、纹理等辅助特征,解决了传统 Camshift 算法的不足。Li 等人[53]联合纹理特征与颜色特征(A Multi Feature Tracking Algorithm Based on Camshift,MFTA),利用高斯函数对目标区域进行加权,达到准确跟踪目标的目的。初红霞等人[125]提出一种改进的 Camshift 目标跟踪算法(An Improved Camshift Target Tracking Algorithm Based on Joint Color-Texture Histogram,JCTH),融合颜色和纹理直方图,利用粒子滤波对运动目标状态进行估计,解决颜色相近问题。以上算法能够在一定程度上改善跟踪效果,但仍存在所提取的特征鲁棒性不强,多特征融合时互补效果不明显等问题。在多特征融合时,使用固定权重系数分配不同特征的贡献度,势必会影响较强辨别能力特征的贡献。

Du 等人[126]结合色调分量和饱和度分量以及 LBP 纹理对 Camshift 算法进行改进(Implementation of Camshift Target Tracking Algorithm Based on Hybrid Filtering and Multifeature Fusion,ICTTA),并引入高斯 Hermit 粒子滤波算法,进行 Kalman 滤波更新,表现出一定的准确性和鲁棒性。邱男等人[127]提高目标和背景的可区分性,将目标跟踪转换为极大似然估计过程。Hayat 等人[128]利用 Canny 边缘检测和帧间差分法提取运动目标对 Camshift 算法进行初始化,当背景中存在相似颜色干扰时,结合卡尔曼滤波实现目标的精确跟踪。以上算法都使用了 Kalman 滤波方法来预测目标的状态,但存在 Kalman 滤波启动时机不佳,判断遮挡的方法不完整,目标模板更新策略简单等问题。而且针对目标跟踪漂移或丢失的情况,不能有效实现目标的重定位。

综上所述,针对上述算法在目标外观表征模型和特征融合策略存在的不足,设计鲁棒的局部纹理特征提取模式,并结合颜色特征空间,根据候选目标与目标模型之间的相似度自动调整权重系数,通过动态加权的方式实现目标位置估计。针对以上算法在处理目标遮挡和跟踪丢失等问题时存在的不足,研究基于分块和 Kalman 位置补偿的抗遮挡模型,设计用于重新恢复跟踪的辅助重定位模块,减低跟踪误差,并为目标重定位提供参考。

3.2 整体框架

本章设计的算法主要包括三个部分:特征提取模块、Camshift 算法模块和辅助重定位模块。在特征提取模块中,设计改进的局部纹理特征提取模式 LBP$^+$,并利用改进粒子群优化算法对纹理进行增强,使其对灰度尺度变换具有鲁棒性,同时解决 LBP 模式对噪声敏感的问题(详见 3.3.1 节)。在 Camshift 算法模块中,结合颜色和纹理特征建立一个目标外观表征模型(详见 3.3.2 节),分别利用 Meanshift 算法收敛到候选目标,结合 Kalman 滤波器进行位置补偿,通过动态加权的方式实现目标位置估计(详见 3.3.3 节),并结合目标模板更新策略(详见 3.3.5 节)实现目标的持续跟踪。在辅助重定位模块中,设计一个存放历史跟踪结果的样本队列,选择样本队列中最优样本作为重新跟踪的初始帧,执行 Meanshift 算法得出重跟踪的结果(详见 3.3.4 节)。算法模型如图 3-1 所示,图中绿色方框表示目标框,红色方框表示搜索区域。

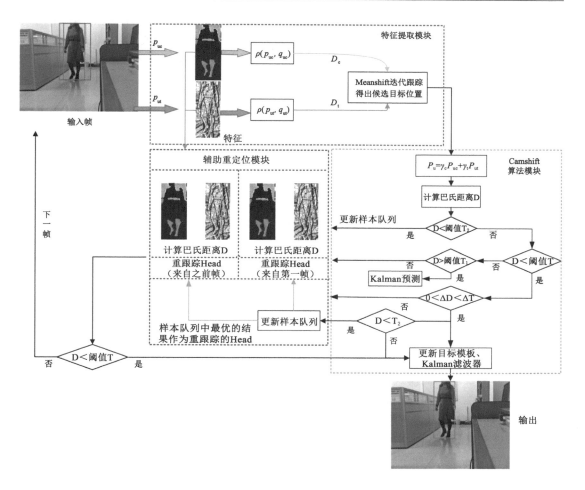

图 3-1　算法模型

3.3　联合改进局部纹理特征和辅助重定位的跟踪算法

本节主要研究局部纹理特征提取和增强模型,探讨抗遮挡和位置补偿方案,并结合辅助重定位模块,实现改进 Camshift 算法的生成式跟踪算法。

3.3.1　基于改进粒子群优化算法的局部纹理特征模型

纹理体现的是灰度的空间分布,能兼顾图像的宏观细节和微观结构。当图像发生照度不均以及分辨率改变等外界环境干扰的时候,根据纹理特征进行跟踪就可能由于偏差导致跟踪失败。为了解决上述问题,首先对图像进行预处理,增强图像对比度,然后改进局部纹理 LBP 模式,提高邻域像素和中心像素的相关性,最后利用改进粒子群优化算法对局部纹理进行增强,进一步提高纹理特征的提取效果。

（1）图像预处理

首先将原始图像在预处理过程中进行反锐化掩模处理,提高图像高频成分,增强图像的边缘轮廓。反锐化掩模对应图像的低频成分，可以通过计算以某个点为中心的周围像素平均值来实现。假设 $m(x,y)$ 是图像中某点的灰度值，局部区域可以定义为：以 (x,y) 为中心，窗口大小为 $(2n+1)\times(2n+1)$ 的区域，其中 n 是一个整数。低频部分可以表示为：

$$F_m(x,y) = \frac{1}{(2n+1)^2}\sum_{k=x-n}^{x+n}\sum_{l=y-n}^{y+n}m(k,l) \tag{3-1}$$

定义 $O(x,y)$ 为反锐化掩模变换后的像素值，则可表示如下：

$$O(x,y) = F_m(x,y) + G(x,y)[m(x,y) - F_m(x,y)] \tag{3-2}$$

$m(x,y) - F_m(x,y)$ 为局部区域的高频部分，通常，$G(x,y)$ 为大于 1 的常量，令 $G(x,y)=i$，高频成分就能得到增强。式(3-2)重写为：

$$O(x,y) = F_m(x,y) + i*[m(x,y) - F_m(x,y)] \tag{3-3}$$

根据式(3-3)进行放大时，由于图像的高频分量都被放大，有可能导致部分高频部分过增强。高频成分多位于图像边缘或变化剧烈的位置，这些地方的局部均方差相对较大，如果用同样的常数 i 进行放大就会出现过增强现象。为此，设计一个根据局部均方差进行自适应计算的算子，式(3-3)可表示为：

$$O(x,y) = F_m(x,y) + \frac{i}{\sigma_m(x,y)}*[m(x,y) - F_m(x,y)] \tag{3-4}$$

而局部方差为：$\sigma_m^2(x,y) = \frac{1}{(2n+1)^2}\sum_{k=x-n}^{x+n}\sum_{l=y-n}^{y+n}[m(k,l) - F_m(x,y)]^2$。

（2）局部纹理二值模式

通过局部二值 LBP 模式[129]算子提取图像的纹理特征 $LBP_{P,R}(x_c,y_c)$。(P,R) 表示像素的局部区域，P 表示邻域像素的个数（取值为 8），R 表示邻域像素和中心像素的距离（取值为 1），局部区域 (P,R) 的中心像素坐标为 (x_c,y_c)。局部区域内像素的联合分布来表示该区域的纹理分布，表示如下：

$$T = t(g_c,g_0,g_1,\cdots,g_{P-1}) \tag{3-5}$$

式中，g_p 表示邻域内的像素值；g_c 表示区域中心的像素值（作为阈值）。在不损失图像信息的情况下，求邻域的像素值 g_p 和中心像素值 g_c，用中心像素值和邻域内和中心像素差联合表示局部纹理，可表示如下：

$$T = t(g_c,g_0 - g_c,g_1 - g_c,\cdots,g_{P-1} - g_c) \tag{3-6}$$

假设 g_c 与 $g_i - g_c$ 独立，$i=0,1,\cdots,P-1$，那么：

$$T \approx t(g_c)t(g_0 - g_c,g_1 - g_c,\cdots,g_{P-1} - g_c) \tag{3-7}$$

由于 $t(g_c)$ 反映的是图像的亮度分布，因此式(3-7)可近似表示为：

$$T \approx t(g_0 - g_c,g_1 - g_c,\cdots,g_{P-1} - g_c) \tag{3-8}$$

式(3-8)中每个元素都是邻域内的像素值差，具有平移不变性。如果邻域内所有像素都同时增加一定的值，像素差不变，表示的纹理信息就不会变。但如果是邻域内所有像素都放大一定的倍数，计算出来的纹理就会发生变化。所以根据像素差值的符号描述纹理信息如下：

$$T \approx t(s(g_0 - g_c),s(g_1 - g_c),\cdots,s(g_{P-1} - g_c)) \tag{3-9}$$

$$s(g_i - g_c) = \begin{cases} 1, & g_i - g_c \geqslant 0 \\ 0, & g_i - g_c < 0 \end{cases} \tag{3-10}$$

$$LBP_{P,R}(x_c,y_c) = \sum_{i=0}^{P-1} 2^i s(g_i-g_c) \tag{3-11}$$

式中，$s(x)$ 是一个符号函数，取值 0 或者 1。LBP 基本模式算子在一个 3×3 的区域内定义，取区域中心的像素值 g_c 为阈值，对中心像素点 g_c 邻域内其余 8 个像素亮度求差。根据式（3-10）可知，如果差值大于 0，则记为 1；如果差值小于 0，则记为 0。遍历邻域内所有像素，将得到 8 位二进制数，将其转换为十进制数后便获得以 g_c 为中心的局部纹理信息。

将 $LBP_{P,R}$ 进一步扩展，使其具有旋转不变性，可以表示为 $LBP'_{P,R} = \min \{ \mathrm{ROR} (LBP_{P,R},i) | i = 0,1,2,\dots P-1 \}$，$\mathrm{ROR}(LBP_{P,R},i)$ 表示对 $LBP_{P,R}$ 的每一位二进制数右移 i 位，如图 3-2 所示，图 3-2(a) 是 LBP 的基本模式，图 3-2(b) 是 LBP 的扩展模式（P 取值 12，R 取值 1.5）。

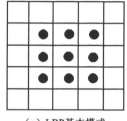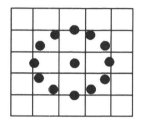

（a）LBP基本模式　　　　　　（b）LBP扩展模式

图 3-2　LBP 纹理

图 3-3 给出局部区域的 LBP 编码，图 3-3(a) 是原始局部区域计算出的 LBP 编码。当邻域内部分像素受到噪声干扰时，计算出的 LBP 编码结果如图 3-3(b) 所示。可以看出，当图像受到噪声干扰时，LBP 模式得出的纹理图不具有鲁棒性。当灰度尺度变化时，邻域内所有像素值都增加 2 倍，LBP 模式下计算的结果不变，如图 3-3(c) 所示，说明 LBP 模式对灰度尺度变换具有鲁棒性。对于有光照变化的跟踪场景，会引起像素及邻域像素同时发生变化，所以 LBP 模式可以解决具有光照变化属性场景下的目标跟踪问题。

（3）局部纹理三值模式

如何让局部纹理特征对噪声干扰保持一定的鲁棒性，采用局部三值模式（Local Ternary Pattern，LTP[130]）对纹理特征进行描述。局部三值模式对纹理进行了很为细致的划分，将邻域内的像素通过两个阈值判断转换为两位二进制数。表示邻域内像素差的符号函数值用 $(-1,0,1)$ 表示：

$$s(g_i,g_c,\Delta) = \begin{cases} 1, & g_i \geqslant g_c + \Delta \\ 0, & |g_i - g_c| < \Delta \\ -1, & g_i \leqslant g_c - \Delta \end{cases} \tag{3-12}$$

Δ 表示噪声门限阈值，当邻域内像素大于 $g_c + \Delta$ 时量化为 1，当邻域内像素小于 $g_c - \Delta$ 时量化为 -1，当邻域内像素处于 $g_c - \Delta$ 和 $g_c + \Delta$ 之间时量化为 0。三值模式增加了噪声门限，能够有效滤除噪声的干扰，表示如下：

$$LBP_{P,R}(x_c,y_c) = \sum_{i=0}^{P-1} 2^i s'(g_i) \tag{3-13}$$

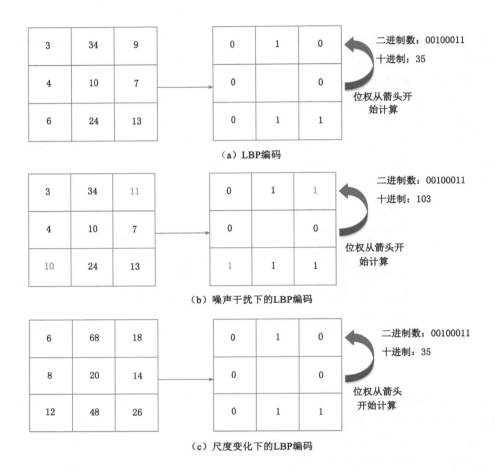

图 3-3　LBP 模式实例

例如：Δ 为 5 时，假设中心像素点为 10，邻域内其余 8 个像素范围为[5,15]。取和图 3-3 同样的局部区域，LTP 编码如图 3-4 所示。图 3-4(a)是原始局部区域计算出的 LTP 编码。当邻域内部分像素受到噪声干扰时，计算出的 LTP 编码结果如图 3-4(b)所示。可以看出，当图像受到轻微的噪声干扰时，LTP 模式是鲁棒的。但是，当灰度尺度变化时，邻域内所有像素值都增加 2 倍，LTP 模式下计算的结果发生了明显的变化，如图 3-4(c)所示，说明 LTP 模式对灰度尺度变换鲁棒性差。

（4）改进的局部纹理特征 LBP+ 模式

在实际的目标跟踪场景中，噪声干扰和光照变化是很常见的情形，设计一个对噪声干扰和光照变化都具有鲁棒性的局部纹理特征提取模式是十分重要的。基于以上分析，本章设计了一个改进的局部特征提取模式，为中心像素添加偏移量，提高邻域像素和中心像素的相关性，旨在解决 LBP 模式对噪声敏感的问题。改进的 LBP 局部特征提取模式（LBP+）的编码方式如下：

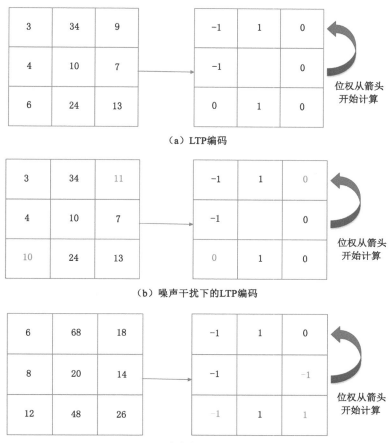

（a）LTP编码

（b）噪声干扰下的LTP编码

（c）尺度变化下的LTP编码

图 3-4　LTP 模式实例

$$LBP_{P,R}^{+}(x_c, y_c) = \sum_{i=0}^{P-1} 2^p s(g_i - g_c)$$

$$s(x) = \begin{cases} 1, & x \geqslant \kappa g_c \\ 0, & x < \kappa g_c \end{cases}$$

$$(3-14)$$

其中,$\kappa \in [0,1]$是定义的一个偏移量系数,当 $\kappa = 0$ 时,LBP^+ 模式便是 LBP 模式。κ 的取值越大,噪声对计算结果的影响越小。但是当 κ 值较大时,提取出的纹理特征精确性不高。取和图 3-3 同样的局部区域,图 3-5 给出 κ 为 0.4 时 LBP^+ 模式的结果。图 3-5(a)是原始局部区域计算出的 LBP^+ 编码,当邻域内部分像素受到噪声干扰时,计算出的 LBP^+ 编码结果如图 3-5(b)所示。可以看出,当图像受到噪声干扰时,LBP^+ 模式得出的纹理图具有鲁棒性。当灰度尺度变化时,邻域内所有像素值都增加 2 倍,LBP^+ 模式下计算的结果不变,如图 3-5(c)所示,说明 LBP^+ 模式同样对灰度尺度变换具有鲁棒性。当 κ 取值在 0.3~0.5 之间时,能够比较好地平衡噪声和灰度尺度变换对纹理特征提取结果的影响。

（5）基于改进粒子群优化算法的纹理增强

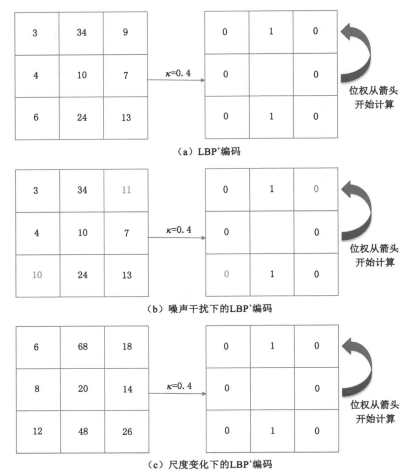

图 3-5　LBP$^+$模式实例

为了使纹理提取效果更加理想,在上述(4)设计的 LBP$^+$纹理特征提取模式基础上,将改进粒子群优化算法引入遗传算法的变异操作中,实现纹理图像增强,具体流程如下[131-133]:

Step1　算法参数初始化;

Step2　以式(3-15)为算法适应度函数,计算每个个体的适应值;

$$F(x) = \lg\{\lg\{E[I(x)]\}\}$$ (3-15)

式中,$I(x)$表示需增强的图像,$E[I(x)]$表示增强图像的强度值之和,如式(3-16)所示:

$$E[I(x)] = \sum_x \sum_y \sqrt{h_{x,y}{}^2 + v_{x,y}{}^2}$$ (3-16)

式中,$h_{x,y}$、$v_{x,y}$表示点邻域(x,y)内的灰度值。

Step3　按精英策略对种群中的个体执行选择操作;

Step4　执行交叉操作;

Step5　按式(3-17)与式(3-18)执行变异操作;

$$v^{(k+1)} = \omega \times v^{(k)} + c_1 \times \mathrm{rand}() \times (p_i^{(k)} - x^{(k)})$$
$$+ c_2 \times \mathrm{rand}() \times (p_g^{(k)} - x^{(k)}) + \rho \times (\mathrm{rand}() - x^{(k)}) \tag{3-17}$$

$$\omega^{(k)} = (\omega_{\max} - \omega_{\min}) \cdot (k/\mathrm{maxiteration})^2$$
$$+ 2 \cdot (\omega_{\min} - \omega_{\max}) \cdot (\frac{k}{\mathrm{maxiteration}}) + \omega_{\max} \tag{3-18}$$

Step6　用允许误差与迭代次数共同判断算法是否结束,如果满足结束条件,则返回最优值 BEST,否则返回 Step2 循环计算。其中算法返回的最优值 BEST 是指最优增强效果的图像灰度值。

选取一张自拍图像作为测试图像,分别测试 LBP 模式、LBP$^+$ 模式和粒子群优化的 LBP$^+$ 模式下纹理提取结果,如图 3-6 所示。根据适应度函数(3-15)计算的适应值由 0.808 7 提高到 0.850 1,既增强了纹理图的对比度,又保持较多细节。目标边缘的纹理得到加强,整幅图纹理更加清晰。算法收敛曲线如图 3-7 所示,在迭代到 165 次时,算法已经收敛。

（a）原始图像

（b）原始图像的纹理图$F(x) = 0.8087$

（c）增强后的纹理$F(x) = 0.8176$

（d）利用上述算法增强后的纹理$F(x) = 0.8501$

图 3-6　纹理提取对比

选取几张光照强、光照暗和噪声干扰的矿工图像,分别测试 LBP 和增强 LBP$^+$ 两种模式下提取纹理特征的结果,如图 3-8 所示。在光照变化的场景中,LBP 和 LBP$^+$ 两种模式均取得较好的提取结果;在有噪声干扰的场景中,LBP 模式效果差,而 LBP$^+$ 模式提取的纹理清晰,具有良好的抗噪性能。

综上所述,提出的纹理提取算法在噪声干扰、光照变化和低照度等复杂场景下具有很强的鲁棒性。

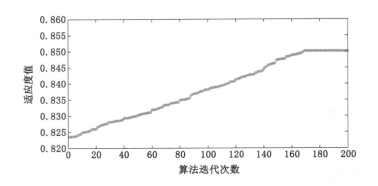

图 3-7   算法收敛曲线

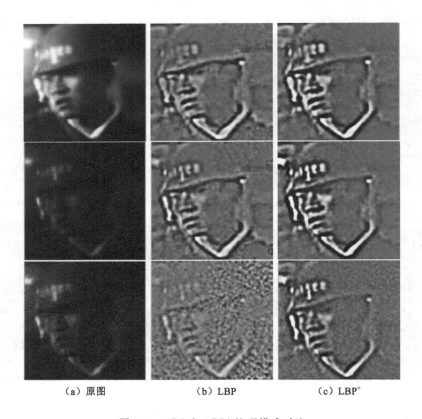

（a）原图   （b）LBP   （c）LBP$^+$

图 3-8   LBP 和 LBP$^+$ 纹理模式对比

3.3.2   目标外观表征模型

传统 Camshift 算法利用颜色概率密度分布对目标外观进行表示，由于颜色特征对形变、旋转等情况不敏感，适合描述颜色不会发生变化的目标。光照变化会引起目标颜色变化，也会使得跟踪效果变差。然而，颜色特征会因忽略空间特性分布，导致在背景颜色和目标颜色相近的复杂环境中丢失目标。纹理特征是一种空间统计特征，对光照变化和背景颜色干扰有较强的鲁棒性,抗干扰能力强。鉴于以上分析,结合颜色特征和纹理特征对目标外观进行建模,可以提高在形变、旋转、光照变化、背景干扰和低照度等复杂环境下目标表达能力。

（1）颜色特征模型

颜色特征空间主要分为 RGB 颜色空间和 HSV 颜色空间,其中 RGB 颜色空间对光照变化比较敏感,所以将 RGB 颜色空间转化为 HSV 颜色空间,而且只提取其中对光照变化不敏感的色调 H 分量。

假设目标区域中心为 x_0,$\{x_1, x_2, \cdots x_n\}$ 为目标区域内的其他像素,共有 n 个。设各个像素对应的颜色特征值 $u = 1, 2, \cdots, m$,其中 m 是颜色特征的分级。归一化直方图可表示为:

$$q_u(x_0) = C \sum_{i=1}^{n} \delta(b(x_i) - u) \tag{3-19}$$

且满足 $\sum_{u=1}^{m} q_u = 1$。直方图无法抑制噪声,容易导致目标丢失。可以通过增加核函数方式对直方图不同位置进行加权,越靠近目标中心的位置赋予越大的权值。核函数估计颜色概率密度为:

$$f(x_0) = \frac{1}{nh^2} \sum_{i=1}^{n} K\left(\left\| \frac{x_0 - x_i}{h} \right\|^2\right) \tag{3-20}$$

这里 $K(x)$ 称为核函数,通常符合对称性并且满足 $\int K(x)\mathrm{d}x = 1$。式中 h 表示带宽,以均方误差最小为选择原则。结合式（3-19）和（3-20）可以得出目标模型颜色特征的概率密度公式如下:

$$q_{uc}(x_0) = C \sum_{i=1}^{n} K\left(\left\| \frac{x_0 - x_i}{h} \right\|^2\right) \delta(b(x_i) - u) \tag{3-21}$$

式中,C 为归一化系数;$b(x_i)$ 是将像素 x_i 映射到相应颜色特征的函数;δ 为脉冲函数。颜色特征的提取结果如图 3-9 所示,利用 H 色调分量建立颜色特征直方图。HSV 颜色空间可以很好地提高跟踪的鲁棒性,减少目标变形对跟踪的影响。

（2）纹理特征模型

利用 3.3.1 节算法提取纹理特征后,使用直方图对纹理特征进行建模。根据式（3-19）～式（3-21）以及（3-14）得到目标纹理特征模型的概率密度公式（式中符号的含义和（1）颜色特征模型相同）,表示如下:

$$q_{ua}(x_0) = C \sum_{i=1}^{n} K\left(\left\| \frac{x_0 - x_i}{h} \right\|^2\right) \delta(b(x_i) - u) \tag{3-22}$$

3.3.3　基于改进局部纹理特征的跟踪算法

在 3.3.1～3.3.2 节讨论的基础上,提出一种结合颜色特征和增强局部纹理特征的改进 Camshift 算法。跟踪算法包括位置补偿模型和目标预测两部分内容,分别介绍如下:

（1）遮挡判断及 Kalman 位置补偿

实际场景下的目标跟踪,可能会出现目标被其他物体遮挡的现象,此时容易发生跟踪错误。解决目标遮挡的方法一般有运动估计、目标分块和特征匹配等。本章设计一个基于分

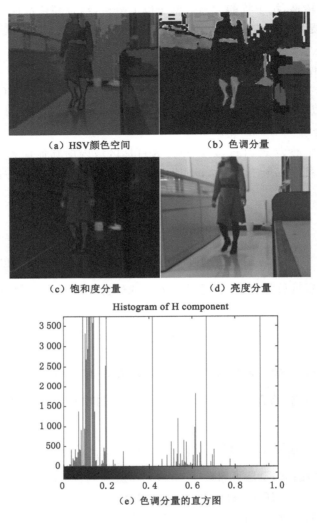

（a）HSV颜色空间　　　　　（b）色调分量

（c）饱和度分量　　　　　　（d）亮度分量

Histogram of H component

（e）色调分量的直方图

图 3-9　颜色特征

块和 Kalman 位置补偿的抗遮挡模型，对目标进行最优估计。当目标受到遮挡或背景干扰时，候选目标和目标模型之间的 Bhattacharya 系数会比较低，甚至不满足阈值条件。实际上，目标受到遮挡和背景干扰引起巴氏系数低的原因并不相同。目标遮挡是因为目标的部分区域对整个巴氏系数贡献度低，甚至是 0，造成计算出的巴氏系数低；而背景干扰是因为提取的候选目标特征受到干扰，造成计算出的巴氏系数低。所以为了准确地判断是否发生遮挡，以及如何进行位置补偿，将候选目标分成若干个子区域。同样，目标模板也对应分成相同数量的子区域。

根据第 2 章中式(2-1)计算当前帧中候选目标每一个子区域和目标模板对应子区域的巴氏系数 $\rho(p_i,q_i)$，如果 $\rho(p_i,q_i)$ 小于阈值 0.3 的子区域个数大于 2，则认为候选目标出现了遮挡，则利用 Kalman 滤波器对目标进行位置预测，使候选目标搜索窗口更接近真实目标的位置。

　　Kalman 滤波是以最小均方误差进行递推的线性估计算法,被应用在目标轨迹跟踪方面,尤其在目标遮挡情况下表现出良好的效果。利用线性系统状态方程,通过输入输出的观测数据,对系统的状态进行最优估计。假设目标的状态向量为 $X=[x,y,\tilde{x},\tilde{y}]$,观测值为 $Z=[x,y]^{\mathrm{T}}$,其中 (x,y) 为目标位置坐标,$(\tilde{x},\tilde{y})$ 为目标速度。其预测基本原理过程如下:

　　设 k 时刻的系统动态状态方程为:

$$X(k) = AX(k-1) + BU(k) + W(k) \tag{3-23}$$

　　k 时刻的系统测量值为:

$$Z(k) = H(k)X(k) + V(k-1) \tag{3-24}$$

式中,A 是系统状态转移矩阵;B 是系统参数,一般取值为 0;$U(k)$ 是系统控制量。$H(k)$ 是系统的观测矩阵,$W(k)$ 和 $V(k)$ 是均值为 0 的白噪声序列。目标在相邻两帧的运动状态可以看作匀速直线运动,所以 A 和 H_k 定义如下:

$$A = \begin{bmatrix} 1 & 0 & \Delta t & 0 \\ 0 & 1 & 0 & \Delta t \\ 0 & 0 & 1 & 0 \\ 0 & 0 & 0 & 1 \end{bmatrix}, H(k) = \begin{bmatrix} 1 & 0 & 0 & 0 \\ 0 & 1 & 0 & 0 \end{bmatrix} \tag{3-25}$$

式中,Δt 表示相邻两帧采用的间隔。利用系统上一状态的最优结果 $X(k-1|k-1)$ 对当前状态系统进行预测,预测结果为 $X(k|k-1)$:

$$X(k|k-1) = AX(k-1|k-1) + BU(k) \tag{3-26}$$

　　系统上一状态最优结果的误差估计协方差矩阵为 $P(k-1|k-1)$,则 $X(k|k-1)$ 的协方差可更新为:

$$P(k|k-1) = AP(k-1|k-1)A^{\mathrm{T}} + Q \tag{3-27}$$

其中,Q 为系统的协方差。根据式(3-26)和(3-27)得到当前状态的最优预测结果 $X(k|k)$,$K_g(k)$ 为卡尔曼增益。

$$X(k|k) = X(k|k-1) + K_g(k)(Z(k) - HX(k|k-1)) \tag{3-28}$$

$$K_g(k) = P(k|k-1)H^{\mathrm{T}} / HP(k|k-1)H^{\mathrm{T}} + R \tag{3-29}$$

　　最后,为达到持续跟踪的目的,更新 k 状态下 $X(k|k)$ 的协方差 $P(k|k)$:

$$P(k|k) = (I - K_g(k)H)P(k|k-1) \tag{3-30}$$

　　假设用目标模板预测的目标位置为 $(\hat{x},\hat{y})$,Kalman 滤波器预测的目标位置为 $(\tilde{x},\tilde{y})$,目标位置补偿策略如下:

$$(x,y) = \beta(\hat{x},\hat{y}) + (1-\beta)(\tilde{x},\tilde{y}) \tag{3-31}$$

式(3-31)中,β 为位置补偿权值。当目标未被遮挡时,β 取 1;当目标被遮挡时,β 取 0,利用 Kalman 滤波器进行目标位置预测。

　　(2) 目标预测

　　由于颜色特征与纹理特征对目标的表示和区分能力不同,根据目标模板预测的位置也不同,而目标的最终位置是由两个预测位置共同决定的。根据实际场景动态计算颜色特征和纹理特征的贡献度,实现两者的自适应融合。目标位置预测模型表示如下:

$$p_u = \gamma_1 p_{u1} + \gamma_2 p_{u2} + \cdots + \gamma_N p_{uN}$$

$$\text{s. t.} \sum_{j=1}^{N} \gamma_j = 1 \tag{3-32}$$

式中，N 表示融合特征的个数；γ_j 是第 j 个特征的权重系数。式（3-32）中 γ_j 权重系数的计算成为确定最终目标位置的关键。一般情况下，表述能力好的特征计算的巴氏距离越小，得到的候选目标和目标模板之间的相似度越高。利用巴氏系数 $\rho(p,q)$ 来定义候选目标和目标模板之间的距离，如下：

$$D = \sqrt{1 - \rho(p,q)} \tag{3-33}$$

距离越小，预测的目标位置越准确，应分配越高的权重系数。所以，根据候选目标每个特征与目标模板之间的距离来自动调整权重系数，计算如下：

$$\gamma_j = \frac{1 - D_j}{\sum\limits_{j=1}^{N} D_j} \tag{3-34}$$

简单加权平均获得权重系数的方式，易受干扰因素的影响，可以根据巴氏距离产生一个简单的惩罚项来解决这个问题：

$$\gamma'_j = \frac{1 - D_j}{\frac{1}{\lambda * D_j} + \sum\limits_{j=1}^{N} D_j} \tag{3-35}$$

$$\gamma''_j = \frac{\gamma'_j}{\sum \gamma'_j} \tag{3-36}$$

γ''_j 作为调整后第 j 个特征的权重系数，λ 表示一个惩罚项系数。$\frac{1}{\lambda \times D_j}$ 是惩罚项，作用就是为具有低距离的特征分配高的权重系数，为具有高距离的特征分配低的权重系数。

假设目标模板和候选目标的颜色特征分别为 q_{uc} 和 p_{uc}，纹理特征分别为 q_{ut} 和 p_{ut}，其中 $u = 1,2,\cdots,m$。根据式（3-33）分别得到候选目标的颜色特征和纹理特征与目标模板之间的距离 D_c 和 D_t。

$$D_c = \sqrt{1 - \rho(p_{uc},q_{uc})} = \sqrt{1 - \sum_{u=1}^{m} \sqrt{p_{uc}q_{uc}}} \tag{3-37}$$

$$D_t = \sqrt{1 - \rho(p_{ut},q_{ut})} = \sqrt{1 - \sum_{u=1}^{m} \sqrt{p_{ut}q_{ut}}} \tag{3-38}$$

分别根据颜色特征和纹理特征迭代得到目标位置 P_{uc} 和 P_{ut}，最终的目标位置 P 由 P_{uc} 和 P_{ut} 融合计算得到，表示如下：

$$P_u = \gamma_c P_{uc} + \gamma_t P_{ut} \tag{3-39}$$

上式中 γ_c 和 γ_t 分别是颜色特征和纹理特征的贡献度，根据式（3-35）计算得到。

3.3.4 基于样本队列的目标重定位模块

在目标跟踪过程中，采取遮挡判断和运动补偿等措施可以减少跟踪失败的问题。但是长时间目标跟踪中环境复杂多变，仍不可避免地会出现跟踪失败。辅助重定位模块主要解决跟踪丢失后，重新恢复跟踪的问题。包括样本队列的创建和维护以及基于样本队列的重检测算法两部分，分别介绍如下：

（1）用于重跟踪的样本队列

如何快速准确地重新恢复跟踪，选取一个重新跟踪的初始帧十分关键。如果不保存跟踪过程中产生的有效跟踪结果,将会对重新恢复跟踪带来极大的挑战。在跟踪失败进行重新跟踪时,选取前一帧图像作为重检测的开始,还会引起跟踪失败,是因为跟踪失败前的几帧图像提供的目标模板不再可信。如果选择第一帧图像作为目标模板,可能会和当前帧目标在背景、形态、外形、光照都存在很大差异。还可能会和当前帧欧式距离比较远,增加Meanshift 算法的迭代次数,影响算法执行效率。为了尽可能地保留有效跟踪结果使模板更新更为有效,设计一个能够存放正确跟踪结果的样本队列。样本队列中保留最高置信度的跟踪结果,记录着位置信息、巴氏距离和帧序号。第一帧图像是手工标注,首先放入样本队列中。候选目标与目标模板的巴氏距离小于阈值 T_2 的跟踪结果也放入到样本队列中。同时,为了避免频繁操作样本队列,将更新间隔设置为 γ。当样本队列满时,根据巴氏距离大小进行删除替换。工作流程如图 3-10 所示。

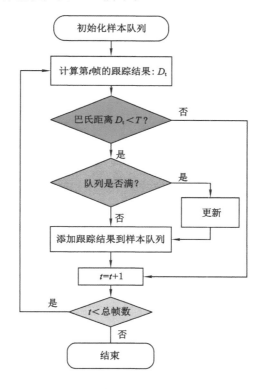

图 3-10 样本队列的工作流程

Step1 样本队列的初始化操作,把手工标注的第一帧目标模板放入样本队列中。

Step2 计算第 t 帧的跟踪结果,将 t 和视频序列的总帧数比较,在 t 不大于总帧数时,进行后续步骤,否则结束。

Step3 如果第 t 帧的巴氏距离 $D_t<T$,执行 Step4;否则,直接执行步骤 6。

Step4 检查样本队列的容量,如果是已满的状态,替换巴氏距离最高的跟踪样本,执行Step5。

Step5 将第 t 帧的跟踪结果加入样本队列中。

Step6 $t+1 \rightarrow t$,遍历整个视频序列,执行 Step2,直到结束。

动态样本队列的初始状态中只包含第一帧目标大小和位置（以 Jogging 视频序列为例），如表 3-1 所示。

表 3-1　动态样本队列的初始状态

序号	预测框尺寸				巴氏距离	帧序号
	中心坐标 x	中心坐标 y	Width	Height		
0	111	98	25	101	0	0001

样本队列中的元素作为 Re-detection 的初始参考帧。目标跟踪是一个长期的任务，样本队列尺寸不宜过大，否则会给存储带来压力，需要动态更新。每隔 γ 时间，把置信度高的帧放入样本队列中，只保留 10 个高置信度的跟踪结果。在视频序列 Jogging 的跟踪过程中，样本队列在不断自动更新。视频序列 Jogging 的速度为 28 帧/s，每隔 14 帧更新一次样本队列。样本队列第一次满时的状态如表 3-2 所示。

表 3-2　动态样本队列第一次满时的状态

序号	预测框尺寸				巴氏距离	帧序号
	中心坐标 x	中心坐标 y	Width	Height		
0	111	98	25	101	0	0001
1	90	100	22	104	0.09	0015
2	105	103	23	101	0.15	0029
3	100	95	24	100	0.14	0043
4	91	100	22	100	0.2	0057
5	100	100	25	100	0.3	0081
6	125	87	27	110	0.28	0095
7	124	79	25	108	0.2	0109
8	105	89	24	107	0.21	0123
9	128	113	26	115	0.13	0137

由于从第 69 帧开始，目标被全部遮挡。置信度小于阈值，不再更新样本队列。从 78 帧开始，目标重新出现但还有部分遮挡，便开启 Re-detection 程序。从 81 帧开始，目标完全出现，并将检测结果放入队列中。队列满之后，根据置信度大小替换之前的元素，置信度最小的元素最先被替换。到跟踪结束，队列被更新到表 3-3 的状态。

（2）基于样本队列的重检测算法

当跟踪失败或者目标重新出现后，进入 Re-detection 流程。遍历样本队列，计算当前帧（b_t）和样本队列元素（b_j，$j = 1 \rightarrow 10$）之间的欧式距离。

$$d(b_t, b_j) = \exp\left(-\frac{1}{2\sigma^2} \parallel (x_t, y_t) - (x_j, y_j) \parallel^2\right) \qquad (3\text{-}40)$$

式（3-40）中，σ 为初始目标大小对角线长度。找到距离最小的结果，记为 Image(i)。在样本队列中找出巴氏距离最小的结果，记为 Image(j)。如果 $i = j$，Image(i) 和 Image(j) 是同一个结果,作为重检测的初始帧。如果 $i \neq j$,根据巴氏距离、欧式距离来寻找最佳元素作为重检测的初始帧,重新恢复正常的跟踪模式。用式(3-41)表示:

$$\underset{j}{\arg\min}\beta D_t + (1-\beta)d(b_t, b_j) \tag{3-41}$$

式中,β 是一个权重参数,取值范围为 $0 \sim 1$,自适应调整巴氏距离和欧式距离的贡献度。

表 3-3　动态样本队列的最终状态

序号	预测框尺寸				巴氏距离	帧序号
	中心坐标 x	中心坐标 y	Width	Height		
0	111	98	25	101	0	0001
1	90	100	22	104	0.09	0015
2	100	120	31	125	0.15	0305
3	100	95	24	100	0.14	0043
4	140	90	27	115	0.14	0165
5	130	108	26	110	0.13	0151
6	138	100	26	112	0.13	0207
7	140	116	27	120	0.14	0263
8	111	101	30	125	0.1	0235
9	128	113	26	115	0.13	0137

从样本队列中得到初始帧并不意味着后续的 Re-detection 一定成功。在初始帧的目标位置循环采样产生候选框,根据式(3-33)计算每个候选区域的巴氏距离,最小巴氏距离小于阈值 T 的候选区域即为目标位置。图 3-11 给出三种情况 Re-detection 的结果,图 3-11(a)为重检测初始帧的目标位置,图 3-11(b)为三帧图像中目标出现的三个不同位置。图 3-11(c)红色方框表示目标区域,绿色方框表示候选区域。通过选择合适的初始帧,使当前帧目标都在候选区域内,通过执行 Meanshift 算法收敛到目标位置,即重检测是成功的。

3.3.5　目标模板更新

如果目标模板更新不正确,即使计算出候选区域和目标模板之间的巴氏距离小,跟踪结果也未必是正确的。通过利用巴氏系数来计算第 t 帧候选目标与目标模板的巴氏距离 D_t,D_t 的值越小说明两个模型相似性越高。仅仅依据巴氏距离来判断是否更新模板,是不完全可靠的。增加巴氏距离梯度作为另一个判别依据,定义为 $\Delta D = D_t - D_{t-1}$。设置巴氏距离阈值为 T,距离梯度阈值为 ΔT。当 D_t 小于阈值时,且和上一帧得到的巴氏距离变化不大时,即 $D_t < T$ 且 $0 < \Delta D < \Delta T$,表示候选目标匹配高,则利用 Camshift 算法预测结果对目标模板进行更新。当巴氏距离迅速增加,但还满足阈值条件时,即 $D_t < T$ 且 $\Delta D > \Delta T$,再执行一次重检测程序,排除跟踪到错误位置的假象。如果运行重检测程序,计算出的巴氏距离满足阈值条件,此时更新模板。当 D_t 大于阈值时,即 $D_t > T$,说明跟踪得到的候选区域与目标模板相似度较低,目标有可能出现较大面积遮挡,则利用 Kalman 滤波进行目标位置预测,并更新目标模板。

Camshift 算法和 Kalman 滤波结合的模板更新原则如下:

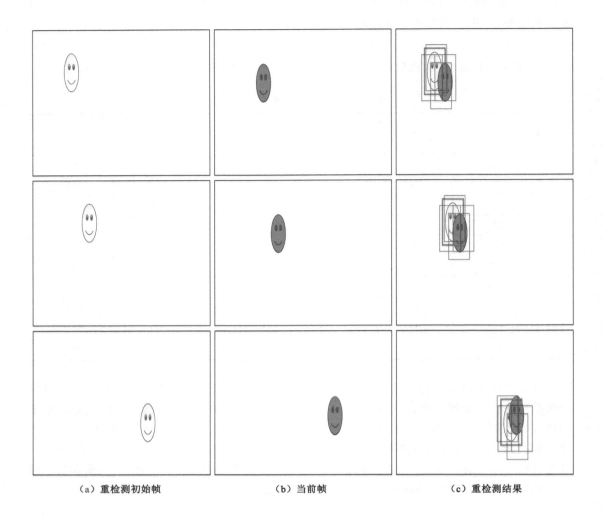

（a）重检测初始帧   （b）当前帧   （c）重检测结果

图 3-11 重检测结果

（1）当候选目标与目标模板之间的巴氏距离 $D_t \leqslant T$ 时，说明没有发生遮挡或遮挡影响不大，利用 Camshift 算法预测结果并对目标模板进行更新；如果 $D_t \leqslant T_2$，把预测结果同时加入到样本队列中。

（2）当巴氏距离 $T < D_t \leqslant T_1$ 时，说明目标被大面积遮挡或背景噪声较大，将利用 Kalman 滤波建立目标运动方程，预测目标位置，并更新目标模板。

（3）当巴氏距离 $T_1 < D_t \leqslant 1$ 时，说明目标几乎被完全遮挡，利用 Kalman 滤波预测的位置不再准确，便启动重跟踪程序，不进行模板更新。

3.3.6 算法流程

将 Meanshift 算法扩展到视频图像序列，所有图像帧都参与运算，选择 HSV 颜色模型和纹理特征作为跟踪特征，计算区域内联合概率分布。算法将前一帧搜索窗的中心位置以及窗口大小作为初始值,自适应更新核带宽,调整搜索框大小,迭代定位当前帧中被跟踪目标的中心点,不断自适应目标变化,从而完成视频目标跟踪。当目标大面积遮挡和短时间离开视线而引起跟踪漂移或失败时,根据 Kalman 滤波器和辅助重定位模块,快速恢复重定位-重跟踪。本章算法处理流程如图 3-12 所示。

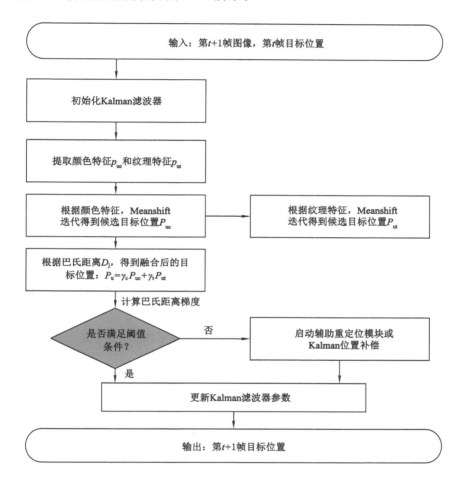

图 3-12　算法处理流程

算法的计算过程如下:

Step1　读取视频帧 I_{t+1},输入初始目标位置 (x_t, y_t, w_t, h_t);

Step2　利用目标跟踪窗口中心位置初始化 Kalman 滤波器的相关参数;

Step3　根据式(3-21)和式(3-22)提取目标窗口的颜色和纹理特征 q_{uc} 和 q_{ut};

Step4　结合颜色特征和纹理特征执行 Meanshift 算法,分别迭代到候选目标位置 P_{uc} 和 P_{ut},根据式(3-35)计算特征贡献度 γ_c 和 γ_t,得到融合后的目标位置 $P_u = \gamma_c P_{uc} + \gamma_t P_{ut}$;

Step5　计算候选目标和目标模板之间的巴氏距离 D 以及距离梯度 ΔD,并与阈值作比较;

Step6　如果 $D < T$ 且 $0 < \Delta D < \Delta T$,则利用 Step4 得到的结果作为目标位置,更新目标

模板；如果 $D<T_2$，更新样本队列，转向 Step10；

Step7　如果 $D<T$ 且 $\Delta D>\Delta T$，执行一次重检测程序，排除跟踪到错误位置的可能。运行重检测程序后计算出的巴氏距离满足阈值条件，则更新目标模板；

Step8　如果 $T<D<T_1$，目标出现遮挡时，利用 Kalman 滤波器预测目标位置，转向 Step10；

Step9　如果 $D>T_1$，说明目标被完全遮挡，则启动辅助重定位模块；

Step10　利用 Step4 得到的结果更新 Kalman 滤波器，并作为下一帧图像初始化目标位置，$t+1\to t$，转 Step3 继续执行直至视频序列结束。

3.4　实验结果分析及讨论

为了验证所提出的改进局部纹理特征和辅助重定位算法的有效性，在 OTB2015 和 TC-128数据集上，从定量分析和定性分析两个方面和传统 Camshift[51]、ICTTA[126]、JCTH[125] 和 MFTA[53] 进行了对比实验。

实验仿真环境为 MATLAB R2018b，电脑配置为：Intel Core i7-8550U 的 CPU，2.0 GHz的主频，8 GB 的内存，Windows 10 操作系统。在实验过程中，对算法不同参数取值的敏感性进行了大量实验，从跟踪准确率和成功率两个方面综合考虑，选择了跟踪效果最理想的参数。参数设置如下：样本队列的更新间隔 γ 设置为 $0.2\ s$。阈值 T 取值过小时，目标模板更新频率变慢，更新不及时也会造成跟踪失败，取值为 0.5。阈值 T_1 用来判断目标受遮挡程度，其值尽量不大于 0.9，如果太大，跟踪结果的偏差会更大。阈值 T_2 用来判断是否更新样本队列，取值为 0.3，保证样本队列中样本的高可靠性。ΔT 是巴氏距离梯度阈值，取值为 0.2。

3.4.1　定量分析

从跟踪性能、中心位置误差、距离准确率、重叠率和重叠成功率五个评价指标对算法在 OTB2015 数据集中 100 个视频序列上综合实验结果进行对比分析；从距离准确率和重叠成功率两个评价指标对算法在 TC-128 数据集中 128 个视频序列上综合实验结果进行对比分析。

3.4.1.1　OTB2015 数据集上的实验分析

（1）跟踪性能

图 3-13 是本章算法和其他跟踪算法在重叠成功率和跟踪速度方面的对比结果，图中帧速用横坐标表示，重叠成功率用纵坐标表示。结果表明，所提算法取得最高的重叠成功率（0.532），比传统 Camshift 算法（0.299）有较大幅度提高，验证了 Kalman 位置补偿的有效性，提高了跟踪的重叠成功率。跟踪速度用 FPS 来描述，如表 3-4 所示。获得 34FPS 的跟踪速度，比其他基于 Camshift 的跟踪算法有较大提升，验证了目标外观表征模型的有效性，减少迭代次数，提高了跟踪速度。

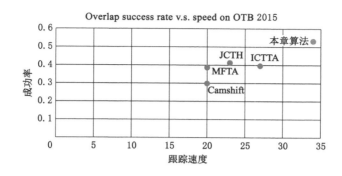

图 3-13　不同算法的跟踪性能对比

表 3-4　不同算法的跟踪性能

性能指标	本章算法	Camshift	ICTTA	JCTH	MFTA
成功率	0.532	0.299	0.396	0.413	0.387
跟踪速度	34	20	27	23	20

（2）中心位置误差（CPE）

图 3-14 是本章算法和 MFTA、ICTTA、JCTH 和传统 Camshift 算法在 Walking2 和 Car4 视频序列中中心位置误差的对比结果。传统 Camshift 算法跟踪目标时，若前景和背景颜色相近，则易发生跟踪失败的情况。而 MFTA 算法虽然取得较好的跟踪效果，但由于增加了特征提取与融合的操作，算法效率不高。JCTH 算法在光线变化和快速运动的场景下，跟踪误差较大，不能准确定位到目标位置。而本章算法的中心位置误差（平均为 17.99）始终保持较低的值，最大中心位置误差也只有 20。跟踪窗口能够收敛到目标区域，保持较好的跟踪结果。

（3）距离准确率（DPR）

图 3-15 是本章算法和对比算法在 Car4 视频序列中的距离准确率对比结果。Car4 视频序列中的图像具有运动速度快、旋转、背景光线变化大等特点。图 3-15（a）是传统 Camshift 算法的准确率曲线，准确率非常低，接近于 0。只有在前几帧图像中跟踪到目标，当目标到达最高点后，受光照影响跟踪便出现漂移。图 3-15（b）是结合颜色和纹理特征的 ICTTA 算法的准确率曲线，准确率有了很大提升。但是在 121 帧图像开始，运动模糊和光线反光的干扰下，出现跟踪漂移现象。图 3-15（c）是本章设计的联合颜色和纹理特征，并结合 Kalman 滤波的准确率曲线。由于添加了重跟踪模块，当有个别帧出现漂移后，能快速恢复跟踪。随着阈值的不断增大，准确率越来越高，接近于 0.7。从图 3-15 可以看出，和对比算法比较，本章算法具有最高的距离准确率。在应对目标形变、背景噪声大、光照变化等复杂环境时，保持良好的跟踪能力和稳定性。

图 3-16 是对比算法在 Singer1 和 Car4 视频序列中的准确率对比结果。MFTA 算法在 Singer1 视频序列中的距离准确率 0.421，由于没有模型更新算法，导致目标遮挡后，跟踪出现失败。而在 Car4 视频序列中，随着阈值的不断增大，准确率越来越高，接近于 1。说明

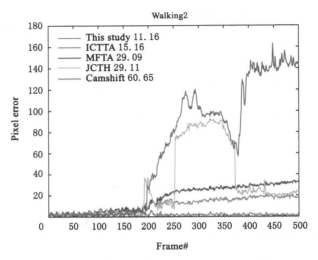

（a）Walking2视频序列中的中心位置误差

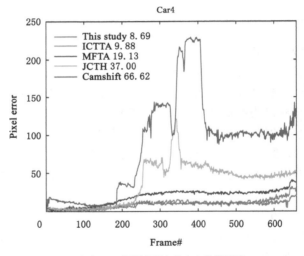

（b）Car4视频序列中的中心位置误差

图 3-14　不同视频序列中 CPE 的对比

MFTA 算法在光照变化的环境下，表现出较好的鲁棒性。传统 Camshift 算法的距离准确率低，接近于 0.15。只有在前几帧图像中跟踪到目标，当遇到目标受到遮挡或光照变化场景时，无法正确跟踪。ICTTA 和 JCTH 算法在两个视频序列中，均取得比较稳定的跟踪结果，能较好处理目标光线变化的跟踪场景。在误差阈值设置为 20 时，本章算法的距离准确率接近于 0.75。对比算法在 OTB2015 数据集 100 个视频序列中综合距离准确率对比曲线如图 3-17 所示，具体距离准确率数据见表 3-5。由此可以看出，本章算法在应对目标形变、背景噪声大、光照变化等复杂场景时，保持良好的跟踪能力和稳定性，证明本章所设计的局部纹理特征 LBP⁺ 模式的有效性和鲁棒性。

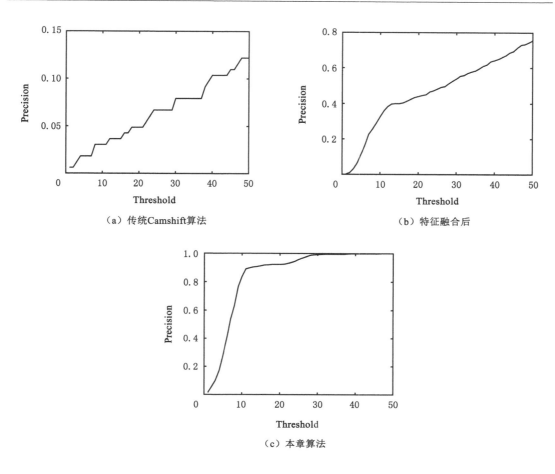

（a）传统Camshift算法

（b）特征融合后

（c）本章算法

图 3-15 准确率的提升

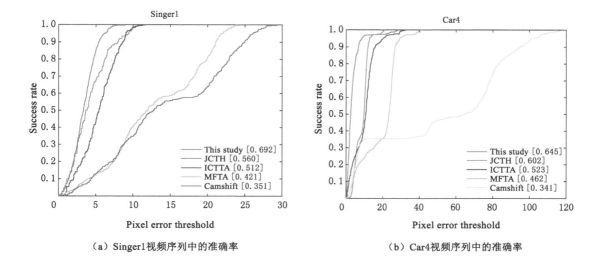

（a）Singer1视频序列中的准确率

（b）Car4视频序列中的准确率

图 3-16 算法在不同视频序列中距离准确率对比

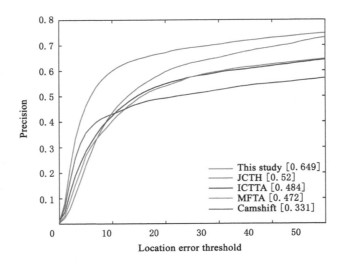

图 3-17　算法距离准确率对比曲线

表 3-5　不同算法的距离准确率

评价指标	本章算法 （This study)	Camshift	ICTTA	JCTH	MFTA
DPR	0.649	0.331	0.484	0.52	0.472

（4）重叠率（OR）

图 3-18 是对比算法在 Walking2 和 Car4 视频序列中跟踪重叠率对比结果。在 Walking2视频序列中，从 197 帧开始目标受到遮挡，导致算法的重叠率下降。本章算法仍能跟踪到目标，只是重叠率不高。而对比算法均出现跟踪漂移。在 Car4 视频序列中，由于受光照变化的影响，在第 260 帧附近，所有对比算法的跟踪重叠率迅速降低，ICTTA 算法重叠率在 0.1 左右，跟踪出现较大偏移。而在后续帧中，本章算法利用改进粒子群优化算法对局部纹理进行增强，从而增强外观模型的辨别能力，重叠率慢慢增加，表现出良好的跟踪恢复能力。而传统的 Camshift 算法只能在前 50 帧正确跟踪到目标，后续帧均出现跟踪漂移。

（5）重叠成功率（OSR）

图 3-19 是不同算法在 OTB2015 数据集 100 个视频序列中综合重叠成功率对比曲线，横轴表示阈值，纵轴表示成功率。P_{c1} 表示传统 Camshift 算法，P_{c2} 表示结合颜色特征和纹理特征的跟踪算法，P_{t1} 表示 MFTA 算法，P_{t2} 表示结合纹理特征和辅助重定位模块的跟踪算法，P_{a1} 表示 ICTTA 算法，P_{a2} 表示 JCTH 算法。传统 Camshift 算法对于有背景干扰的场景，容易使候选框扩大到整个图像，导致成功率很低。JCTH 算法的颜色纹理特征模型有效，重叠成功率获得第二名。P_{c2} 算法在传统 Camshift 算法基础上又融合了结合纹理对目标外观进行表示，重叠成功率有所提升。而结合纹理特征和辅助重定位模块的 P_{t2} 跟踪算法，也取得 0.403 的重叠成功率。本章算法在 P_{t2} 跟踪算法基础上又添加位置补偿模块，综合得分最高，平均成功率为 0.532。表 3-6 为不同算法的重叠成功率数据，这些实验数据说明所设计的纹理提取模式、辅助重定位以及位置补偿模块，对提升算法的重叠成功率起到重要的作用。

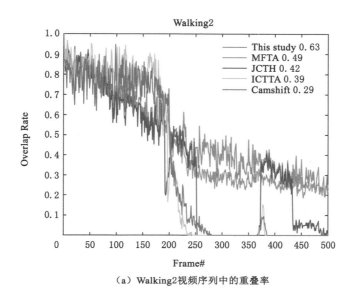

（a）Walking2视频序列中的重叠率

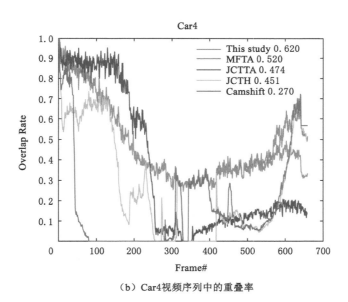

（b）Car4视频序列中的重叠率

图 3-18　不同算法的重叠成功率对比

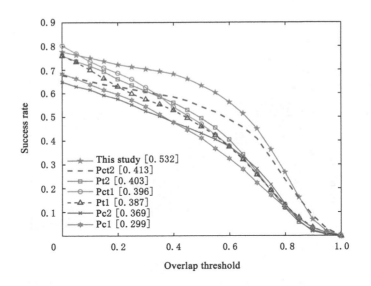

图 3-19　算法成功率对比曲线

表 3-6　不同算法的重叠成功率

评价指标	本章算法 （This study）	JCTH （P_{ct2}）	P_{t2}	ICTTA （P_{ct1}）	MFTA （P_{t1}）	P_{c2}	Camshift （P_{c1}）
OSR	0.532	0.413	0.403	0.396	0.387	0.369	0.299

3.4.1.2　TC-128 数据集上的实验分析

TC-128 数据集主要分析比较颜色信息对目标跟踪的影响，可以很好测试和验证本章提出的联合颜色和纹理特征算法的有效性。用 DPR 和 OSR 两个评价指标对传统 Camshift、ICTTA、JCTH 和 MFTA 进行对比分析，对比结果如表 3-7 所示，排名第一的用粗体表示，排名第二的用下划线表示。TC-128 数据集比 OTB2015 数据集中部分视频序列更具有挑战性，导致算法在 TC-128 数据集中跟踪效果略差。和同类型算法对比，本章算法获得最高的距离准确率（0.579）和最高的重叠成功率（0.452）。与排名第二的 JCTH 相比，本章算法改进明显，得益于 Kalman 位置补偿模块对目标位置的补偿，提高了距离准确率。辅助重定位模块能够实现跟踪漂移后对目标进行重新定位，提高了重叠成功率。

表 3-7　在 TC-128 数据集上不同算法 DPR 和 OSR 对比

评价指标	本章算法	Camshift	ICTTA	JCTH	MFTA
DPR	**0.579**	0.301	0.424	<u>0.481</u>	0.412
OSR	**0.452**	0.209	0.357	<u>0.396</u>	0.326

3.4.2　定性分析

　　本节将对算法在 OTB2015 和 TC-128 数据集中所有视频序列的可视化结果进行分析，更直观地说明不同算法的跟踪效果。图 3-20 给出本章算法与对比算法（ICTTA、JCTH、MFTA 和 Camshift）在 4 个典型视频序列 Basketball、Walking2、Car4 和 Bird2 中的对比结果。视频序列 Basketball 中的图像存在背景干扰、光照变化、遮挡和形变等因素干扰的复杂场景。视频序列 Walking2 中的图像存在低分辨率、遮挡和尺度变化等因素干扰的复杂场景。视频序列 Car4 中的图像存在快速运动、尺度变化和光照变化等因素干扰的复杂场景。视频序列 Bird2 中的图像存在遮挡、形变、快速运动、平面内旋转和平面外旋转等因素干扰的复杂场景。4 个视频序列包括低分辨率、背景干扰、光照变化、旋转、遮挡、尺度变化和颜色相近等复杂场景，对算法在背景噪声、光照变化、颜色相近和遮挡的复杂场景下的分析具有一定代表性。

（a）Basketball视频序列

（b）Walking2视频序列

（c）Car4视频序列

（d）Bird2视频序列

―― 本章算法　　―― CAMShift　　―― ICTTA　　―― JCTH　　―― MFTA

图 3-20　不同算法在典型视频序列中定性对比

在图 3-20（a）Basketball 视频序列中，跟踪场景中有多个和目标相似其他干扰物，而且目标颜色和背景颜色相近，所提算法始终能够正确地跟踪到目标，得益于所设计的纹理提取模式在背景干扰和颜色干扰方面的鲁棒性。而其他对比算法均出现不同程度的跟踪漂移，且不具备重新恢复跟踪的能力。在图 3-20（b）Walking2 视频序列中，目标从 197 帧开始受到遮挡，对比算法出现了跟踪漂移，而传统的 Camshift 算法跟踪完全失败，跟踪框仍然停留在被遮挡前的位置。本章算法在目标受到遮挡的情况下，能够跟踪到目标的位置。从 400 帧开始，随着目标远离视线，分辨率变低，跟踪重叠率降到 0.3。在图 3-20（c）Car4 视频序列中，跟踪目标速度快，光照变化大，导致在目标变换车道时，跟踪出现一些误差，但是没有出现失败的情况。ICTTA 算法出现不同程度的漂移，甚至导致跟踪失败。而传统 Camshift 算法从 100 帧开始，跟踪便出现漂移，重叠率为 0。在 500 帧附近，重叠率升高到 0.3，仍然达不到跟踪正确的标准。在图 3-20（d）Bird2 视频序列中，从 48 帧开始目标出现快速旋转，且存在短时遮挡。本章算法在目标变化前后，均能定位到目标，并取得较高的跟踪精度。在目标旋转后，ICTTA 算法采用 Kalman 滤波器也预测到目标的位置，但跟踪结果有些偏移。Camshift、JCTH 和 MFTA 算法受目标旋转的影响，出现跟踪偏移和失败。通过定性分析结果可以看出，目标在背景噪声、光照变化、颜色相近和遮挡等复杂场景下，本章提出的融合算法优势比较明显，也进一步验证了纹理特征提取模式和再检测模块的有效性。

3.5　本章小结

针对传统 Camshift 算法的特征表示模型、目标模型更新策略和抗遮挡模型设计简单，而在复杂场景下不能有效实现目标跟踪的问题，提出一个基于改进 Camshift 的生成式目标跟踪算法，该算法在背景噪声、光照变化、颜色相近等复杂场景下表现出很强的鲁棒性。从提取具有鲁棒性的特征入手，分析具有不同鉴别能力的特征，利用 Camshift 算法来收敛欲跟踪的区域，联合 Kalman 滤波器预测下一帧中特定目标的位置，缩短算法时间。本章工作总结如下：

（1）设计基于改进粒子群优化算法的局部纹理特征提取模式，结合颜色和纹理特征建立目标外观表征模型，利用 Meanshift 算法收敛到候选目标，根据特征贡献度和巴氏距离之间的相关性，动态加权实现目标位置估计，并结合双阈值目标模板更新策略，提高算法的跟踪效果。

（2）设计一个基于分块和 Kalman 位置补偿的抗遮挡模型，对目标进行最优估计。将候选目标和目标模型分成若干个子区域，根据巴氏系数分别计算每个子区域的相似度，当不满足相似度的子区域达到一定数量时，认为候选目标出现遮挡，则利用 Kalman 滤波器进行预测，使候选目标搜索窗口更接近真实目标的位置。

（3）有效保留高置信度的历史跟踪痕迹，动态维护样本队列，根据当前帧和样本之间的巴氏距离和欧式距离自适应调整贡献度，从样本队列中选择最佳匹配结果作为初始帧，解决目标跟踪丢失后的重定位问题。

（4）设计双阈值判断的目标模型更新策略，一是利用巴氏系数计算的当前帧候选目标与目标模型的巴氏距离 D_t，以及和前一帧巴氏距离梯度，定义为 $\Delta D = D_t - D_{t-1}$。当两个判别依据都满足阈值条件时，才进行目标模板的更新。

　　Camshift 算法是一种生成式目标跟踪模型，通过目标特征的概率密度分布进行迭代，比较适用于物体表面颜色较为单一，且和背景颜色差距较大的场景。即使在多特征选择和融合可以一定程度上提高算法的准确率和成功率，增强算法的鲁棒性，但目标空间特征失真会影响目标空间特征表达能力，仍难以适应现实中各种可能复杂的跟踪场景。因此，第 4 章将探索一种解决边界效应问题的相关滤波目标跟踪模型，提高跟踪算法的准确性和鲁棒性。

4 基于动态空间正则化和目标显著性引导的相关滤波跟踪算法

对于目标离开视线、快速运动和运动模糊等复杂场景下的目标跟踪,会因目标外观特征表示不准确而引起跟踪漂移或失败的问题,第 3 章提出的辅助重定位模块在此问题上已被证明是有效的。本章将在此基础上,继续研究目标重检测方法,以目标显著性检测知识为驱动,提出一个基于动态空间正则化和目标显著性引导的相关滤波跟踪算法。借鉴第 3 章特征提取的相关成果,在相关滤波器目标函数建模时嵌入空间正则化矩阵,添加正则化矩阵的时序约束,将相关滤波和显著性检测相结合,探索一个鲁棒的目标重检测—重跟踪机制,提高跟踪算法鲁棒性。

本章组织如下:4.1 节首先介绍本章的研究动机;4.2 节介绍本章的整体框架,给出算法模型;4.3 节进行动态空间正则化目标函数建模和优化,设计基于动态空间正则化的跟踪算法,并探讨基于目标显著性引导的重检测模型;4.4 节给出实验结果及分析,从目标显著性引导的检测结果和目标跟踪结果两个方面给出全面的对比分析;最后,4.5 节对本章的研究内容进行总结。本章主要内容来自作者的文献[2,134]。

4.1 研究动机

绪论中已经提到,基于相关滤波器(Correlation Filter,CF)的目标跟踪算法在最新公开数据集[115-117,123-124]和学术竞赛[97,118-122]中取得优异成绩,许多国内外学者将相关滤波器引入到目标跟踪中[135-136]。相关滤波算法对基础样本采用循环移位的操作产生训练样本,会导致样本边界出现不连续的现象,降低训练样本的质量,在空间域产生边界效应。在训练滤波器的过程中,对既包含目标又包含背景的目标附近区域进行特征学习,整个区域的特征都会影响到最终的跟踪响应。候选区域较大就会包含过多背景而干扰目标的表征,候选区域较小又会导致特征鉴别性不够。为此,一些跟踪算法将空间正则方法引入到 CF 框架中,来解决边界效应问题。Danelljan 等人提出的 ECO 算法[76]和 C-COT 算法[96]采用对滤波器不同系数进行加权的方式进行正则化约束,背景区域分配较低的系数。另外,Lukezic 等人提出具有信道和空间可靠性的跟踪算法[137],将候选区域先进行前景和背景分割,再进行空间正则化处理。Galoogahi 等人提出限制边界的跟踪算法[138],将滤波器中对应背景区域的系数强制置 0,只激活目标区域的系数。上述文献在边界效应处理方面,更关注每一帧滤波器空间正则化建模时的情形,而未考虑不同帧输入特征空间之间的延续性和相关性。

另外,最近一些研究采用相关滤波器解决长时间跟踪问题,借助目标重检测功能大大提高算法的性能。在目标跟踪过程中,由于复杂多变的跟踪环境,以及目标可能出现的形变和背景干扰等问题,容易造成跟踪失败。Voigtlaender 等人[106]提出一个基于孪生网络的再检测架构,利用第一帧标注和前一帧预测进行双重检测,结合基于轨迹的动态规划算法对跟踪对象和潜在干扰对象的完整历史进行建模,实现长时间目标跟踪。Liu 等人[139]提出一个用于长期目标跟踪算法,当跟踪失败后,利用 Edge Box 生成建议区域时未考虑参考帧的有效性,可能会再次造成跟踪漂移的现象。熊丹等人[140]提出一种基于核相关滤波的目标尺度和旋转参数估计方法(Adaptive Scale and Rotation Estimation,ASRE),当目标跟踪丢失时,启动结合颜色直方图和方差的目标搜索方法,快速确定目标在当前帧可能存在的位置,恢复后期的目标跟踪。以上重检测方法在选择重检测 Head 时对初始帧的有效性考虑较少,针对不同复杂场景或难点问题的解决效果仍存在不理想或效率低的情况。

综上所述,针对上述算法在处理边界效应时对滤波器边缘元素进行简单约束,在考虑输入特征相关性和多样性时存在不足,引入和滤波器大小一致的空间正则化矩阵,对滤波器边缘的元素进行惩罚,抑制边界效应。考虑到输入特征空间的时序相关性,使所选择的空间特征在时序空间上保持光滑,添加正则化矩阵的时序约束,增强算法的跟踪性能。在跟踪漂移后设计重检测算法存在的不足,将图像的显著性检测算法和相关滤波相结合,设计一个基于目标显著性引导的重检测模型。以第一帧图像和最近一次跟踪结果作为目标引导,利用多层元胞自动机(Multilayer Cellular Automata,MCA)[141]更新方法对目标进行显著性检测,达到目标重新检测的目的。

4.2 整体框架

本章设计的算法主要包括三个部分:目标外观表征模型、动态空间正则化跟踪模型和显著性重检测模块。相关滤波(详见 2.2 节)采用循环矩阵产生训练负样本,在滤波器目标函数建模时嵌入空间正则化矩阵(详见 4.3.1 节),并添加不同帧之间的时序约束,解决边界效应问题(4.3.2 节)。融合 HOG 特征和纹理特征(详见 4.3.3 节),并利用 4.3.2 节优化得到的滤波器模型,设计基于动态空间正则化的跟踪算法(详见 4.3.4 节),对不同特征得到的目标位置进行自适应加权,输出最终的目标跟踪结果。当跟踪漂移或失败时,启动目标显著性引导的重检测模块,根据第一帧图像和最近一次跟踪结果作为目标引导,利用多层元胞自动机更新方法对目标进行显著性检测,从而实现对目标的重检测(详见 4.3.5 节)。算法模型如图 4-1 所示,图中蓝色方框表示搜索框,黄色方框表示显著性检测结果,红色方框为最终的检测结果。

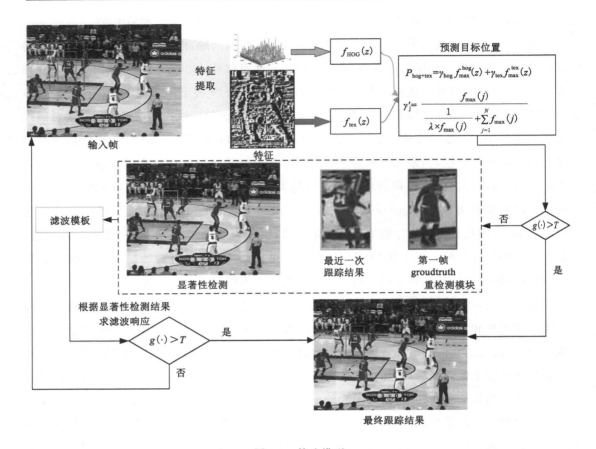

图 4-1 算法模型

4.3 空间正则化和目标显著性引导的相关滤波跟踪算法

本节主要研究动态空间正则化目标函数建模及优化求解,并解决循环矩阵带来的边界效应问题;结合自适应加权的多特征融合模型,充分利用不同手工特征的鉴别能力,进一步提高算法的正确率;最后,在跟踪失败后,引入基于目标显著性引导的重检测模块实现目标的重跟踪。

4.3.1 动态空间正则化目标函数的建模

通过在相关滤波目标函数中添加空间正则化矩阵 m 的方式,对第 2 章中目标函数 (2-22)进行重新建模。矩阵 m 和滤波器 ω 的尺寸一样,可以对滤波器边缘元素进行惩罚,背景区域的滤波器元素比目标区域的滤波器元素具有更高的收缩性。嵌入空间正则化矩阵的目标函数表示如下:

$$\widehat{\omega}_t = \arg\min_{\omega_t} \sum_{d=1}^{D} \parallel \omega_t^d * x_t^d - \boldsymbol{Y} \parallel^2 + \lambda_1 \sum_{d=1}^{D} \parallel m_t \otimes \omega_t^d \parallel^2 \tag{4-1}$$

式中,$\otimes$ 表示哈达玛积;λ_1 是空间正则化参数;m_t 是第 t 帧需要优化的空间正则化矩阵。考

虑到输入特征空间的时序相关性,使所选择的空间特征在时序空间上保持光滑,添加正则化矩阵的时序约束。可以得到如下目标函数:

$$\hat{\omega}_t = \arg\min_{\omega_t} \sum_{d=1}^{D} \| \omega_t^d * x_t^d - \boldsymbol{Y} \|^2 + \lambda_1 \sum_{d=1}^{D} \| m_t \otimes \omega_t^d \|^2 + \frac{\lambda_2}{2} \| m_t - m_{t-1} \|^2 \quad (4\text{-}2)$$

式中,m_{t-1} 表示前一帧的空间正则化矩阵。初始化矩阵 m_0 是一个负高斯分布,后续的正则化矩阵通过优化学习得到。

4.3.2 目标函数的优化过程

将式(4-2)表示的目标函数转换到频域,根据 Parseval 定理,可以得到约束优化形式如下:

$$\hat{\omega}_t = \arg\min_{\omega_t} \sum_{d=1}^{D} \| \hat{\omega}_t^d * \hat{x}_t^d - \hat{\boldsymbol{Y}} \|^2 + \lambda_1 \sum_{d=1}^{D} \| m_t \otimes \hat{\omega}_t^d \|^2 + \frac{\lambda_2}{2} \| m_t - m_{t-1} \|^2 \quad (4\text{-}3)$$

省略滤波器的时间戳下标 t 后,利用 L_2 范数进行建模,表示如下:

$$\hat{\omega}_t = \arg\min_{\omega_t} \sum_{d=1}^{D} \| \hat{\omega}_d * \hat{x}_d - \hat{\boldsymbol{Y}} \|^2 + \lambda_1 \sum_{d=1}^{D} \| m_t \otimes \hat{\omega}_d \|^2 + \frac{\lambda_2}{2} \| m_t - m_{t-1} \|^2 \quad (4\text{-}4)$$

式(4-4)表示的多通道目标函数是凸函数,采用扩展的拉格朗日法对其进行优化。

$$\ell = \sum_{d=1}^{D} \| \hat{\omega}_d * \hat{x}_d - \hat{\boldsymbol{Y}} \|^2 + \lambda_1 \sum_{d=1}^{D} \| m_t \otimes \hat{\omega}_d \|^2 + \frac{\lambda_2}{2} \| m_t - m_{t-1} \|^2$$
$$+ \frac{\beta}{2} \sum_{d=1}^{D} \left\| \hat{\omega}_t^d + \frac{\boldsymbol{\Pi}^d}{\beta} \right\|_F^2 \quad (4\text{-}5)$$

式中,β 是优化惩罚参数;$\boldsymbol{\Pi}$ 是具有和 x_d 相同维度大小的拉格朗日乘子。采用交替方向乘子的方式对式(4-5)进行迭代优化[100],迭代优化过程中要保证收敛性,具体表示如下:

$$\begin{cases} \omega = \arg\min_{\omega} \ell(\omega, m, \boldsymbol{\Pi}, \beta) \\ m = \arg\min_{m} \ell(\omega, m, \boldsymbol{\Pi}, \beta) \\ \boldsymbol{\Pi} = \arg\min_{\boldsymbol{\Pi}} \ell(\omega, m, \boldsymbol{\Pi}, \beta) \end{cases} \quad (4\text{-}6)$$

(1)变量 ω 的求解

给定变量 m、$\boldsymbol{\Pi}$ 和 β 的前提下,利用循环卷积结构和 Parseval 定理,通过在频率域中优化对应的目标函数得到变量 ω 的解,目标函数表示如下:

$$\min \sum_{d=1}^{D} \| \hat{\omega}_d * \hat{x}_d - \hat{\boldsymbol{Y}} \|^2 + \lambda_1 \sum_{d=1}^{D} \| m_t \otimes \hat{\omega}_d \|^2 + \frac{\beta}{2} \sum_{d=1}^{D} \left\| \hat{\omega}_t^d + \frac{\boldsymbol{\Pi}^d}{\beta} \right\|_F^2 \quad (4\text{-}7)$$

可以得到对应的闭合解:

$$\omega = \frac{\hat{x}_d \otimes \hat{\boldsymbol{Y}} + \lambda_1 m_t - \boldsymbol{\Pi}^d / 2}{\hat{x}_d \otimes \hat{x}_d + \lambda_1 + \beta / 2} \quad (4\text{-}8)$$

(2)变量 m 的求解

给定变量 ω、$\boldsymbol{\Pi}$ 和 β,变量 m 的求解通过优化对应的目标函数得到,目标函数表示如下:

$$\min \lambda_1 \sum_{d=1}^{D} \| m_t \otimes \hat{\omega}_d \|^2 + \frac{\lambda_2}{2} \| m_t - m_{t-1} \|^2 \quad (4\text{-}9)$$

通过收缩阈值可以得到闭合解:

$$m = \frac{\lambda_2 m_{t-1}}{\lambda_1 \sum_{d=1}^{D} \hat{\omega}_d \otimes \hat{\omega}_d + \lambda_2 \boldsymbol{I}} \tag{4-10}$$

$\boldsymbol{I}$ 是一个与 $\boldsymbol{X}$ 相同大小,所有元素均为 1 的单位矩阵。

(3) 变量 $\boldsymbol{\Pi}$ 的求解

给定变量 ω、m 和 β,变量 $\boldsymbol{\Pi}$ 的更新方式如下:

$$\begin{cases} \boldsymbol{\Pi} = \boldsymbol{\Pi} + \beta(\omega - m) \\ \beta = \min(\chi\beta, \beta_{\max}) \end{cases} \tag{4-11}$$

式中,$\beta_{\max}$ 是为防止奇异的最大惩罚参数;χ 用来调节 β 的增速。

4.3.3 目标外观表征模型

传统基于相关滤波的跟踪算法一般选取颜色特征和 HOG 特征表示目标外观,取得了较好的跟踪效果。HOG 特征对光照变化鲁棒性强,但很难处理目标出现严重变形和严重遮挡问题,而且由于梯度的性质,对噪声比较敏感。根据 3.3.1 节的讨论可知,纹理特征作为一种统计特征一般不会受光照或背景颜色干扰,因此本章在目标特征提取中又融入纹理信息,从而解决颜色相近易丢失目标的问题。

(1) HOG 特征

HOG 通过计算有向梯度的分布来描述局部区域的外观和形状,这些梯度描述子对光照变化具有鲁棒性。主要思想是将图像分割成若干块连通区域,计算区域内的方向梯度直方图,最后将每个区域的直方图组合起来形成整幅图像的特征描述。图像中某个像素点 (x, y) 的像素值用 $H(x, y)$ 表示,水平梯度 G_H 和垂直梯度 G_V 可以用式(4-12)表示。

$$\begin{cases} G_H = H(x+1, y) - H(x-1, y) \\ G_V = H(x, y+1) - H(x, y-1) \end{cases} \tag{4-12}$$

那么像素点 (x, y) 的梯度值和梯度方向如下:

$$\begin{cases} G(x, y) = \sqrt{G_H{}^2 + G_V{}^2} \\ \theta(x, y) = \arctan \dfrac{G_V}{G_H} \end{cases} \tag{4-13}$$

梯度强度容易受局部光照和对比变化的影响,需要对梯度在全局内做归一化操作。把上述的区域再扩大范围形成区间,允许同一个区域划分到多个不同区间,再计算区间的梯度。图 4-2 是两幅接近图像 HOG 特征图和可视化显示对比。图 4-2(a) 是 OTB2015 数据集 Basketball 视频序列中第 0427 帧图像,为了比较两幅几乎一样的图像 HOG 特征的异同,对该帧图像进行人为处理,把球号由 34 号改为 33 号,如图 4-2(d)所示。图 4-2(b)和(e)分别是前两幅图像的 HOG 特征图,图 4-2(c)和(f)分别是两幅图像 HOG 特征的可视化显示。

通过对比图 4-2 中(b)和(e),(c)和(f)发现,目标在相同背景下,两幅图像的 HOG 特征基本完全相同,通过 HOG 特征的可视化也验证了这一点。所以,只使用 HOG 特征对目标外观进行建模很难满足各种复杂场景下的目标跟踪问题。

(2) 纹理特征

第 3 章设计的改进局部纹理提取模式,在形变、光照变化、背景干扰和低照度复杂场景下

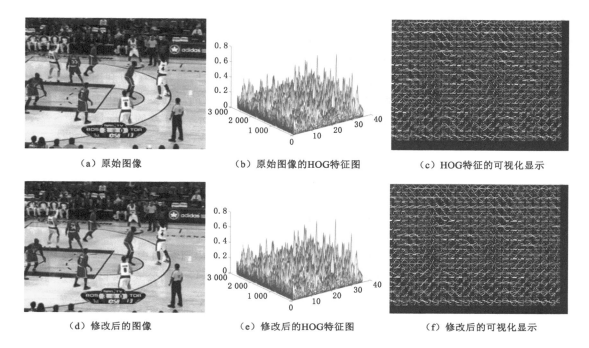

（a）原始图像　　　　　　（b）原始图像的HOG特征图　　　　　（c）HOG特征的可视化显示

（d）修改后的图像　　　　　（e）修改后的HOG特征图　　　　　（f）修改后的可视化显示

图 4-2　两幅接近图像的 HOG 特征和可视化显示对比

均表现出较强的鲁棒性。所以,借鉴 3.3.1 节基于改进粒子群优化算法的局部纹理特征提取模型,提取目标区域的纹理特征,如图 4-3 所示。从图 4-3(b)和(d)可以看出在球号位置的纹理特征是完全不同的,也验证了所设计的纹理特征在复杂环境下具有比较强的鲁棒性。

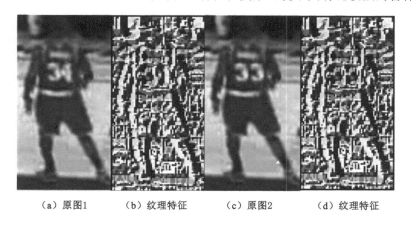

（a）原图1　　（b）纹理特征　　（c）原图2　　（d）纹理特征

图 4-3　两幅接近图像的纹理特征对比

4.3.4　基于动态空间正则化的跟踪算法

根据 4.3.1～4.3.2 节得到优化后的空间正则化相关滤波器后,便可计算 HOG 特征和纹理特征的相关滤波响应,进而预测目标位置。跟踪算法包括目标预测和尺度估计两部分内容,分别介绍如下:

（1）尺度估计

在排除干扰影响的前提下，相邻两帧的最大滤波响应值和目标尺寸大小存在一定的关系：当目标尺寸变小时，得到的响应值越大；反之，当目标尺寸变大时，得到的响应值越小。也就是说，目标尺寸和最大响应值之间存在相反的关系。于是，设计了一个利用相邻两帧的相关滤波响应值来估计目标尺度的机制。利用两个特征对应的尺寸变化率作为权重预测目标尺度，变化率用 R 表示。假设给定的初始帧大小用 Sz_1 表示，第 t 帧的目标尺寸为 Sz_t，那么，第 $t+1$ 帧的目标尺寸 Sz_{t+1} 可以用式（4-14）来计算。

$$Sz_{t+1} = Sz_t \times \frac{R_h + R_t}{2} \qquad (4\text{-}14)$$

式中，R_h 和 R_t 分别表示 HOG 特征和纹理特征的目标尺度变化率。相邻两帧之间目标尺度变化不会太明显，因此使用简单的尺度缩放来更新目标尺度也能取得一定的效果。

（2）目标预测

由 2.2 节可知，给定一帧图像 x_t 和滤波器 ω_t，可以计算出目标的中心坐标 $x(i,j)$。提取第 n 个图像特征，得到目标中心坐标表示为 $x_n(i,j)$。根据贝叶斯公式，可以知道：

$$P(x(i,j)\,|\,x_t) = \int P(x(i,j)\,|\,B)P(B\,|\,x_t)\mathrm{d}B \approx \sum_{n=1}^{N} \omega_n P(x(i,j)\,|\,B_n) \qquad (4\text{-}15)$$

式中，N 是选取融合特征的个数；ω_n 是特征似然分布的置信度，表示为 $\omega_n = P(B_n\,|\,x_t)$，满足 $\sum \omega_n = 1$。

自适应加权的多特征融合模型如图 4-4 所示，提取搜索框内的特征，利用 4.3.2 节优化得到的第 $t-1$ 帧滤波器 ω_{t-1}，分别计算第 t 帧候选样本 Z_t 的 HOG 特征 z_{hog}^t 和纹理特征 z_{tex}^t 的相关响应 $f_{\mathrm{hog}}^t(z)$ 和 $f_{\mathrm{tex}}^t(z)$，见式（4-16）和（4-17），通过自适应加权系数最终确定目标位置。

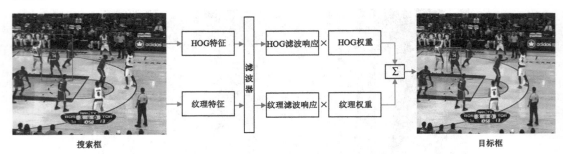

图 4-4　自适应加权的多特征融合模型

$$f_{\mathrm{hog}}^t(z) = F^{-1}(\overline{\hat{\omega}}_{t-1} \odot Z_{\mathrm{hog}}^t) \qquad (4\text{-}16)$$

$$f_{\mathrm{tex}}^t(z) = F^{-1}(\overline{\hat{\omega}}_{t-1} \odot Z_{\mathrm{tex}}^t) \qquad (4\text{-}17)$$

根据式（4-18）和（4-19）分别得到候选区域不同特征响应最大值，表示如下：

$$f_{\max}^{\mathrm{hog}} = \underset{n}{\mathrm{argmax}}(f_{\mathrm{hog}}(Z_t^1), f_{\mathrm{hog}}(Z_t^2), \cdots f_{\mathrm{hog}}(Z_t^n)) \qquad (4\text{-}18)$$

$$f_{\max}^{\mathrm{tex}} = \underset{n}{\mathrm{argmax}}(f_{\mathrm{tex}}(Z_t^1), f_{\mathrm{tex}}(Z_t^2), \cdots f_{\mathrm{tex}}(Z_t^n)) \qquad (4\text{-}19)$$

对一个特征 $n(n=1,2,\ldots,N)$，它的概率密度分布是 p_{ij}^n，满足 $\sum p_{ij}^n = 1$，$(i,j) \in$

$\{1,2,\cdots,W\}\times\{1,2,\cdots,H\}$，$W\times H$ 是候选区域的尺寸。根据提取的每一个特征，可以分别预测目标的中心坐标，然后对其进行自适应加权平均，便得到目标的最终位置，表示如下：

$$P_i = \gamma_1 P_{i1} + \gamma_2 P_{i2} + \cdots + \gamma_n P_{iN}$$

$$\text{s. t. } \sum_{j=1}^{N} \gamma_j = 1 \tag{4-20}$$

式中，P_i 表示第 i 帧目标的中心位置；P_{ij} 表示根据第 i 帧中第 j 个特征得到的目标中心位置；γ_j 是第 j 个特征的权重系数。

式(4-20)中 γ_j 权重系数的计算成为确定目标最终位置的关键。一般情况下，在进行滤波计算时，表达能力好的特征能够获得较高的响应值。响应值越大，预测的目标位置越准确，应分配越高的权重系数。所以，根据每个特征的最大响应值来自动调整权重系数，计算如下：

$$\gamma_j = \frac{f_{\max}(j)}{\sum_{j=1}^{N} f_{\max}(j)} \tag{4-21}$$

式中，$f_{\max}(j)$ 是根据式(4-18)和(4-19)计算出来的第 j 个特征的最大滤波响应。采用式(4-21)给出的简单加权计算权重系数的方式，可能会因为有干扰因素影响的特征，反而分配较高的位置权重。为了解决这个问题，可以在式(4-21)中添加一个惩罚项，重写后表示如下：

$$\gamma'_j = \frac{f_{\max}(j)}{\dfrac{1}{\lambda \times f_{\max}(j)} + \sum_{j=1}^{N} f_{\max}(j)} \tag{4-22}$$

$$\gamma''_j = \frac{\gamma'_j}{\sum \gamma'_j} \tag{4-23}$$

以上两式中，γ''_j 作为调整后第 j 个特征的权重系数；λ 表示一个惩罚项系数；$\dfrac{1}{\lambda \times f_{\max}(j)}$ 是惩罚项，作用就是为具有高响应值的特征分配高的权重系数，为具有低响应值的特征分配低的权重系数。

根据式(4-18)和(4-19)计算出的最大响应值分别预测目标位置为 P_{hog} 和 P_{tex}。$P_{\text{hog}} = f_{\max}^{\text{hog}}(z)$，$P_{\text{tex}} = f_{\max}^{\text{tex}}(z)$。根据式(4-20)的权重系数得到融合后目标的最终位置，表示如下：

$$P_{\text{hog+tex}} = \gamma_{\text{hog}} P_{\text{hog}} + \gamma_{\text{tex}} P_{\text{tex}} = \gamma_{\text{hog}} f_{\max}^{\text{hog}}(z) + \gamma_{\text{tex}} f_{\max}^{\text{tex}}(z) \tag{4-24}$$

式中，γ_{hog} 和 γ_{tex} 是特征的权重系数，根据式(4-22)和(4-23)自适应计算得到。

4.3.5 基于目标显著性引导的重检测模块

根据式(4-18)和(4-19)计算出最大响应值，通过判断最大响应值是否满足给定的重检测阈值 T_1 来检测跟踪的结果。如果 $f_{\max} < T_1$，表示跟踪漂移或失败，则启动重检测模块。此模块对提高跟踪算法的成功率，减少跟踪漂移起到关键性的作用。重检测模块是基于目标引导的，其输入是第一帧图像和当前帧图像，输出是能够识别目标位置的显著图，模型如图 4-5 所示。显著性重检测模块输入图像的选择分析如下：第一帧图像目标位置是手工标注的跟踪基准，可以给重检测带来尽可能小的误差。另外，目标跟踪是个动态任务，跟踪失败时目标可能和第一帧目标的姿态、背景等差别较大。所以，把最近一次跟踪结果也作为重

检测的输入。首先根据显著性计算方法得到目标的显著图,然后通过搜索目标最大响应值对应的位置对目标进行定位。

利用 3.3.1 节的局部纹理优化方法,计算引导目标的纹理特征,用 S_{ven} 表示。利用 3.3.2 节的颜色特征提取方法,计算引导目标的颜色特征,用 S_d 表示。结合 Kirsch 边缘检测算子和局部对比度计算引导目标的边缘特征,用 S_{edge} 表示,$S_{edge} = S_{Kirsch} \times (C^{loc})^2$。其中,$S_{Kirsch}$ 是 Kirsch 算子提取到的图像边缘,C^{loc} 表示图像的局部对比度。Kirsch 算子在抗噪方面有较好的效果,能够保持较好的边缘细节,但可能会出现边缘不完整的问题。局部对比度突出图像边缘,能够弥补 Kirsch 算子得到的图像边缘不完整的缺点。

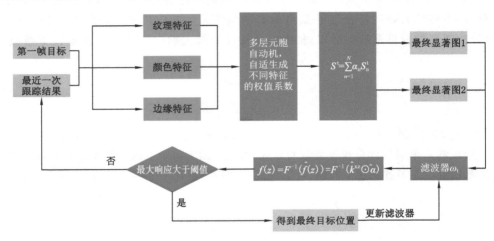

图 4-5　目标显著性引导的重检测模型

为了进一步提高显著结果,使用 MCA 同步更新的方法对以上三种显著特征进行融合优化。对于输入目标引导图像中每一个像素点表示元胞自动机的一个元胞,而不同显著特征中处在相同位置的像素点相邻,对元胞以后的状态具有相同的影响。将多种显著特征生成的不同显著图遍布到元胞自动机的每一层。通过计算每张图像的目标区域、背景区域和整个区域的直方图,根据直方图相交性自动生成不同特征的权值系数,对纹理特征、颜色特征和边缘特征进行加权融合优化,充分发挥每种特征的优越性,获得更优融合效果的最终显著图 S。

$$S^t = \frac{1}{N} \sum_{n=1}^{N} S_n^t \tag{4-25}$$

式中,N 取值为 3,是不同尺度显著图的个数;S_n^t 表示经过 t 时间后,经过 SCA 机制迭代更新后所有像素的显著性值,即 $\underset{n=1 \rightarrow 3}{S_n^t} \propto [S_{ven}^t, S_{cl}^t, S_{edge}^t]$。

不同场景下,显著特征图的贡献度不同,式(4-25)可改为:

$$S^t = \sum_{n=1}^{N} \alpha_n S_n^t = \alpha_1 S_1^t + \cdots + \alpha_n S_n^t$$

$$\text{s.t.} \sum_{n=1}^{N} \alpha_n = 1 \tag{4-26}$$

其中, $\alpha_1, \cdots, \alpha_n$ 为不同显著特征图的权重系数,能随着显著图背景变化而自适应调整。通过比较显著区域及背景的颜色、纹理和边缘等不同特征的直方图,确定各显著特征系数 α_n 的取值,减小背景在不同空间干扰的力度。

设 D 为目标区域, B 为背景区域, H 为整个区域,三个区域的直方图分别为 d_{u_n}、b_{u_n} 和 h_{u_n}, u_n 为第 n 个显著特征向量,令 H_n 为显著特征 n 的贡献度,那么:

$$H_n = \frac{\sum_{u_n=1}^{N} \min(d_{u_n}, h_{u_n}) - \sum_{u_n=1}^{N} \min(d_{u_n}, b_{u_n})}{\sum_{u_n=1}^{N} \min(d_{u_n}, h_{u_n})} \tag{4-27}$$

在特征空间 n 中,前景同整个区域的直方图相交,用 $\sum_{u_n=1}^{N} \min(d_{u_n}, h_{u_n})$ 表示;前景同背景的直方图相交,用 $\sum_{u_n=1}^{N} \min(d_{u_n}, b_{u_n})$ 表示。在第 n 个特征图中,如果显著性目标前景和背景区分能力差,那么 H_n 值越小,故 α_n 应越小。反之,如果显著性目标前景和背景区分能力较高时, α_n 应越大。归一化特征贡献度可得到特征权值。

$$\begin{cases} \alpha_n = \dfrac{H_n}{H_1 + H_2 + \cdots + H_N}, n = 1, 2 \cdots, N \\ \sum_{n=1}^{N} \alpha_n = 1 \end{cases} \tag{4-28}$$

首先根据式(4-27)计算图像显著特征贡献度(H_1, H_2, H_3),再结合式(4-28)得出每个显著特征的特征权值($\alpha_1, \alpha_2, \alpha_3$),代入式(4-26)即可得到目标的最终显著图。

通过以上计算可以得到两个目标显著图,一个是根据第一帧图像中的目标位置计算得到的,另一个是根据最近一次跟踪结果提供的目标位置计算得到的。两个目标显著图并不一定都是最终的预测结果,可能会存在一定的偏差。所以,在得到最终重检测结果之前,还需要对显著图位置利用滤波器 ω_t 进行滤波计算。如果得到的响应值满足阈值条件,便可根据显著图位置更新目标位置,并得到新的滤波器 ω_{t+1}。如果不满足阈值条件,说明此次重检测失败,调整不同显著特征的贡献度,直到满足条件为止。

4.3.6 目标模型更新

利用式(4-29)计算当前帧最大响应值 $f_{\max}$,当大于阈值 T_0 时,则更新目标模型。

$$f_{\max} = \arg\max\{f(z) = F^{-1}(\hat{f}(z))\} \tag{4-29}$$

根据 4.3.1 节的动态空间正则化目标函数建模以及 4.3.2 节的优化求解,学习得到滤波器 ω_t。假设学习率为 γ,目标模型更新策略如下:

$$\omega_{t+1} = (1 - \gamma)\omega_{t+1} + \gamma\omega_t \tag{4-30}$$

4.3.7 算法流程

首先构建目标外观表征模型,训练动态空间正则化的判别式滤波器,预测目标位置。当检测结果不可靠时,启动显著性检测模块进行目标重检测,从而实现在复杂场景下进行有效的目标跟踪。本章算法处理流程如图 4-6 所示。

算法的计算过程如下:

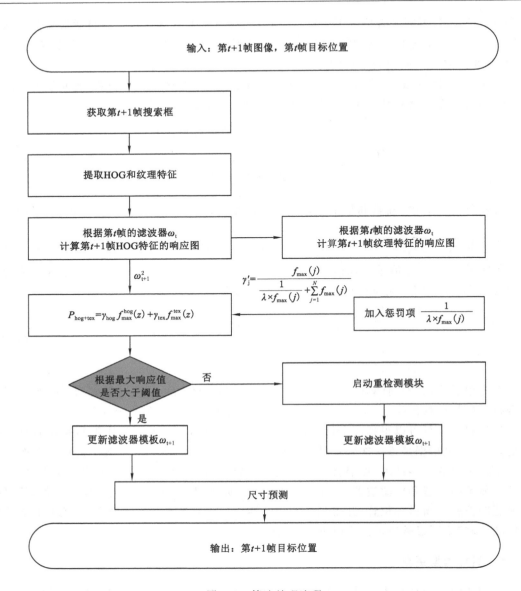

图 4-6　算法处理流程

Step1　读取视频帧 I_{t+1}，输入初始目标位置 (x_t, y_t, w_t, h_t)；

Step2　在 I_{t+1} 帧中以 (x_t, y_t) 为中心确定搜索候选框，并提取搜索框的 HOG 特征和纹理特征；

Step3　根据 4.3.2 节优化得到的第 t 帧滤波器 ω_t，利用式（4-16）和（4-17）分别计算 HOG 特征和纹理特征的响应图，预测目标的中心位置；

Step4　结合自适应加权的多特征融合模型，利用式（4-24）得到融合后最终目标位置；

Step5　当 HOG 特征和纹理特征的最大响应大于阈值时，执行 Step9；

Step6　当 HOG 特征和纹理特征的最大响应小于阈值时，启动重检测模块；

Step7　根据第一帧图像和最近一次跟踪结果进行显著性检测；

Step8 利用滤波器 ω_t 对重新检测到的目标计算相关滤波响应。如果响应大于阈值，执行 Step9，否则，执行 Step10；

Step9 利用式（4-30）更新滤波器模型 ω_{t+1}，输出目标最终位置；

Step10 $t+1 \rightarrow t$，执行 Step3 继续执行直至视频序列结束。

4.4 实验结果分析及讨论

重检测算法的性能也直接影响到目标跟踪的性能，所以本节从两个方面来分析本章算法：目标显著性引导的检测结果对比分析和目标跟踪结果对比分析。实验仿真环境为 MATLAB R2018b，电脑配置为：Intel Core i7-8550U CPU，2.0 GHz 主频，8 GB 内存，Windows 10 操作系统。

4.4.1 显著性检测效果对比分析

在视觉显著性检测方向拥有许多经典的数据集，比如 ECSSD、PASCAL-S、DUT-OM-RON、SOD、DUTS。ECSSD[142] 包含 1 000 个具有各种复杂场景语义丰富的图像。DUTS[143] 是最大的显著目标数据集，包括 10 553 张训练照片和 5 019 张测试照片。包含人像、植物、动物、昆虫等显著性因素的各类图片，有图像复杂度低的图片，也有复杂度高的图片，能满足图像检测的需要，使训练出的模型具有较高的精确度。本章选用 DUTS 作为模型训练的数据集，在 ECSSD 数据集上进行对比实验。

4.4.1.1 评价指标

（1）采用准确率（Precision）、召回率（Recall）和综合评价指标（F-score）进行客观评价分析。F-measure 可以采用 Precision 和 Recall 的加权平均来衡量，表示如下：

$$\text{F-score} = \frac{(1+\beta^2)\text{Precision} \times \text{Recall}}{\beta^2 \times \text{Precision} + \text{Recall}} \tag{4-31}$$

实验中 β^2 设置 0.3。准确率表示在预测显著性图中检测到的显著像素的比率，召回率表示在真值图中检测到的显著像素的比率。

（2）采用平均绝对误差（Mean Absolute Error，MAE）作为另一个评价指标，表示如下：

$$\text{MAE} = \frac{1}{w \times h} \sum_{i=1}^{w} \sum_{j=1}^{h} |S(i,j) - F(i,j)| \tag{4-32}$$

式中，w 和 h 分别表示图像的宽度和高度；$S(i,j)$ 表示点 (i,j) 的显著图值；$F(i,j)$ 表示点 (i,j) 归一化到 $[0,1]$ 真值图的像素值。MAE 越小，说明目标显著检测效果越好。

4.4.1.2 定量对比

为了客观地评价各种算法的性能，将本章算法与 GNG（Growing neural gas）[144]、MCA[141]、MK（Multiple kernel）[145]、MF（Multiple features）[146]、DF（Deep Fusion）[147] 和 EGnet[148] 6 种算法在 ECSSD 和 DUTS 数据集上进行对比实验。表 4-1 统计出 6 种典型算法在 ECSSD 和 DUTS 数据集上生成显著图的 MAE 和 F-score 指标。公平起见，对于可以获取到源码的模型，在同一环境下进行实验。未获取到源码的模型，选取作者文章中给出的处理效率最大值作为对比数据。

表 4-1　不同算法在 ECSSD 和 DUTS 数据集上的 *MAE* 和 *F-score*

算法	ECSSD		DUTS	
	MAE	F-score	MAE	F-score
GNG	0.211	0.858	0.256	0.834
MCA	0.082	0.842	0.135	0.832
MK	0.083	0.867	0.1	0.846
MF	0.060	0.893	0.067	0.842
DF	0.079	0.874	0.086	0.851
EGnet	0.044	0.941	0.055	0.854
本章算法	0.044	0.899	0.054	0.854

图 4-7 分别给出 7 种不同显著检测算法在 ECSSD 和 DUTS 数据集上 Precision、Recall 和 F-score 的对比结果。本章算法具有最高 Precision 和 F-score 值，且 Precision 和 Recall 更加均衡。与 GNG、MCA、MK、MF、DF 和 EGnet 等算法相比泛化能力更强。此外，在包含具有多个显著对象的 DUTS 数据集中，所提算法在检测和分割最显著对象方面比其他对比算法表现更优。其他对比算法存在边缘模糊，显著区域边缘检测不完整，出现空洞现象。

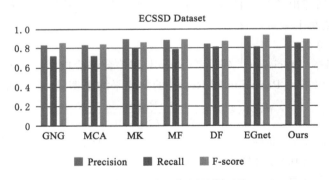

（a）ECSSD数据集上的结果对比

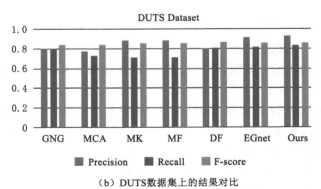

（b）DUTS数据集上的结果对比

图 4-7　不同算法在 ECSSD 和 DUTS 数据集上的 Precision、Recall 和 F-score 值

4.4.1.3　视觉效果对比

（1）数据集中的视觉效果对比

将本章算法与6种流行算法在MCSSD和DUTS数据集上进行视觉效果对比，如图4-8所示。可以看出，检测效果良好的MK、MF以及DF算法基本能显示完整的显著性区域，但显著区域边缘有模糊的现象。而本章算法从视觉上能够有效抑制非显著性区域，突出前景区域。检测结果的纹理细节清晰，边缘轮廓完整，优于其他对比算法。基于深度模型EGnet算法的检测效果比较理想，背景抑制效果明显，在边缘和纹理细节上取得较好结果。所提出的算法不仅明显突出显著性目标，而且可以生成精准的目标物体边缘，提高目标重定位的准确性，为目标跟踪提供理论支撑。

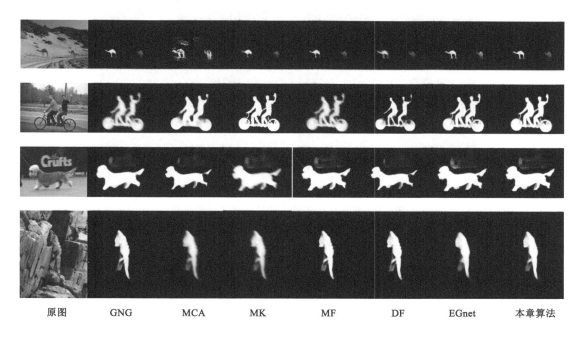

原图　　　GNG　　　MCA　　　MK　　　MF　　　DF　　　EGnet　　　本章算法

图 4-8　不同算法的视觉效果对比

（2）实际应用场景中的视觉效果对比

为了测试目标引导显著性重检测算法的鲁棒性，将算法部署在正在使用的监控系统中，截取不同摄像头场景下的图像。图 4-9（a）是某大学校园南门和北门监控摄像头拍到的图像，可见度比较低，噪声干扰比较大。图 4-9（b）是提取的显著边缘特征，轮廓比较清晰，但个别场景中非显著边缘特征也被标注出来。通过多层元胞自动机对不同显著特征进行优化后得出图 4-9（c），可以看出，能很好地排除背景区域，得到一致高亮的显著目标。

4.4.2　目标跟踪结果对比分析

为了验证提出的空间正则化和目标显著性引导相关滤波算法的有效性，通过大量实验对算法性能进行分析和讨论。算法在两个基准数据集 OTB2015[124] 和 TC-128[115] 上进行实验，两个数据集中视频序列包含 11 种视频挑战属性，基本涵盖了实际应用环境中各种挑战

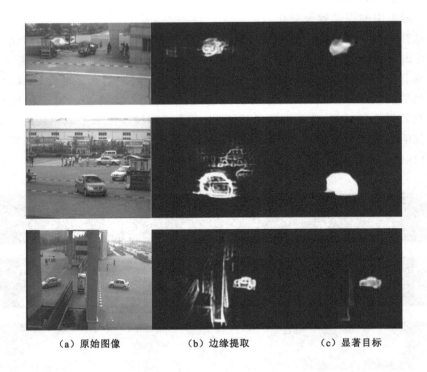

（a）原始图像 （b）边缘提取 （c）显著目标

图 4-9 实际应用场景中的目标显著检测结果

性因素的复杂场景。与一些流行的算法：KCF[90]、SiamRPN[106]、ISP[149]、HCFT[150]、ASRE[140] 和 ISMC(Integrating Saliency and Motion Cues)[151] 等进行对比实验。从定量分析和定性分析两个方面，选用跟踪性能、距离准确率和重叠成功率作为评价指标。在实验过程中，对算法不同参数取值的敏感性进行了分析，从跟踪准确率、成功率和速度几个方面综合考虑，选择综合跟踪效果最理想的参数。测试时，除了使用对比算法的原始参数外，还对所有对比算法使用统一的测试调整环节，得到以下分析结果。参数设置如下：正则化参数 λ_1 设置为 0.1，正则化参数 λ_2 设置为 0.9，学习率 γ 取值为 0.85，目标模型更新阈值 T_0 设置为 0.35，重检测阈值 T_1 为 0.2。惩罚参数 β 的初始值为 1，β 的控制参数 χ 取值为 4。

4.4.2.1 定量分析

（1）OTB2015 数据集上的实验分析

在数据集 OTB2015 上对算法进行定量分析，主要选用跟踪性能、距离准确率和重叠成功率作为评价指标。

① 跟踪性能

图 4-10 是本章算法与其他对比算法在 OTB2015 数据集上跟踪性能对比结果，横坐标表示帧速，纵坐标表示重叠成功率。结果表明，所提算法取得最高的重叠成功率（0.701），比经典 KCF 算法（0.474）有较大幅度提高。跟踪速度用 FPS（每秒帧数）来描述，如表 4-2 所示。跟踪速度（52FPS）排第三，比 KCF 算法（89FPS）和 ASRE（58FPS）略慢，但仍满足实时跟踪要求。

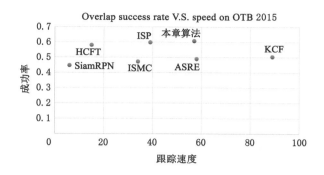

图 4-10　不同算法的跟踪性能对比

表 4-2　不同算法的跟踪性能

性能指标	本章算法	ASRE	KCF	SiamRPN	ISP	ISMC	HCFT
成功率	0.701	0.49	0.474	0.447	0.599	0.472	0.581
跟踪速度	52	58	89	6	39	34	15

② 距离准确率（DPR）和重叠成功率（OSR）

图 4-11（a）是 KCF 算法在 Girl2 视频序列中的跟踪结果，准确率非常低，接近于 0。女孩被遮挡，导致跟踪失败，始终无法获得正确的目标。图 4-11（b）是本章算法的跟踪结果，得益于目标丢失后重检测模块发挥的作用，随着阈值的不断增大，准确率越来越高，接近于 1。在应对目标遮挡、出视野等复杂场景时，保持良好的跟踪能力和稳定性。

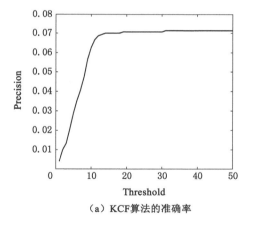

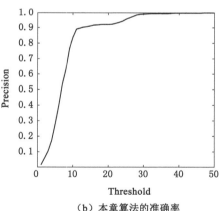

（a）KCF算法的准确率　　　　　　　　　（b）本章算法的准确率

图 4-11　不同算法的距离准确率对比

常见的评估方式一般都是用 ground-truth 中的目标位置初始化第一帧，然后进行后续帧的跟踪，计算出每帧的准确率和成功率，这种评估方式称为一次通过评估（One-Pass Evaluation，OPE）。然而，跟踪算法可能对第一帧给定的初始位置比较敏感，给定不同的第一帧初始位置可能得到不同的跟踪结果。通过从时间（从不同帧开始）和空间（不同的目标位置）上打乱后再进行评估，分别是两种评估方式即时间鲁棒性评估（Temporal Robustness Evaluation，TRE）和空间鲁棒性评估（Spatial Robustness Evaluation，SRE）[124]。

在 OPE、TRE 和 SRE 三种评估方式下，具有最高的距离准确率和重叠成功率，如表 4-3 所示，排名第一的用粗体表示，排名第二的用下划线表示。绘制成对比曲线如图 4-12 所示，在 OPE 评估方式下，距离准确率为 0.807，比 SiamPRN 算法（0.619）提高 23.3％。在 SRE 评估标准下，准确率达到 0.743，进一步验证动态空间正则化特征模型能有效解决边界效应，提高了算法准确率和正确率。重叠成功率达到 0.701，比排名第二的 ISP 算法（0.599）提高 14.6％，说明目标显著性引导模块在提高重叠成功率方面是有效的。

表 4-3 OPE、TRE 和 SRE 评估方式下不同算法对比

评价指标		本章算法	HCFT	KCF	ASRE	SiamPRN	ISP	ISMC
OPE	DPR	**0.807**	<u>0.801</u>	0.525	0.608	0.619	0.771	0.629
	OSR	**0.701**	0.581	0.474	0.490	0.447	<u>0.599</u>	0.472
TRE	DPR	**0.795**	<u>0.792</u>	0.691	0.651	0.609	0.782	0.591
	OSR	**0.597**	<u>0.592</u>	0.501	0.526	0.503	0.587	0.510
SRE	DPR	**0.743**	<u>0.703</u>	0.663	0.591	0.519	0.695	0.527
	OSR	**0.587**	0.532	0.471	0.421	0.432	<u>0.568</u>	0.492

（2）TC-128 数据集上的实验分析

本节在 TC-128 数据集上验证所提出跟踪器的性能。与 KCF、SiamRPN、ISP、HCFT、ASRE 和 ISMC 等先进的跟踪器在 DPR 和 OSR 两个方面的对比结果如表 4-4 所示，其中，本章算法获得最佳的距离准确率（0.712）和重叠成功率（0.615），验证了本章基于目标引导显著性检测算法的准确性。SiamRPN 算法的重叠成功率（0.511）排第二，也验证了该算法重定位—重跟踪策略的有效性。表 4-4 中，排名第一的用粗体表示，排名第二的用下划线表示。

表 4-4 在 TC-128 数据集上不同算法 DPR 和 OSR 对比

评价指标	本章算法	ASRE	KCF	SiamRPN	ISP	ISMC	HCFT
DPR	**0.712**	0.54	0.549	0.591	0.610	0.532	<u>0.680</u>
OSR	**0.615**	0.407	0.494	<u>0.511</u>	0.487	0.417	0.492

4.4.2.2 定性分析

4.4.2.1 节对算法在 OTB2015 和 TC-128 数据集中所有视频序列上的综合效果进行了分析和讨论，本节将对算法在数据集中所有视频序列的可视化结果进行分析，更直观地说明所提算法跟踪的准确性。图 4-12 给出与 5 种主流算法（HCFT、KCF、ASRE、SiamRPN 和 ISP）在 4 个典型视频序列 Singer2、Biker、Bird1 和 Deer 上的可视化对比结果。视频序列 Singer2 中的图像存在光照变化、背景干扰、旋转等因素干扰的复杂场景；视频序列 Biker 中的图像存在运动模糊、低分辨率、快速运动和离开视线等因素干扰的复杂场景；视频序列 Bird1 中的图像存在快速运动、离开视线和运动模糊等因素干扰的复杂场景；视频序列 Deer 中的图像存在背景干扰、快速运动、运动模糊和低分辨率等因素干扰的复杂场景。4 个视频序列所包括的视觉挑战属性，对算法在目标离开视线、快速运动和运动模糊复杂场景下的分析具有一定代表性。

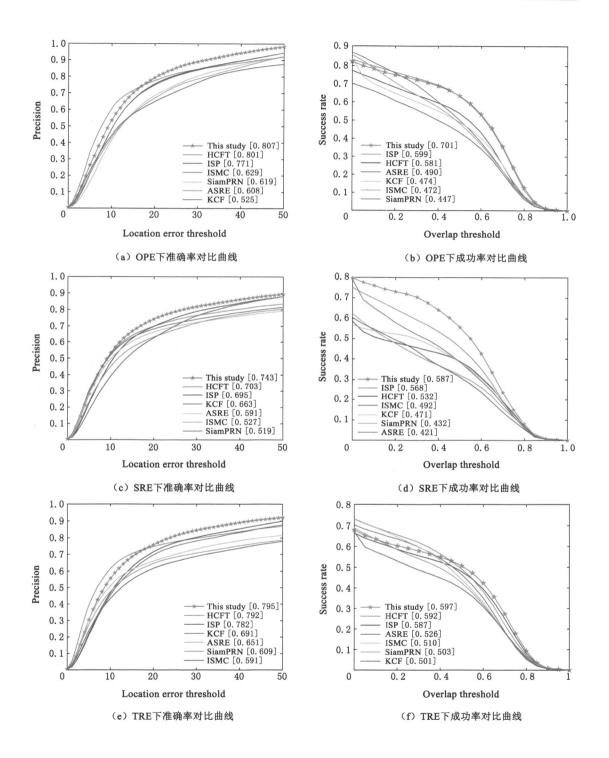

（a）OPE下准确率对比曲线　　　　　　（b）OPE下成功率对比曲线

（c）SRE下准确率对比曲线　　　　　　（d）SRE下成功率对比曲线

（e）TRE下准确率对比曲线　　　　　　（f）TRE下成功率对比曲线

图 4-12　不同算法距离准确率和重叠成功率对比

图 4-13（a）Singer2 视频序列中，目标受到光照不均和背景干扰的影响，而目标与背景区域相似性高，本章算法取得较理想的结果，得益于鲁棒的目标外观表征模型。其他对比算法定位精度不高，其中 SiamRPN 和 ASRE 算法跟踪完全失败。本章算法在图 4-13（b）Biker 视频序列中，跟踪场景的分辨率低，目标快速运动出现运动模糊现象，导致在目标渐渐远离视线时，跟踪结果偏离手工标注，引起一定的中心位置误差，和 HCFT 算法、SiamRPN 算法的跟踪效果接近。而其他对比算法，由于目标姿态发生旋转变化，跟踪出现漂移，不能再继续跟踪到目标，也没有再重新恢复跟踪。图 4-13（c）Bird1 视频序列中，由于云彩的遮挡目标短暂离开视线后又重新出现，本章算法能够重新定位目标，得益于基于目标显著性引导的重检测模块。HCFT 算法添加了候选建议区域方案，在目标重新出现后也能准确定位到目标，而对比算法均出现跟踪漂移。图 4-13（d）Deer 视频序列中，目标运动模糊且受到背景干扰，本章算法能够精确地定位到目标，得益于空间正则化处理和自适应多特征融合方案设计。在第 0040 帧左右目标快速运动，导致对比算法出现短暂跟踪漂移，KCF 和 ASRE 算法能够重新恢复正确跟踪，但 SiamRPN 和 ISP 算法跟踪失败。通过定性分析结果可以看出，当目标存在快速运动、运动模糊、离开视线和背景干扰等情况时，所提出的空间正则化和目标显著性引导的算法优势明显，也进一步验证跟踪过程中再检测模块的有效性。

（a）Singer2视频序列

（b）Biker视频序列

（c）Bird1视频序列

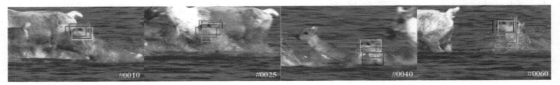

（d）Deer视频序列

—— 本章算法　　　HCFT　　—— KCF　　　ASRE　　—— Siam RPN　　—— ISP

图 4-13　不同算法在典型视频序列中定性对比

4.5 本章小结

本章从滤波器进行特征选择时构造具有鉴别性的特征模型入手,并研究针对目标跟踪丢失的重检测方法,提出动态特征选择和目标显著性引导的相关滤波模型。将显著性检测技术应用到目标跟踪中,提高滤波器模型的抗干扰能力,从而提高跟踪算法的准确率和成功率。本章主要工作总结如下:

(1)利用空间正则化矩阵对滤波器目标函数建模和优化,并添加不同帧之间的时序约束,训练更具有鉴别力的滤波器模型。研究不同特征表征能力和相关滤波响应之间的内在相关性,根据实际跟踪环境自适应调整特征的贡献度,利用学习到的滤波器模型计算融合后目标的最终位置,使不同特征在不同场景中互补受益,增强算法的鲁棒性。

(2)显著性检测分支将目标不同显著性先验特征引入跟踪框架中,当跟踪不可靠时,重新检测目标。以第一帧图像和最近一次跟踪结果作为目标引导,利用元胞自动机更新方法对不同显著特征进行融合优化,获得更优的目标显著位置,达到目标重新定位的目的。

为了评价本章算法的性能,把实验分成两个部分,基于目标引导的显著性检测模块对比分析和目标跟踪结果对比分析。实验结果表明,① 显著性检测模块在 ECSSD 和 DUTS 数据集上,具有最高的准确率和 F-score 值,且准确率和召回率更加的均衡。② 动态空间正则化的相关滤波模型,在 OTB2015 数据集上,和对比算法相比,获得了最高的距离准确率和重叠成功率。③ 基于目标引导显著性检测的跟踪模型,在复杂场景下进行目标跟踪,表现很强的性能和鲁棒性。

尽管,本章算法在处理尺度变换、光照不均、颜色相近等具有挑战性的视频场景时,表现出良好的跟踪性能。但由于显著性检测算法对具有遮挡属性的目标,检测会出现一定偏差,可能会导致滤波器模板被错误地更新,而引起后续的跟踪漂移。根据单一特征训练的相关滤波器不能有效解决目标外观多变的跟踪问题,可能会因为背景干扰的影响,造成目标尺寸更新错误。

因此,第 5 章研究一个多特征耦合建模的相关滤波模型,设计鲁棒的模板更新方法,排除背景干扰,提高跟踪算法的准确率和成功率。

5 基于优化多特征耦合模型和尺度自适应的相关滤波跟踪算法

当目标处于背景嘈杂、相似物干扰或低分辨率等复杂场景时,传统单个相关滤波器能检测到可靠的特征信息受限,而由此训练出的滤波器也存在偏差,第4章提出的多特征外观表征模型已被证明是提高跟踪性能的重要途径之一。本章将在此基础上,从优化多特征相关滤波器的目标函数入手,提出一个多特征耦合加权的互补方案。通过构造和优化目标函数的方式,设计多特征耦合的相关滤波模型,利用双重滤波器进行多特征目标定位,再组合优化后输出最终相关滤波结果。在滤波器优化过程中加入权衡系数,对相邻两帧滤波器差异所形成的正则项强度进行控制,减少跟踪漂移的风险。

本章组织如下:5.1节首先介绍本章的研究动机;5.2节介绍本章的整体框架,给出算法模型;5.3节对多特征耦合目标函数进行建模并优化求解,设计多特征耦合的跟踪算法,并提出一个鲁棒的目标模型更新策略;5.4节给出实验结果及分析,通过定量分析和定性分析两个方面验证算法的准确性;最后,5.5节对本章的研究内容进行总结。本章主要内容来自作者的文献[74,135,152]。

5.1 研究动机

基于CF的跟踪器只需从目标搜索框中提取一次特征,通过循环卷积运算,生成众多候选样本。根据卷积定理,卷积计算可在频域内转化为按元素乘法。使跟踪器有效地从训练样本中学习,大大减少了计算复杂性。然而跟踪环境复杂多变,使用单一传统手工特征在目标外观表征方面存在一定的局限性,很容易受到噪声的干扰,无法准确定位目标。从多特征融合的角度设计跟踪算法,是提高鲁棒性的一个研究方向。Karunasekera 等人[153]详细阐述跟踪算法的现有研究成果和进展,比较基于相关滤波器和非相关滤波器的跟踪器的性能,为目标跟踪算法的研究提供了重要参考。Bertinetto 等人[154]提出一个结合梯度特征及颜色特征的岭回归框架下实时跟踪算法(Staple:Complementary Learners for Real-Time Tracking,CLRT)。刘巧玲等人[155]提出一个基于稀疏核相关滤波模型和颜色模型的双模型跟踪算法,将两个模型进行自适应融合,实现长期跟踪。柳培忠等人[156]融合尺度不变特征和颜色直方图进行目标匹配,设计一个多特征融合的视频目标跟踪方法。上述算法及第4章算法从研究目标外观表征模型入手,设计多特征融合方案,证明从多特征融合角度提高跟踪效果是有效的。但这些算法只是在传统相关滤波器模型的基础上研究多特征融合策略以及贡献度计算,从多特征目标函数的数学建模和优化层面改进滤波器模型考虑较少,忽视多特征在不同场景中所发挥的多元化优势,也未能进一步考虑提高跟踪鲁棒性问题。

　　另外,目标跟踪中目标模型更新[157-158]也是影响跟踪性能的一个重要指标,如果模板更新不正确,容易造成目标跟踪漂移。一些比较流行的目标模型,采取每帧都更新模板的策略,而不进行任何判断,这样会因为过度依赖首帧特征而导致跟踪漂移或目标丢失。CFNet算法[159]对当前帧之前的所有跟踪结果计算平均值,作为更新目标模型的依据。同样,随着跟踪的持续,目标模型不断被污染,最终导致跟踪漂移。而在目标被遮挡时,这种污染的影响将更加明显。文献[155]提出的长期目标跟踪算法中,利用响应最大值判断跟踪是否成功,并随机抽样学习跟踪失败情况下的滤波器,实现长期跟踪。邵江南等人[160]设计了一个基于高置信度的样本池,利用保留样本池里的模板在线训练更新模型。以上算法目标模型更新策略包括根据最大响应值判断或者根据响应平均值判断,不能完全应对复杂多变的跟踪环境。通过研究相关滤波响应图发现,如果目标没有受到干扰时,响应图接近一个理想的二维高斯分布,只在目标位置出现峰值,其他位置平滑下降。而在目标出现遮挡、丢失、模糊、背景相似等干扰时,相关滤波响应图会出现大幅度震荡。响应最大的位置不一定是目标,目标候选框的响应值并不一定低,所以仅根据最大响应值来更新目标模板存在一定的缺陷。

　　综上所述,针对上述算法在多特征目标函数建模中存在的不足,优化多特征相关滤波器目标函数的联合建模方式,寻找特征之间的耦合关系,并对目标函数进行优化求解,根据不同特征的贡献度自适应融合后得到目标的最终位置。

　　针对上述算法目标模型更新策略存在的不足,引入平均峰值相关能量作为判断目标是否受到干扰的依据,设计一个具有较强鲁棒性的目标模型更新策略,根据最大滤波响应值、平均峰值相关能量[161](Average Peak-to Correlation Energy,APCE)和 APCE 变化梯度三个准则来判断是否更新目标模型。

5.2　整体框架

　　将不同特征相关滤波目标函数进行统一建模,探索多特征目标函数之间的约束关系,提出一个基于优化多特征耦合模型和尺度自适应的相关滤波跟踪算法。考虑到相邻两帧目标模型具有一致性,构造多特征耦合的目标函数,并进行优化,分别得到对应 HOG 特征、纹理特征和 CN 特征的相关滤波器模型 CF_1^{hog}、CF_1^{tex} 和 CF_1^{CN}(详见 5.3.1~5.3.3 节)。利用训练得到的滤波器模型计算最大响应值对应的位置,并训练一个尺度滤波器 CF_2 用于估计目标的最佳尺度,通过动态加权的方式实现目标最终位置的估计(详见 5.3.4 节)。针对目标跟踪丢失现象,提出一个建议区域解决方案(详见 5.3.5 节),并结合鲁棒性的目标模型更新准则(详见 5.3.6 节),实现目标的持续跟踪。算法模型如图 5-1 所示,图中蓝色方框表示搜索框,绿色方框表示候选建议区域,红色方框为目标位置。

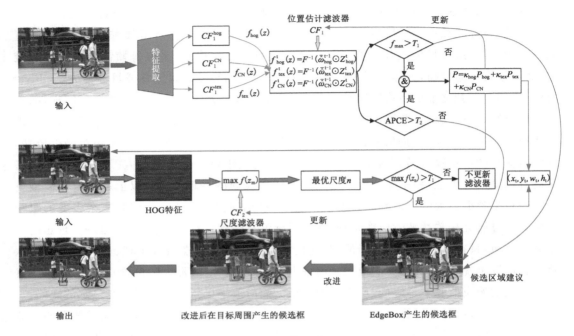

图 5-1　算法模型

5.3　多特征耦合建模和尺度自适应的相关滤波跟踪算法

本节主要研究多特征耦合的目标位置估计模型和自适应尺度估计模型,提出一个建议区域解决方案,并设计鲁棒的目标模型更新方法,从而解决不正确的模型更新而可能引起的跟踪漂移问题。

5.3.1　判别式相关滤波模型

判别式相关滤波器(Discriminative Correlation Filter,DCF)在求解滤波器 ω_t 时,将其描述为一个正则化的最小二乘目标函数形式,详见 2.2 节的推导描述,目标函数如下:

$$\widehat{\omega}_t = \arg\min_{\omega_t} \| \sum_{d=1}^{D} \omega_t^d * x_t^d - \mathbf{Y} \|^2 + \lambda \sum_{d=1}^{D} \| \omega_t^d \|^2 \tag{5-1}$$

式中,ω_t 是第 t 帧的相关滤波器;ω_t^d 表示每个特征维度对应的滤波器;x_t^d 是输入候选框中每个特征对应的特征图,$d=1,2,\cdots,D$;D 是特征维度的个数,取值为 3。λ 是增加模型泛化能力的正则化系数,$*$ 表示时域内的相关操作,$\mathbf{Y}$ 是相关的期望输出。通过优化式(5-1)可获得最优封闭解 ω_t,优化过程如下:

先将目标函数(5-1)转换到频域,省略下标 t,表示如下:

$$\widehat{\omega} = \arg\min_{W} \| \sum_{d=1}^{D} \overline{\widehat{\omega}}^d \odot \widehat{x}^d - \widehat{y} \| + \lambda \sum_{d=1}^{D} \| \widehat{\omega}^d \|^2 \tag{5-2}$$

$\odot$ 表示频域内的点乘操作,$\widehat{\omega},\widehat{x},\widehat{y}$ 分别是 ω,x,y 的傅立叶变换,$\overline{\widehat{\omega}}$ 表示复共轭。频域内的点乘是每个元素进行相乘,所以优化求解式(5-2)的过程就是在像素级上优化求解,如式(5-3)～式(5-7)所示,表示如下:

$$\frac{\partial}{\partial \overline{\hat{\omega}}_{ij}} \{ \parallel \hat{x}_{ij} \overline{\hat{\omega}}_{ij} - \hat{y}_{ij} \parallel^2 + \lambda \parallel \hat{\omega}_{ij} \parallel^2 \} = 0 \tag{5-3}$$

$$\frac{\partial}{\partial \overline{\hat{\omega}}_{ij}} \{ (\hat{x}_{ij} \overline{\hat{\omega}}_{ij} - \hat{y}_{ij}) \overline{(\hat{x}_{ij} \overline{\hat{\omega}}_{ij} - \hat{y}_{ij})} + \lambda \hat{\omega}_{ij} \overline{\hat{\omega}}_{ij} \} = 0 \tag{5-4}$$

$$\frac{\partial}{\partial \overline{\hat{\omega}}_{ij}} \{ \hat{x}_{ij} \overline{\hat{\omega}}_{ij} \overline{\hat{x}}_{ij} \hat{\omega}_{ij} - \hat{y}_{ij} \overline{\hat{x}}_{ij} \hat{\omega}_{ij} - \hat{x}_{ij} \overline{\hat{\omega}}_{ij} \overline{\hat{y}}_{ij} + \hat{y}_{ij} \overline{\hat{y}}_{ij} + \lambda \hat{\omega}_{ij} \overline{\hat{\omega}}_{ij} \} = 0 \tag{5-5}$$

$$\hat{x}_{ij} \overline{\hat{x}}_{ij} \hat{\omega}_{ij} - \hat{x}_{ij} \overline{\hat{y}}_{ij} + \lambda \hat{\omega}_{ij} = 0 \tag{5-6}$$

$$\hat{\omega}_{ij} = \frac{\hat{x}_{ij} \overline{\hat{y}}_{ij}}{\hat{x}_{ij} \overline{\hat{x}}_{ij} + \lambda} \tag{5-7}$$

式中，i 和 j 是像素的索引，$(i,j) \in \{0,1,\cdots,W-1\} \times \{0,1,\cdots,H-1\}$，含义和 2.2 节相同；$W$ 是候选区域的宽度；H 是候选区域的高度。根据式(5-8)便可以得到每个特征维度的滤波器，表示如下：

$$\hat{\omega}^l = \frac{\hat{x}^l \overline{\hat{y}}}{\sum_{d=1}^{D} \hat{x}^d \overline{\hat{x}}^d + \lambda} = \frac{A_t^l}{B_t} \tag{5-8}$$

第 $t+1$ 帧滤波器的更新策略如下：

$$A_{t+1}^l = (1-\beta) A_t^l + \beta \hat{x}_t^l \overline{\hat{y}}_t \tag{5-9}$$

$$B_{t+1} = (1-\beta) B_t + \beta \sum_{d=1}^{D} \hat{x}_t^d \overline{\hat{x}}_t^d \tag{5-10}$$

式中，β 是学习率；A_{t+1}^l 和 B_t 是滤波器模型 $\hat{\omega}_{t+1}^l$ 的分子和分母，模型更新时按照分子和分母分别进行更新运算。给定一帧图像，其特征向量用 z 表示，可以用式(5-11)计算响应。

$$y = f(z) = F^{-1} \left[\frac{\sum_{d=1}^{D} \overline{A}^d z^d}{B + \lambda} \right] \tag{5-11}$$

5.3.2　多特征耦合目标函数的建模

　　传统的目标跟踪算法大多使用单一的特征，使得跟踪器在面对各类复杂情况无法进行准确的跟踪。例如：HOG 特征在目标背景颜色干扰、背景混乱复杂等情况下都具有一定的鲁棒性，但是图像模糊时，其适应性差。CN 对于运动模糊、图像低分辨率、光照强度变化等跟踪效果好，但是对于相似颜色的干扰表现性能较差。纹理特征在形变、光照变化、背景干扰和低照度复杂场景下均表现出较强的鲁棒性，但是当图像的分辨率变化的时候，所计算出来的纹理可能会有较大偏差。因此，选择合适的特征进行融合对提高跟踪效果至关重要。

　　常见的特征融合策略一般包括两种，分别是串行特征融合和并行特征融合。在进行串行特征融合时，设 F_1（C_1 维）和 F_2（C_2 维）分别是定义在同一空间上的两种特征，其中 C_1 和 C_2 分别是两种特征的维度，则进行串行特征融合之后特征的维度是 $C_1 + C_2$ 维。在大多数情况下，串行特征融合能够取得很好的效果，但是也会带来很多问题：① 进行串行之后可能将原有微弱的噪声进行放大；② 当特征维度过多时，算法的复杂度高，处理所需时间长；③ 当一种跟踪算法性能差时，会影响到其他跟踪算法。在进行并行特征融合时，在 F_1 和 F_2 中选择一个维度高的特征作为融合后特征的维度，并将维数较低的补零直到二者维度相同。这样做有很多好处：① 并没有大幅度提高特征的维度，计算量少；② 能够有效避免跟踪过程中的一些噪声。

以上两种特征融合方式是通过不同融合方式对目标区域进行特征表示，然后使用训练的单个滤波器进行目标定位。而实际上，传统单个相关滤波器能检测到可靠的特征信息受限，而由此训练出的滤波器也存在偏差。因此，从优化不同特征对应的滤波器入手，优化多特征相关滤波器目标函数的联合建模方式，寻找特征之间的耦合关系，根据不同特征的贡献度自适应融合后得到目标的最终位置。

根据式(5-2)可以分别获得 HOG 特征、纹理特征和 CN 特征的目标函数，如式(5-12)、式(5-13)和式(5-14)。

$$\omega_{\text{hog}} = \arg\min_{\omega_{\text{hog}}} \parallel \sum_{d=1}^{D} \omega_{\text{hog}}^d * x_{\text{hog}}^d - y_{\text{hog}} \parallel^2 + \lambda \sum_{d=1}^{D} \parallel \omega_{\text{hog}}^d \parallel^2 \qquad (5\text{-}12)$$

$$\omega_{\text{tex}} = \arg\min_{\omega_{\text{tex}}} \parallel \sum_{d=1}^{D} \omega_{tex}^d * x_{tex}^d - y_{\text{tex}} \parallel^2 + \lambda \sum_{d=1}^{D} \parallel \omega_{tex}^d \parallel^2 \qquad (5\text{-}13)$$

$$\omega_{\text{CN}} = \arg\min_{\omega_{\text{CN}}} \parallel \sum_{d=1}^{D} \omega_{\text{CN}}^d * x_{\text{CN}}^d - y_{\text{CN}} \parallel^2 + \lambda \sum_{d=1}^{D} \parallel \omega_{\text{CN}}^d \parallel^2 \qquad (5\text{-}14)$$

下标 hog、tex 和 CN 分别表示候选区域的 HOG 特征、纹理特征和 CN 特征。一般情况下，在实际场景的目标跟踪过程中，相邻两帧的目标和背景变化不大，或者是相似的。那么根据目标获得目标模型也基本是一致的，即第 $t+1$ 帧学习得到的滤波器和第 t 帧得到的滤波器基本是一致的，可以用以下数学模型表示：

$$\arg\min_{\omega_{\text{hog}}} \parallel \omega_{\text{hog}}^{t+1} - \omega_{\text{hog}}^t \parallel^2 \qquad (5\text{-}15)$$

$$\arg\min_{\omega_{\text{tex}}} \parallel \omega_{\text{tex}}^{t+1} - \omega_{\text{tex}}^t \parallel^2 \qquad (5\text{-}16)$$

$$\arg\min_{\omega_{\text{CN}}} \parallel \omega_{\text{CN}}^{t+1} - \omega_{\text{CN}}^t \parallel^2 \qquad (5\text{-}17)$$

结合式(5-12)—式(5-17)构造多特征耦合目标函数，如式(5-18)。

$$\arg\min_{\omega_{\text{hog}},\omega_{\text{tex}},\omega_{\text{CN}}} \parallel \sum_{d=1}^{D} \omega_{\text{hog}}^d * x_{\text{hog}}^d - y_{\text{hog}} \parallel^2 + \lambda \sum_{d=1}^{D} \parallel \omega_{\text{hog}}^d \parallel^2 + \parallel \sum_{d=1}^{D} \omega_{\text{tex}}^d * x_{\text{tex}}^d - y_{\text{tex}} \parallel^2 +$$

$$\lambda \sum_{d=1}^{D} \parallel \omega_{\text{tex}}^d \parallel^2 + \parallel \sum_{d=1}^{D} \omega_{\text{CN}}^d * x_{\text{CN}}^d - y_{\text{CN}} \parallel^2 + \lambda \sum_{d=1}^{D} \parallel \omega_{\text{CN}}^d \parallel^2 +$$

$$\frac{\xi}{2} \parallel \omega_{\text{hog}}^{t+1} - \omega_{\text{hog}}^t \parallel^2 + \frac{\zeta}{2} \parallel \omega_{\text{tex}}^{t+1} - \omega_{\text{tex}}^t \parallel^2 + \frac{\delta}{2} \parallel \omega_{\text{CN}}^{t+1} - \omega_{\text{CN}}^t \parallel^2$$

$$(5\text{-}18)$$

其中，ξ、ζ 和 δ 是权衡系数，对相邻两帧滤波器之间的差异形成的正则项强度进行控制，防止在优化求解过程中变大。否则，在目标受到遮挡时，会导致跟踪漂移或者跟踪失败。

5.3.3 目标函数的优化过程

通过构造拉格朗日函数对式(5-18)进行优化，是由拉格朗日乘数结合一定的约束条件而构造出来的目标函数。然后，采用闭合的形式进行 ADMM 优化[162]迭代更新，构造的拉格朗日函数如下：

$$l(\omega_{\text{hog}}^{t+1}, \omega_{\text{tex}}^{t+1}, \omega_{\text{CN}}^{t+1}, \rho_{\text{hog}}^{t+1}, \tau_{\text{hog}}^{t+1}) = (\parallel \omega_{\text{hog}}^{t+1} * x_{\text{hog}}^{t+1} - y_{\text{hog}}^{t+1} \parallel^2 + \lambda \parallel \omega_{\text{hog}}^{t+1} \parallel^2) +$$

$$(\parallel \omega_{\text{tex}}^{t+1} * x_{\text{tex}}^{t+1} - y_{\text{tex}}^{t+1} \parallel^2 + \lambda \parallel \omega_{\text{tex}}^{t+1} \parallel^2) + (\parallel \omega_{\text{CN}}^{t+1} * x_{\text{CN}}^{t+1} - y_{\text{CN}}^{t+1} \parallel^2 + \lambda \parallel \omega_{\text{CN}}^{t+1} \parallel^2) +$$

$$\frac{\xi}{2} \parallel \omega_{\text{hog}}^{t+1} - \omega_{\text{hog}}^{t} \parallel^2 + \frac{\zeta}{2} \parallel \omega_{\text{tex}}^{t+1} - \omega_{\text{tex}}^{t} \parallel^2 + \frac{\delta}{2} \parallel \omega_{\text{CN}}^{t+1} - \omega_{\text{CN}}^{t} \parallel^2 +$$

$$\rho_{\text{hog}}^{t+1}(\omega_{\text{hog}}^{t+1} - \omega_{\text{tex}}^{t+1} - \omega_{\text{CN}}^{t+1}) + \frac{\tau_{\text{hog}}^{t+1}}{2} \parallel \omega_{\text{hog}}^{t+1} - \omega_{\text{tex}}^{t+1} - \omega_{\text{CN}}^{t+1} \parallel^2$$

$$(5-19)$$

τ_{hog}^{t+1} 和 ρ_{hog}^{t+1} 分别是拉格朗日的惩罚参数和乘数。所以,以上优化问题转换成优化以下目标函数:

$$\text{argmin} \, l(\omega_{\text{hog}}^{t+1}, \omega_{\text{tex}}^{t+1}, \omega_{\text{CN}}^{t+1}, \rho_{\text{hog}}^{t+1}, \tau_{\text{hog}}^{t+1}) \tag{5-20}$$

(1) $\omega_{\text{hog}}^{t+1}$ 的求解问题

给定 $\omega_{\text{tex}}^{t+1}$、$\omega_{\text{CN}}^{t+1}$、$\rho_{\text{hog}}^{t+1}$ 和 τ_{hog}^{t+1} 的前提下,变量 $\omega_{\text{hog}}^{t+1}$ 的求解通过优化对应的目标函数得到,目标函数表示如下:

$$\omega_{\text{hog}}^{t+1} = \underset{\omega_{\text{hog}}^{t+1}}{\text{argmin}} (\parallel \omega_{\text{hog}}^{t+1} * x_{\text{hog}}^{t+1} - y_{\text{hog}}^{t+1} \parallel^2 + \lambda \parallel \omega_{\text{hog}}^{t+1} \parallel^2) + \frac{\xi}{2} \parallel \omega_{\text{hog}}^{t+1} - \omega_{\text{hog}}^{t} \parallel^2 +$$

$$\rho_{\text{hog}}^{t+1} \omega_{\text{hog}}^{t+1} + \frac{\tau_{\text{hog}}^{t+1}}{2} \parallel \omega_{\text{hog}}^{t+1} - \omega_{\text{tex}}^{t+1} \parallel^2 \tag{5-21}$$

收缩阈值的形式可以得到如下闭合解:

$$\omega_{\text{hog}}^{t+1} = F^{-1} \left(\frac{\hat{x}_{\text{hog}}^{t+1} \overline{\hat{y}}_{\text{hog}}^{t+1} + \rho_{\text{hog}}^{t+1} + \frac{\tau_{\text{hog}}^{t+1}}{2} \hat{\omega}_{\text{hog}}^{t+1}}{\hat{x}_{\text{hog}}^{t+1} \overline{\hat{x}}_{\text{hog}}^{t+1} + (\lambda + \frac{\xi}{2} + \frac{\tau_{\text{hog}}^{t+1}}{2})I} \right) \tag{5-22}$$

(2) $\omega_{\text{tex}}^{t+1}$ 的求解问题

给定 $\omega_{\text{hog}}^{t+1}$、$\omega_{\text{CN}}^{t+1}$、$\rho_{\text{hog}}^{t+1}$ 和 τ_{hog}^{t+1} 的前提下,变量 $\omega_{\text{tex}}^{t+1}$ 的求解通过优化对应的目标函数得到,目标函数表示如下:

$$\omega_{\text{tex}}^{t+1} = \underset{\omega_{\text{tex}}^{t+1}}{\text{argmin}} (\parallel \omega_{\text{tex}}^{t+1} * x_{\text{tex}}^{t+1} - y_{\text{tex}}^{t+1} \parallel^2 + \lambda \parallel \omega_{\text{tex}}^{t+1} \parallel^2) + \frac{\zeta}{2} \parallel \omega_{\text{tex}}^{t+1} - \omega_{\text{tex}}^{t} \parallel^2 -$$

$$\rho_{\text{hog}}^{t+1} \omega_{\text{tex}}^{t+1} + \frac{\tau_{\text{hog}}^{t+1}}{2} \parallel \omega_{\text{hog}}^{t+1} - \omega_{\text{tex}}^{t+1} \parallel^2 \tag{5-23}$$

收缩阈值的形式可以得到如下闭合解:

$$\omega_{\text{tex}}^{t+1} = F^{-1} \left(\frac{\hat{x}_{\text{tex}}^{t+1} \overline{\hat{y}}_{\text{tex}}^{t+1} + \frac{\zeta}{2} \hat{\omega}_{\text{tex}}^{t} + \frac{\tau_{\text{hog}}^{t+1}}{2} \hat{\omega}_{\text{hog}}^{t+1} + \rho_{\text{hog}}^{t+1}}{\hat{x}_{\text{tex}}^{t+1} \overline{\hat{x}}_{\text{tex}}^{t+1} + (\lambda + \frac{\zeta}{2} + \frac{\tau_{\text{hog}}^{t+1}}{2})I} \right) \tag{5-24}$$

(3) ω_{CN}^{t+1} 的求解问题

给定 $\omega_{\text{hog}}^{t+1}$、$\omega_{\text{tex}}^{t+1}$、$\rho_{\text{hog}}^{t+1}$ 和 τ_{hog}^{t+1} 的前提下,变量 ω_{CN}^{t+1} 的求解通过优化对应的目标函数得到,目标函数表示如下:

$$\omega_{\text{CN}}^{t+1} = \underset{\omega_{\text{CN}}^{t+1}}{\text{argmin}} (\parallel \omega_{\text{CN}}^{t+1} * x_{\text{CN}}^{t+1} - y_{\text{CN}}^{t+1} \parallel^2 + \lambda \parallel \omega_{\text{CN}}^{t+1} \parallel^2) + \frac{\delta}{2} \parallel \omega_{\text{CN}}^{t+1} - \omega_{\text{CN}}^{t} \parallel^2 -$$

$$\rho_{\text{hog}}^{t+1} \omega_{\text{CN}}^{t+1} + \frac{\tau_{\text{hog}}^{t+1}}{2} \parallel \omega_{\text{hog}}^{t+1} - \omega_{\text{CN}}^{t+1} \parallel^2 \tag{5-25}$$

收缩阈值的形式可以得到如下闭合解:

$$\omega_{\mathrm{CN}}^{t+1} = F^{-1}\left[\frac{\hat{x}_{\mathrm{CN}}^{t+1}\overline{\hat{y}}_{\mathrm{CN}}^{t+1} + \frac{\delta}{2}\hat{\omega}_{\mathrm{CN}}^{t} + \frac{\tau_{\mathrm{hog}}^{t+1}}{2}\hat{\omega}_{\mathrm{CN}}^{t+1} + \rho_{\mathrm{hog}}^{t+1}}{\hat{x}_{\mathrm{CN}}^{t+1}\overline{\hat{x}}_{\mathrm{CN}}^{t+1} + (\lambda + \frac{\delta}{2} + \frac{\tau_{\mathrm{hog}}^{t+1}}{2})I}\right] \tag{5-26}$$

（4）$\rho_{\mathrm{hog}}^{t+1}$ 和 $\tau_{\mathrm{hog}}^{t+1}$ 的求解问题

给定 $\omega_{\mathrm{hog}}^{t+1}$、$\omega_{\mathrm{CN}}^{t+1}$ 和 $\omega_{\mathrm{tex}}^{t+1}$，变量 $\rho_{\mathrm{hog}}^{t+1}$ 和 $\tau_{\mathrm{hog}}^{t+1}$ 的更新方式如下：

$$\rho_{\mathrm{hog}}^{t+1} = \rho_{\mathrm{hog}}^{t+1} + \tau_{\mathrm{hog}}^{t+1}(\omega_{\mathrm{hog}}^{t+1} - \omega_{\mathrm{tex}}^{t+1} - \omega_{\mathrm{CN}}^{t+1}) \tag{5-27}$$

5.3.4　基于多特征耦合的跟踪算法

在 4.3.3 节目标外观表征模型的基础上，并根据 5.3.1～5.3.3 节优化的多特征相关滤波器模型，计算多特征的滤波响应，进而预测目标位置。跟踪算法包括尺度估计模型和目标预测两部分，分别介绍如下：

（1）尺度估计

尺度估计模型 CF_2 能够防止目标跟踪过程中，因目标发生形变、尺度变化等因素引起的跟踪漂移问题。假设第 t 帧目标的尺度为 $W_t \times H_t$，在目标位置附近构造用于尺度估计的目标尺度金字塔，层数为 S。对于目标尺度金字塔中的任一图像片的尺度 P_t^m 表示为：

$$P_t^m = a^m W_t \times a^m H_t \tag{5-28}$$

式中，$m \in \left\{\left[-\frac{S-1}{2}\right], \cdots, \left[\frac{S-1}{2}\right]\right\}$；$a$ 表示不同尺度层的比例因子。

将利用式（5-28）得到的图像块重新调整到和目标尺度相同的大小，即 $W_t \times H_t$，构建尺度金字塔。提取尺度金字塔中每个图像片的 hog 特征，对于检测特征样本进行循环移位得到 z，根据式（5-11）计算最大滤波响应，则目标的最佳尺寸 n 可以用式（5-29）表示。

$$n = \underset{m}{\mathrm{argmax}}\{\max f(z_1), \max f(z_2), \cdots, \max f(z_m)\} \tag{5-29}$$

当最佳尺寸 n 对应的置信度满足 $\max f(z_n) > T_1$ 时，更新尺度模型 CF_2；当置信度满足 $\max f(z_n) < T_1$ 时，则不更新尺度模型。获取最佳尺寸 n 后，便可得到当前帧目标尺度：

$$Sl_t^n = (a^n W_t, a^n H_t) \tag{5-30}$$

（2）目标预测

在已知前一帧位置和大小的前提下，求当前帧的位置。当前帧假设是第 t 帧，$t-1$ 帧的目标位置为 $P_{t-1} = (x_{t-1}, y_{t-1})$，尺度为 $Sl_{t-1}^n = (a^n W_{t-1}, a^n H_{t-1})$。根据 2.2.1 节矩阵的循环移位得出区域样本，每个候选样本的尺度为 Sl_{t-1}^n，区域样本用 X_t^{padding} 表示如下：

$$X_t^{\mathrm{padding}} = \{x_t, y_t \mid \| P_t - P_{t-1} \| < \mathrm{padding}\} \tag{5-31}$$

在目标位置 $P_{t-1} = (x_{t-1}, y_{t-1})$ 处，对目标实际矩形框 D_{t-1} 与 X_t^{padding} 进行如式（5-32）的计算，得出候选样本 Z_t。

$$Z_t = \left\{Z: 0.5 < \frac{\mathrm{area}(D_{t-1} \bigcap X_t^{\mathrm{padding}})}{\mathrm{area}(D_{t-1} \bigcup X_t^{\mathrm{padding}})} < 0.9\right\} \tag{5-32}$$

依据 5.3.3 节优化得到的第 $t-1$ 帧多特征耦合相关滤波器 $\omega_{\mathrm{hog}}^{t-1}$、$\omega_{\mathrm{tex}}^{t-1}$ 和 $\omega_{\mathrm{CN}}^{t-1}$，分别计算候选样本 Z_t 的 hog 特征 z_{hog}^t、纹理特征 z_{tex}^t 和 CN 特征 z_{CN}^t 的相关滤波响应 $f_{\mathrm{hog}}^t(z)$、$f_{\mathrm{tex}}^t(z)$ 和 $f_{\mathrm{CN}}^t(z)$。

$$f_{\mathrm{hog}}^t(z) = F^{-1}(\overline{\omega}_{\mathrm{hog}}^{t-1} \odot Z_{\mathrm{hog}}^t) \tag{5-33}$$

$$f_{\text{tex}}^t(z) = F^{-1}(\overline{\hat{\omega}_{\text{tex}}^{t-1}} \odot Z_{\text{tex}}^t) \qquad (5\text{-}34)$$

$$f_{\text{CN}}^t(z) = F^{-1}(\overline{\hat{\omega}_{\text{CN}}^{t-1}} \odot Z_{\text{CN}}^t) \qquad (5\text{-}35)$$

根据式(5-33)、(5-34)和(5-35)分别得到相应的最大响应值位置P_{hog}、P_{tex}和P_{CN},表示如下:

$$f_{\text{hog}}^{\max} = \underset{m}{\arg\max}(f_{\text{hog}}(Z_t^1), f_{\text{hog}}(Z_t^2), \cdots f_{\text{hog}}(Z_t^m)) \Rightarrow P_{\text{hog}} \qquad (5\text{-}36)$$

$$f_{\text{tex}}^{\max} = \underset{m}{\arg\max}(f_{\text{tex}}(Z_t^1), f_{\text{tex}}(Z_t^2), \cdots f_{\text{tex}}(Z_t^m)) \Rightarrow P_{\text{tex}} \qquad (5\text{-}37)$$

$$f_{\text{CN}}^{\max} = \underset{m}{\arg\max}(f_{\text{CN}}(Z_t^1), f_{\text{CN}}(Z_t^2), \cdots f_{\text{CN}}(Z_t^m)) \Rightarrow P_{\text{CN}} \qquad (5\text{-}38)$$

式中,m是候选区域的个数。最终目标位置P由P_{hog}、P_{tex}和P_{CN}融合计算得到,表示如下:

$$P = \kappa_{\text{hog}} P_{\text{hog}} + \kappa_{\text{tex}} P_{\text{tex}} + \kappa_{\text{CN}} P_{\text{CN}} \qquad (5\text{-}39)$$

式中,κ_{hog}、κ_{tex}和κ_{CN}分别是HOG特征、纹理特征和CN特征的目标位置权重系数,权重系数和特征对应的最大响应值有关,参考文献[163]中的公式进行计算:

$$\kappa_{\text{hog}} = \frac{f_{\text{hog}}^{\max}}{f_{\text{hog}}^{\max} + f_{\text{tex}}^{\max} + f_{\text{CN}}^{\max}} \qquad (5\text{-}40)$$

$$\kappa_{\text{tex}} = \frac{f_{\text{tex}}^{\max}}{f_{\text{hog}}^{\max} + f_{\text{tex}}^{\max} + f_{\text{CN}}^{\max}} \qquad (5\text{-}41)$$

$$\kappa_{\text{CN}} = \frac{f_{\text{CN}}^{\max}}{f_{\text{hog}}^{\max} + f_{\text{tex}}^{\max} + f_{\text{CN}}^{\max}} \qquad (5\text{-}42)$$

根据第4章描述可知,简单加权计算权重系数的方式,可能会因为有干扰因素影响,不同特征的位置权重分配不均衡。为了解决这个问题,可以在上式中添加惩罚项,重写后表示如下:

$$\kappa_{\text{hog}} = \frac{f_{\text{hog}}^{\max}}{\dfrac{1}{\lambda \times f_{\text{hog}}^{\max}} + f_{\text{hog}}^{\max} + f_{\text{tex}}^{\max} + f_{\text{CN}}^{\max}} \qquad (5\text{-}43)$$

$$\kappa_{\text{tex}} = \frac{f_{\text{tex}}^{\max}}{\dfrac{1}{\lambda \times f_{\text{tex}}^{\max}} + f_{\text{hog}}^{\max} + f_{\text{tex}}^{\max} + f_{\text{CN}}^{\max}} \qquad (5\text{-}44)$$

$$\kappa_{\text{CN}} = \frac{f_{\text{CN}}^{\max}}{\dfrac{1}{\lambda \times f_{\text{CN}}^{\max}} + f_{\text{hog}}^{\max} + f_{\text{tex}}^{\max} + f_{\text{CN}}^{\max}} \qquad (5\text{-}45)$$

式中,λ表示一个惩罚项系数;$\dfrac{1}{\lambda \times f_{\text{hog/tex/CN}}^{\max}}$是惩罚项,可以为具有高响应的特征分配高的权重系数,为具有低响应的特征分配低的权重系数。根据式(5-39)得出的目标位置,再结合式(5-30)得出的目标尺度,便可输出目标的最终跟踪结果。

5.3.5　候选区域建议方案

实际应用场景下目标跟踪可能会受到不同因素干扰,导致跟踪失败。如何有效恢复重跟踪,也是在设计目标跟踪算法时需要考虑的一个重要问题。当判断目标跟踪丢失后,本章采用改进区域建议生成方案的方式来解决目标重定位问题。用EdgeBox[164]生成整个图像的候选区域,并计算其可信度得分,置信度最高的候选区域为重跟踪结果。EdgeBox产生的候选区域包括两种类型,一种是预测目标附近的(用B_s表示),一种是整个图像区域的(用

B_h 表示)。B 是在 B_s 或 B_h 中的一个候选边界框,$B \in \{B_s, B_h\}$,表示为 (x, y, w, h),(x, y) 是边界框的中心坐标,(w, h) 是边界框的宽度和高度。对于两个边缘组 $\{B_i, B_j \in B\}$ 的相似度由平均位置和平均方向确定,用 x_i 和 x_j 表示平均位置,α_i 和 α_j 表示平均方向。边缘框的相似度用 $D(B_i, B_j) = |\cos(\alpha_i - \alpha_{ij})\cos(\alpha_j - \alpha_{ij})|^2$ 表示,其中 α_{ij} 表示两个边缘组的方向偏离,由平均位置 x_i 和 x_j 得到。

在 EdgeBox 算法求解时,在整幅图像中寻找候选框,记为 S_i。这种情况下候选框可能会包含背景或其他干扰物体,抑制噪声对最终目标候选框的确定起到促进作用。选择一个完全包括目标的候选区域 Z,与该候选区域有交集的轮廓不属于目标,应该对这种候选区域进行抑制,也即抑制背景的影响。

设计一个抑制因子 $\chi_Z(B)$,表示为 $\chi_Z(B) = \max\limits_{P} \prod\limits_{i=1}^{|P|-1} D(b_i, b_{i+1})$。$P$ 表示候选框路径,其长度为 $|P|$,$b_1 = B$,路径到 $b_{|P|}$ 结束。计算候选区域 Z 中所有边界抑制因子后,再重新计算每个边界框的响应得分 $g(b_i^i)$。

根据滤波器响应得分 $g(b_i^i)$,选择 N 个得分高的建议区域作为目标候选 $B_i(i = 1, 2, \cdots, N)$。表示如下:

$$B_N^{\text{EdgeBox}} = \{B_i \mid S_i\}_N \tag{5-46}$$

B_N^{EdgeBox} 表示由 EdgeBox 算法产生的得分最高的 N 个候选框。然后,使用计算成本低且可分辨性强的 Haar 特征训练 SVM 分类器 f_{Haar} 来重新排列这些候选区域。根据 SVM 分类后的得分,选择得分最高的 N 个候选框,记为 B'_N 表示如下:

$$B'_N = \{B_i \mid f_{\text{Haar}}(B_i)\}_N \tag{5-47}$$

用 EdgeBox 算法产生的候选框来训练 SVM 分类器 f_{Haar}。具体来说,如果预测的边界框位置和候选框之间的重叠率超过 0.5,被视为正样本。否则,被视为负样本。此外,为了防止 SVM 分类器 f_{Haar} 因不正确更新而退化,仅在最大响应值高于预定义阈值时才更新 f_{Haar}。

图 5-2 中红色边界框表示手工标注的目标位置,蓝色边界框表示区域建议候选框。Edgebox 生成的建议区域停留在被遮挡时目标位置的附近,如图 5-2(a)所示,当跟踪目标重新出现后,仍然会跟踪失败。而本章生成的建议区域在目标附近,如图 5-2(b)所示,更适合解决目标重定位-重跟踪问题。

5.3.6 目标模型更新

当目标受背景干扰、模糊或被遮挡时,相关滤波响应图会出现大幅度震荡,响应值最大的位置不一定是目标。根据最大滤波响应策略,会认定跟踪是正确的,并更新目标模型,而实际上目标模型已经出现了漂移,从而造成后续跟踪的失败。为此,除了根据相关滤波最大响应值进行目标模型更新外,又引入平均峰值相关能量作为判断目标模型更新的依据,APCE 可以用式(5-48)计算。

$$\text{APCE} = \frac{|f_{\max} - f_{\min}|^2}{\text{mean}\left(\sum\limits_{w,h}(f_{w,h} - f_{\min})^2\right)} \tag{5-48}$$

式中,$f_{\max}$ 表示响应图的最大值,$f_{\min}$ 表示响应图的最小值,$f_{w,h}$ 表示 (w, h) 位置上的响应值。图 5-3 是目标在未遮挡和受到遮挡时的最大响应图及计算得出的 APCE 值。对于目标出

（a）EdgeBox产生的候选框 　　　　　（b）改进的EdgeBox产生的候选框

图 5-2 区域建议

现在检测范围内,响应图只有一个尖峰,其他位置变得平滑,APCE 值也很大,如图 5-3（b）所示。在目标受到遮挡或者跟踪丢失的情况下,响应图会有明显震荡,APCE 的值也会明显下降,如图 5-3（d）所示。

在排除背景干扰或目标运动模糊的前提下,如果仅仅是因为目标受到遮挡,APCE 会逐渐减少。随着目标的重新出现,APCE 再逐渐增加。但在目标突然受到干扰时,APCE 会急剧下降,不再是一个缓慢变化的过程。APCE 的变化率反映了目标受干扰程度,所以增加一个 APCE 变化梯度更新策略,强化目标模型更新的准确性。第 $t+1$ 帧的 APCE 用 A_{t+1} 表示,第 t 帧的 APCE 用 A_t 表示,相邻两帧间 APCE 的变化梯度用 ∇A 表示,$\nabla A = A_{t+1} - A_t$,∇A 的值可正可负。最大响应值的阈值设为 T_1,APCE 的阈值设为 T_2,∇A 的阈值设为 T_3。首先在最大响应值 $f_{\max}$ 满足阈值 T_1 的前提下,根据 APCE 和变化梯度的取值情况讨论目标模型更新策略:

（1）当 $A_t > T_2$ 时,如果 $\nabla A > 0$,表示 A_{t+1} 也大于阈值,此时更新模型。

（2）当 $A_t > T_2$ 时,如果 $\nabla A < 0$,表示 A_{t+1} 变小。如果 A_{t+1} 仍大于阈值,且满足 $|\nabla A| < T_3$,也即第 $t+1$ 帧的 $APCE$ 减少不明显,排除目标突然受到干扰的影响,此时更新模型。

（3）当 $A_t < T_2$ 时,如果 $\nabla A > 0$,$A_{t+1} > T_2$,且 $\nabla A > T_3$,表示 A_{t+1} 有明显的增加,此时更新模型。

（4）其他情况下均不更新模型。

综上所述,在当前帧最大响应值 $f_{\max}^t$、APCE 和 APCE 变化梯度满足上述阈值条件时,利用式（5-9）和（5-10）进行目标模型更新。

表 5-1 给出 girls2 视频序列中目标受到遮挡前后的最大响应值和 APCE。目标从第 103 帧开始被遮挡,起初遮挡面积小,最大响应值和 APCE 没有明显降低（最大响应值为 0.47,APCE 为 43.1）。随着遮挡面积变大,最大响应值和 APCE 明显减少,第 110 帧时目标完全被遮挡,直到第 127 帧目标完全出现（最大响应值为 0.369 8,APCE 为 35.6）。根据表 5-1 数据分析得知,目标模型在 104 帧和 126 帧之间没有更新,从 127 帧开始最大响应值和 APCE 重新恢复正常,体现了所设计模型更新策略的鲁棒性。

（a）Girls2视频序列中第0009帧图

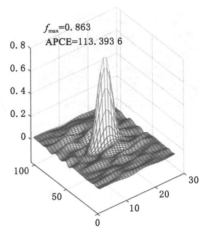

（b）0009帧对应的响应图

（c）Girls2视频序列中第0110帧图像

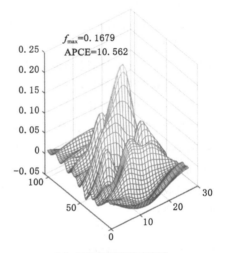

（d）0110帧对应的响应图

图 5-3　目标受到遮挡与未遮挡时的最大响应图

表 5-1　目标遮挡前后的最大响应值和 APCE

帧数	103	105	110	111	115	119	121	125	127	129	133
最大响应值	0.47	0.36	0.16	0.25	0.28	0.29	0.30	0.33	0.37	0.38	0.39
APCE	43.1	26.9	10.6	19.8	18.6	11.4	15.9	19.6	35.6	39.8	33.3

　　根据前面讨论可知，为了增强算法的泛化能力，在最大滤波响应值出现波动时，需要添加一个双重检测模块。即把当前帧最大响应位置和第一帧滤波器模型 ω^1 进行相关滤波操作，计算最大响应值 f_{max}^1。如果满足阈值条件，说明模型未漂移；如果不满足阈值条件，则启动候选区域建议方案，重新获取目标位置。

5.3.7 算法流程

选择 HOG 特征、CN 特征和纹理特征进行目标外观模型表示,利用 5.3.3 节训练的位置估计滤波器模型预测目标位置,并根据阈值条件判断是否输出目标位置和更新下一帧滤波器模型。如果不满足阈值条件,使用候选区域建议方案在目标周围生成候选区域,重新获取目标位置。最后利用 5.3.4 节训练的自适应尺度滤波器对目标进行尺度预测,输出目标的位置和大小。本章算法处理流程如图 5-4 所示。

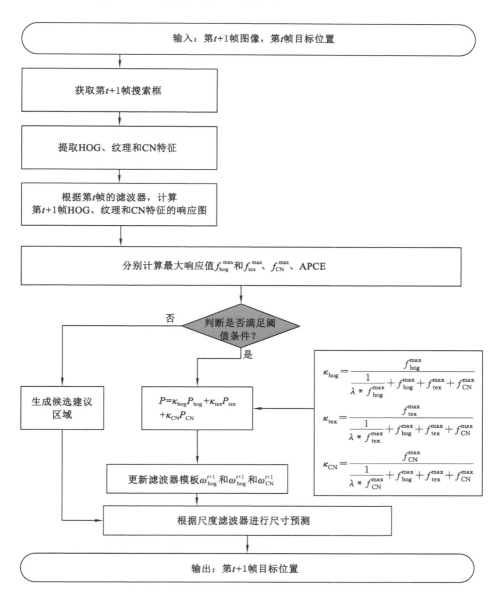

图 5-4 算法处理流程

算法的计算过程如下：

Step1 读取视频帧 I_{t+1}，输入初始目标位置 (x_t, y_t, w_t, h_t)；

Step2 在 I_{t+1} 帧中以 (x_t, y_t) 为中心确定搜索候选框，并提取 HOG 特征、纹理特征和 CN 特征；

Step3 根据 5.3.3 节优化得到的第 t 帧滤波器 ω_{hog}^t、ω_{tex}^t 和 ω_{CN}^t，利用式（5-33）、（5-34）和（5-35）分别计算 HOG 特征、纹理特征和 CN 特征的响应图；

Step4 利用式（5-36）、（5-37）和（5-38）分别计算不同特征的最大响应值 f_{hog}^{max}、f_{tex}^{max} 和 f_{CN}^{max}；

Step5 利用式（5-48）计算 APCE；

Step6 根据 5.3.6 节目标模型更新方法，如果最大响应值和 APCE 满足阈值条件，执行 Step7，否则，执行 Step8；

Step7 结合式（5-39）～（5-45）预测目标的中心位置，利用式（5-9）和（5-10）更新 $t+1$ 帧的滤波器模型 ω_{hog}^{t+1}、ω_{tex}^{t+1} 和 ω_{CN}^{t+1}，执行 Step9；

Step8 利用 5.3.5 节候选区域建议方案在目标周围生成候选区域，重新获取目标位置；

Step9 根据尺度估计滤波器对目标进行尺度预测，使用式（5-29）确定最佳尺度 n，更新模型 CF_2，输出第 $t+1$ 帧目标的位置和大小；

Step10 $t+1 \rightarrow t$，转向 Step3 继续执行直至视频序列结束。

5.4 实验结果分析及讨论

为了对本章提出的多特征耦合相关滤波跟踪算法进行全面、客观的评价，分别在两个基准数据集 OTB2015[124] 和 TC-128[115] 上进行实验，两个数据集中视频序列包含 11 种视频挑战属性，基本涵盖了实际应用环境所包含的各种挑战性因素的复杂场景。使用基准协议和不同参数取值对算法的敏感性进行分析，选择综合跟踪效果最理想的参数，见表 5-2。为了保证实验结果不失一般性，与一些流行的算法：CSK[87]、KCF[90]、SRDCF[165]、MFFT[94]、SRDCF*[95]、CLRT[154] 和 HCFT[150]，从定量分析和定性分析两大方面，用跟踪性能、中心位置误差、距离准确率（DPR）和重叠成功率（OSR）四个评价指标进行对比分析。测试时，除了使用对比算法的原始参数外，还对所有对比算法使用统一的测试调整环节，得到以下分析结果。实验仿真环境为 MATLAB R2018b，电脑配置为：Intel Core i7-8550U CPU，2.0 GHz 主频，8 GB 内存，Windows 10 操作系统。

表 5-2 参数设置

参数	取值
正则项 λ	10^{-3}
Padding	0.5
学习率 β	0.75
最大响应阈值 T_1	0.35
APCE 阈值 T_2	35
APCE 变化梯度阈值 T_3	15
高斯核带宽 σ	0.5

下面讨论在 OTB2015 数据集中,对目标跟踪性能影响比较大的主要参数不同取值问题,包括正则项 λ、最大响应阈值 T_1 和 APCE 阈值 T_2。

（1）正则项的取值分析

正则项用于防止模型过拟合,其取值直接影响跟踪性能。如果值太小,则正则项效果不明显。相反,如果过大,则正则项将导致跟踪出错。表 5-3 中列出跟踪器在正则项不同取值下获得的 DPR 和 OSR 结果。表明,在 $\lambda = 10^{-3}$ 获得最佳结果。

表 5-3　不同正则项取值下 DPR 和 OSR 结果

正则项 λ	DPR	OSR
1	0.727	0.552
10^{-1}	0.801	0.604
10^{-2}	0.806	0.625
10^{-3}	0.809	0.637
10^{-4}	0.802	0.618
10^{-5}	0.793	0.582

（2）阈值 T_1 和 T_2 取值分析

最大响应阈值 T_1 和 APCE 阈值 T_2 主要用于判断目标模型的更新。如果 T_1 和 T_2 太小,跟踪器很容易因噪声更新而漂移。但是,如果 T_1 和 T_2 太大,跟踪器就不能及时更新,且不能适应目标的外观变化。表 5-4 是跟踪器在不同 T_1 和 T_2 取值下获得的 DPR 和 OSR 结果。表明,当最大响应阈值 T_1 和 APCE 阈值 T_2 分别取 0.35 和 35 时获得最佳结果。

表 5-4　不同阈值下 DPR 和 OSR 结果

最大响应阈值 T_1	APCE 阈值 T_2	DPR	OSR
0.6	50	0.625	0.533
0.5	40	0.731	0.595
0.4	30	0.789	0.613
0.35	35	0.819	0.645
0.3	30	0.781	0.579
0.25	15	0.622	0.483

5.4.1　定量分析

本节从跟踪性能、中心位置误差、距离准确率和重叠成功率四个评价指标对算法在数据集 OTB2015 中 100 个视频序列上综合实验结果进行对比分析;从距离准确率和重叠成功率两个评价指标对算法在数据集 TC-128 中 128 个视频序列上综合实验结果进行对比分析。

5.4.1.1 OTB2015 数据集上的实验分析

(1) 滤波响应的最大值和 APCE 分析

根据最大响应 f_{max} 和 APCE 是否满足预先设定的阈值 T_1 和 T_2，判断跟踪结果。图 5-5 是在不同视频序列中最大响应和 APCE 的变化曲线。图 5-5(a)是在 Basketball 视频序列中滤波响应的最大值结果，图 5-5(b)是对应的 APCE 结果。在整个跟踪过程中，f_{max} 大于 0.35，满足阈值 T_1 条件；APCE 大部分在 35 以上，也满足阈值 T_2 条件。APCE 的最小值为 25.54，出现第 62 帧，不符合模型更新的条件。以上情况说明，Basketball 视频序列大部分帧图像，符合目标模型更新条件，跟踪效果好，未出现跟踪漂移和失败的情况。图 5-5(c)是在 Boy 视频序列中滤波响应的最大值结果，图 5-5(d)是对应的 APCE 结果。在整个跟踪过程中，目标快速运动和旋转，导致在 100 帧和 400 帧附近，最大响应值和 APCE 出现波动，但始终满足阈值条件。即使目标受到快速运动和分辨率低的干扰影响，算法在整个视频序列中目标跟踪正确，模型未出现漂移，说明本章提出的多特征耦合滤波器以及目标位置估计模型的有效性。

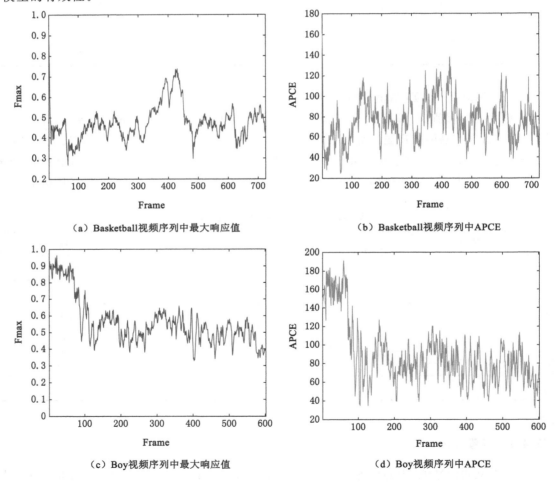

（a）Basketball视频序列中最大响应值　　　　　（b）Basketball视频序列中APCE

（c）Boy视频序列中最大响应值　　　　　（d）Boy视频序列中APCE

图 5-5　不同视频序列中最大响应值和 APCE

图 5-6 是在 Jogging 视频序列不同帧中的响应图,由图 5-6(b)可以看出,目标没有被遮挡时,在目标位置处响应值最大,且整个响应曲线震荡比较小。而图 5-6(d)中目标被严重遮挡,响应图出现一定的震荡,目标附近还存在其他波峰。当目标被遮挡时,APCE 明显降低,不进行模型更新。红色边界框显示了采用高置信度目标模型更新策略的跟踪结果。

（a）第0032帧图像

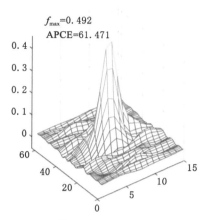

（b）第0032帧中目标的响应图

（c）第0069帧图像

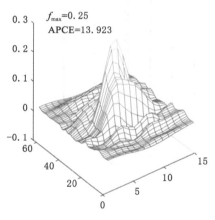

（d）第0069帧中目标的响应图

图 5-6　Jogging 视频序列不同帧的响应图

（2）跟踪性能

OTB2015 数据集中的图像在对比度、背景干扰和图像噪声方面是不同的。自适应多特征耦合的建模算法根据 HOG 特征、CN 特征和纹理特征的相关滤波输出响应,自适应地调整特征贡献,以达到更好的跟踪效果。Tiger1 视频序列有 354 帧图像,具有尺度变化、运动模糊、快速运动、光照变化大、形变和遮挡等特点。图 5-7 给出 HOG 特征（红色曲线）、纹理特征（黄色曲线）和 CN 特征（绿色曲线）在 Tiger1 视频序列中的贡献度,横轴表示帧数,纵轴表示特征贡献度。变化曲线表明,HOG 特征的贡献度较高。当目标出现运动模糊、变形或颜色相近时,纹理特征的贡献度较高,弥补了 HOG 特征对形变敏感的缺点。当遇到目标光照强度变化时,CN 特征的贡献度高,三个特征在不同的场景中起着互补作用。

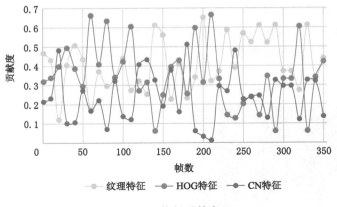

图 5-7　特征贡献度

图 5-8 是本章算法与其他对比算法在 OTB2015 数据集上跟踪性能对比结果,横坐标表示帧速,纵坐标表示重叠成功率。结果表明,本章算法取得最高的重叠成功率(0.645),比经典 CSK 算法(0.49)有较大幅度提高。跟踪速度用 FPS(每秒帧数)来描述,如表 5-5 所示。跟踪速度(55FPS)位居第二,比 KCF 算法(89FPS)略慢,仍满足实时跟踪要求。

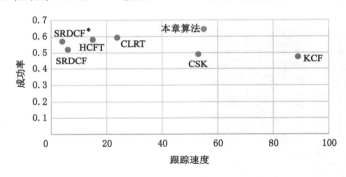

图 5-8　不同算法的跟踪性能对比

表 5-5　不同算法的跟踪性能

性能指标	本章算法	CSK	KCF	SRDCF	SRDCF *	CLRT	HCFT
成功率	0.645	0.49	0.474	0.52	0.57	0.593	0.581
跟踪速度	55	53	89	6	4	23.8	15

(3) 中心位置误差(CPE)

图 5-9 是本章算法和对比算法 CSK、KCF、CLRT 和 HCFT 在部分视频序列中心位置误差对比结果。经过测试,在 Walking2 和 Car4 视频序列中,只使用 HOG 特征和纹理特征进行联合建模,与本章所设计的组合建模方式取得几乎相同的结果,这与图 5-7 得到的结论是一致的。图 5-9(a)是视频序列 Walking2 中心位置误差对比结果。本章算法 CPE 值较低,最大值仅为 21。从第 370 帧开始目标被遮挡,KCF、CLRT 和 CSK 算法的 CPE 超过 70,导致跟踪漂移。当目标再次出现后,KCF 算法的 CPE 减小到 20,重新恢复跟踪。然而,

CSK 和 CLRT 算法的 CPE 仍然大于 50，在后续帧中无法正确跟踪到目标。图 5-9(b)是视频序列 Car4 中心位置误差对比结果。本章算法 CPE 仅为 2.32，跟踪精度高。KCF 算法的 CPE 为 8.69，也取得较理想结果。然而，受光照变化的影响，CLRT 和 CSK 算法的 CPE 超过 58，导致跟踪失败。本章算法在不同视频序列中均取得较低的中心位置误差，得益于优化得到的多特征耦合相关滤波模型。

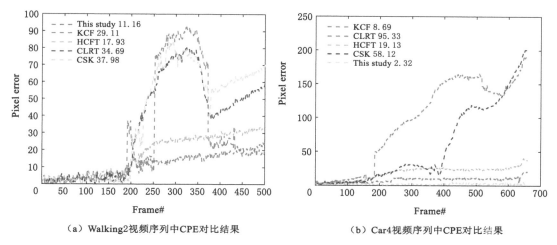

（a）Walking2视频序列中CPE对比结果　　　　（b）Car4视频序列中CPE对比结果

图 5-9　不同视频序列中 CPE 的对比

（4）距离准确率（DPR）和重叠成功率（OSR）

图 5-10 是本章算法和对比算法在 OTB2015 数据集所有视频序列中跟踪统计结果。可以看出，在 OPE 和 TRE 评估标准下，本章算法的距离精确率和跟踪成功率均最高。在 SRE 评估标准下，打乱目标空间位置顺序时，尺度自适应模型不能有效调整目标尺寸，导致准确性下降，本章算法排名第二。而只使用 HOG 特征和纹理特征进行联合建模，与本章所设计的组合建模方式取得几乎相同的结果。在 OPE 评估标准下，本章算法的距离精确率是 0.815，比第二名 HCFT 算法的精确率（0.801）提高 2.25%。跟踪成功率是 0.645，比排名第二的 HCFT（0.581）提高 11.02%。验证了本章所提出的多特征耦合滤波器的有效性和鲁棒性，同时也说明不同评估标准下目标模型的适应性。

5.4.1.2　TC-128 数据集上的实验分析

在本节中，使用 TC-128 数据集来验证本章算法的效果。与 MFFT、KCF、SRDCF、SRDCF*、CLRT、HCFT 等跟踪算法在 DPR 和 OSR 两个方面对比结果如表 5-6 所示。其中，本章算法获得最高的距离准确率（0.732），SRDCF* 获得最高的重叠成功率（0.534）。与 HCFT 相比，取得显著的改进，表明使用高置信度更新策略的优势。表 5-6 中，排名第一的用粗体表示，排名第二的用下划线表示。

表 5-6　在 TC-128 数据集上不同算法 DPR 和 OSR 对比

评价指标	本章算法	MFFT	KCF	SRDCF	SRDCF *	CLRT	HCFT
DPR	**0.732**	0.54	0.549	0.696	<u>0.729</u>	0.591	0.68
OSR	<u>0.529</u>	0.407	0.494	0.509	**0.534**	0.483	0.492

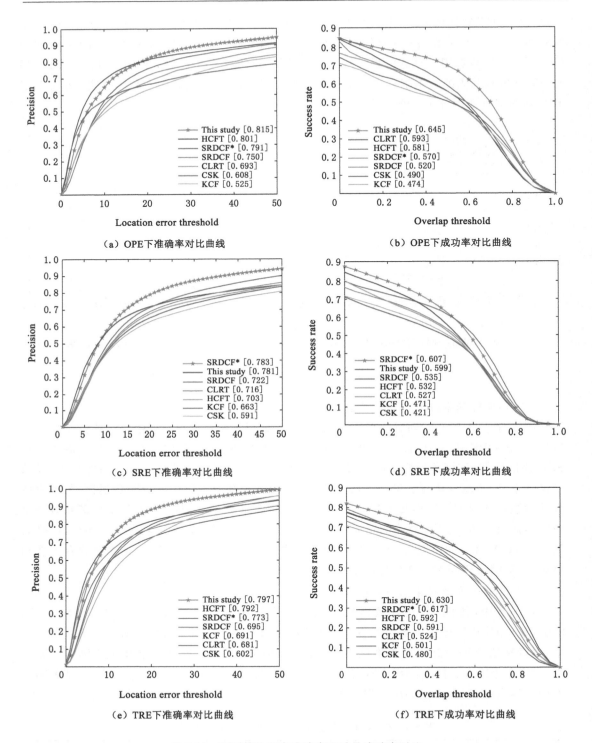

（a）OPE下准确率对比曲线

（b）OPE下成功率对比曲线

（c）SRE下准确率对比曲线

（d）SRE下成功率对比曲线

（e）TRE下准确率对比曲线

（f）TRE下成功率对比曲线

图 5-10　不同算法距离准确率和重叠成功率对比

5.4.2 定性分析

5.4.1 节对算法在 OTB2015 和 TC-128 数据集中所有视频序列上的综合效果进行了分析和讨论,本节将对算法在数据集中所有视频序列的可视化结果进行分析,更直观地说明本章算法跟踪的准确性。图 5-11 给出与 4 种主流算法(HCFT、KCF、MFFT、CLRT、SRDCF 和 SRD-CF∗)在 4 个典型视频序列 MotorRolling、Soccer、Walking 和 Car1 上的可视化对比结果。视频序列 MotorRolling 中的图像存在背景颜色和目标颜色相近、形变、低分辨率等因素干扰的复杂场景;视频序列 Soccer 中的图像存在背景干扰、运动模糊、快速运动、旋转等因素干扰的复杂场景;视频序列 Walking 中的图像存在背景颜色和目标颜色相近、分辨率低、光线暗淡等因素干扰的复杂场景;视频序列 Car1 中的图像存在低分辨率、背景干扰、光照变化、尺度变化等因素干扰的复杂场景。以上 4 个视频序列除了包含背景干扰、遮挡、快速运动等挑战属性外,还包括低分辨率、低照度等属性的典型复杂场景,4 个视频序列所包括的视觉挑战属性,对算法在背景干扰、低分辨率和相似物干扰复杂场景下的分析具有一定代表性。

(a) MotorRolling视频序列

(b) Soccer视频序列

(c) Walking视频序列

(d) Car1视频序列

—— 本章算法　　—— HCFT　　—— KCF　　—— MFFT　　—— CLRT　　—— SRDCF　　—— SRDCF*

图 5-11　不同算法在典型视频序列中定性对比

当目标存在光照、旋转和快速对比算法均出现跟踪漂移,且不具备恢复重新跟踪目标的能力。图 5-11(b)Soccer 视频序列中的目标受背景干扰影响明显,且目标的形态不断变化,由于快速运动和运动模糊的影响分辨率比较低。本章算法、SRDCF * 和 HCFT 算法取得较好的跟踪结果,MFFT、SRDCF 和 CLRT 算法也能定位到目标,但跟踪结果有些偏差。KCF 算法不能自适应调整跟踪结果的尺度,导致重叠成功率不高。在图 5-11(c)Walking 视频序列的跟踪结果中,只有 CLRT 算法出现跟踪漂移,其他算法均取得较好跟踪结果。在图 5-11(d)Car1 视频序列中,跟踪目标速度快、分辨率低、背景干扰大,导致本章算法在目标拐弯时,中心位置误差偏大和重叠率偏小,但仍能保证目标在跟踪框内。当目标渐渐远离视线,其他对比算法出现不同程度的漂移现象,而 KCF 和 CLRT 算法跟踪失败,不再能定位到目标。通过定性分析结果可以看出,当目标存在背景干扰、低分辨率、尺度变化、光照变化、运动模糊、背景颜色和目标颜色相近等情况时,本章提出的算法优势比较明显,得益于多特征耦合滤波器建模方式能够自适应跟踪环境,尺度模型能够自适应目标尺度的变化。

5.5 本章小结

本章从多特征目标函数数学建模入手,探索不同特征相关滤波模型之间的耦合模式,提出了一个基于优化多特征耦合模型和尺度自适应的相关滤波跟踪算法。本章主要工作总结如下:

(1) 构造多特征目标函数的耦合模型,通过拉格朗日法对目标函数进行优化求解,获得不同且独立的相关滤波器模型。利用最大响应值动态加权实现目标位置估计,根据自适应尺度模型获得最终跟踪结果。在优化过程中加入权衡系数,控制相邻两帧滤波器之间的差异所形成的正则项,减少跟踪漂移的风险。

(2) 设计鲁棒的目标模型更新策略,最大滤波响应值、APCE 和 APCE 变化梯度三个准则作为判断更新目标模型的依据。同时,在最大滤波响应值出现波动时,添加一个双重检测模块,并结合建议区域解决方案,解决不正确的模型更新方式而引起的跟踪漂移问题。

(3) 针对目标严重遮挡而跟踪丢失现象,提出一个建议区域解决方案。先利用 Edge-box 生成目标候选框,再训练 SVM 分类器 f_{Haar},重新生成目标候选框,选择最理想的候选框作为重跟踪 Head,进行在线训练更新滤波模型,重新恢复正常的跟踪模式,从而使算法在长时间跟踪时保持较高的鲁棒性和高效性。

本章算法在处理遮挡、尺度变换、光照不均匀等具有挑战性的视频场景时具有良好的跟踪性能,在跟踪的准确率和成功率方面都有了提升。然而,在具有旋转属性和低分辨率的视频序列中,跟踪能力较弱,毕竟手工特征的表达能力有限,鲁棒性不强。所以,在第 6 章的研究中,将通过提取图像深度卷积特征的方法对算法进行改进。

6 改进深度特征与稀疏/平滑双约束的相关滤波跟踪算法

用传统手工特征表示目标的外观模型,在遇到目标严重变形、旋转等复杂场景时,模型表现的鲁棒性略显不足。第 4 和 5 章从建立多特征目标外观表征模型和优化多特征相关滤波器目标函数角度,为基于多手工特征的目标跟踪提供一种新的设计思路。本章将在此基础上,从构建新的滤波器数学模型入手,探索卷积神经网络不同分层特征的特性,形成由粗粒度到细粒度的目标定位策略,使不同分层特征交互融合并强化共享,提出一种改进深度特征与稀疏/平滑双约束的相关滤波跟踪算法,来进一步提高目标跟踪算法的准确性和鲁棒性。

本章组织如下:6.1 节首先介绍本章的研究动机;6.2 节介绍本章的整体框架,给出算法模型;6.3 节学习稀疏低秩的相关滤波模型,有效去除冗余通道后探索不同分层深度特征的特性,设计由粗粒度到细粒度的目标定位策略和目标模型更新策略;6.4 节给出实验结果及分析,通过定量分析和定性分析两个方面验证算法的有效性和鲁棒性;6.5 节将本章算法与前三章算法进行对比和分析;最后,6.6 节对本章的研究内容进行总结。本章主要内容来自作者的文献[21]。

6.1 研究动机

在主流跟踪算法中,基于 DCF 框架的跟踪算法有较强优越性,得到快速应用和发展[86-90, 166-167]。Galoogahi 等人[168]提出一种基于背景注意力的相关滤波器模型(Learning Background-Aware Correlation Filters for Visual Tracking,BACF),通过有效地调节目标在前景和背景中变化的方式实现跟踪。陈昭炯等人[169]基于相关滤波器设计合成式目标跟踪算法,解决目标易受背景干扰的问题。Danelljan 等人在 MOSSE 算法基础上提出了DSST(Discriminative Scale Space Tracker)算法,该算法主要利用 HOG 特征构建尺度金字塔来进行目标尺度估计[170]。其存在的问题是,当目标尺度不断变大时,训练过程中卷积的计算量就会增加,反而影响了目标跟踪的速度。把注意力更多地放在目标样本上进行采样,Yuan 等人[171]设计了一个用于视觉目标跟踪任务的聚焦目标卷积回归模型。聚焦目标损失函数能有效地平衡正负样本的比例,防止外观模型对背景样本的过度拟合。上述相关滤波器以及第 4 章描述的滤波器求解模型是通过 L_2 范数设计目标函数实现的,用 L_2 范数作为正则项平衡计算过程中的偏差。然而,L_2 范数为了增强模型的泛化能力,牺牲了模型的可解释性。为了解决这一问题,本章使用套索回归(Lasso Regression)建模方式对目标函数进行建模,学习一个稀疏的滤波器,提高模型的可解释性。稀疏规则化算子 L_1 可以通过学习滤除无信息的特征,将这些特征对应的权重赋值 0。在长期目标跟踪过程中,目标外观和背景会动态变化。通过套索回归建模方式学习到的滤波器可能会存在过拟合和性能不稳定的问题。为了解决这个问题,在目标函数的套索回归建模过程中,添加不同视频帧之间的低秩约束,提高滤波器的时序相关性,增强算法的鲁棒性和稳定性。

如第 1 章所述,传统手工特征易受外界环境的影响,跟踪性能不稳定。深度特征比手工特征有更强的表示能力,利用深度特征设计跟踪方法通常很轻松就能获得一个不错的效果。Ma 等人[150]提取预训练卷积神经网络的最后三层卷积特征,学习自适应相关滤波器来提高跟踪准确性和鲁棒性。Qi 等人[70]重点研究一种基于 CNN 的层次跟踪框架(Hedged deep tracking,HDT),该框架充分利用不同分层特征,并采用自适应模糊限制方法将这些跟踪器变得更为强壮。Valmadre 等人[102]将 DCFs 学习器解码到不同 CNN 层,并以端到端的方式跟踪目标。徐天阳[100]将卷积神经网络特征和人工特征相结合,充分利用深度特征较强的语义表达能力和人工特征的精确位置定位能力,以此互补性能来提高跟踪性能。卷积特征为多通道特征,但可能只有部分通道特征是有效特征,其余特征则对目标跟踪贡献较小。如果使用贡献度较小的特征进行跟踪,可能在预测阶段带来跟踪的不确定性。在保证算法准确率的前提下,如何有效地去除冗余通道和利用不同分层特征,提高算法的执行效率,满足实际应用中实时性需求,也是本章研究内容之一。

综上所述,本章针对上述算法在滤波器建模和目标外观表示方面存在的不足,提出一种改进深度特征与稀疏/平滑双约束的相关滤波跟踪算法。该算法采用套索回归的建模方式设计目标函数,并添加不同帧滤波器之间的低秩约束,提高滤波器的时序相关性。并通过计算通道方差的方式来降低冗余通道,将卷积神经网络高层和低层特征进行交互融合,实现由粗粒度到细粒度的定位策略,借助改进的模型更新方法,实现在具有挑战性数据集上的有效跟踪。

6.2 整体框架

提取分层深度特征中含有丰富语义的高层特征可以有效解决目标严重形变时的跟踪问题,提取含有丰富位置信息的低层特征则可对目标进行精确定位。传统 KCF 算法使用 L_2 范数设计目标函数,使得学习到的滤波器模型可解释性差。在目标函数最小化的过程中,可以通过强制稀疏滤波器模型的方式,增强算法的鲁棒性。本章使用套索回归的模式对目标函数进行建模,学习一个稀疏的滤波器 ω_t。为了解决过拟合和性能不稳定的问题,在目标函数的套索回归建模过程中,添加不同视频帧滤波器之间的低秩约束,提高滤波器的时序相关性(详见 6.3.1~6.3.4 节)。在训练的滤波器基础上,设计一个由粗到细的目标定位策略(详见 6.3.6 节),选取 Conv5-4 层特征实现目标的粗定位,Block2-pool 层特征实现目标的精确定位(详见 6.3.5 节)。先预测最后一层最大响应值 f_{max} 的位置,并作为其他层的正则项进行逐层迭代,计算其他层的响应结果,在 Block2-pool 层最大响应值位置即为目标的预测位置。并结合鲁棒性的目标模型更新准则(详见 6.3.7 节),解决因模型错误更新而引起的后续跟踪失败问题,实现目标的持续跟踪。算法模型如图 6-1 所示,红色矩形框为当前预测的目标位置,绿色矩形框是扩大 1.5 倍之后的搜索框。

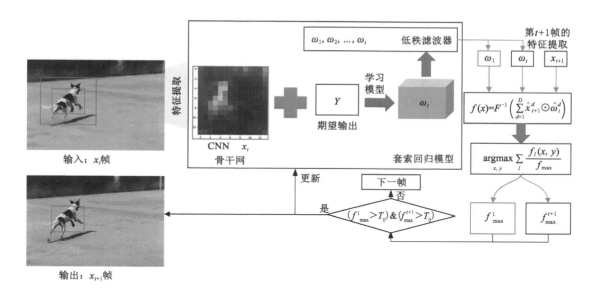

图 6-1 算法模型

6.3 分层深度特征和低秩相关滤波的跟踪模型

本节主要研究目标的外观表征模型,多通道滤波器的稀疏低秩建模和优化求解,由粗粒度到细粒度的目标跟踪策略和滤波器模型更新策略。

6.3.1 单通道的套索回归建模

第 2 章中式(2-17)目标函数是使用 L_2 范数进行设计的,以此平衡估计过程中的偏差问题。滤波器 ω 的 L_2 范数 $\|\omega\|_2^2$ 是指对向量 ω 各元素先求平方和,再求平方根。为了达到使正则项 $\|\omega\|^2$ 最小的目的,就要求 ω 中的每个元素都要很小,但不会等于 0,这样的模型具有很强的泛化能力。当 ω 中每个权重系数都不等于 0 时,说明所有元素处在激活状态,得到的滤波器模型就不是稀疏的,模型可解释性就不强。L_2 范数为了增强模型的泛化能力,牺牲了模型的可解释性。尤其在处理 ω 多通道深度神经网络特征时,训练样本 $\{x_t, Y\}$ 中 x_t 的大部分特征和最终输出 Y 关系不密切,在最小化目标函数的时候通过强制稀疏模型 ω,可以减少对 Y 进行正确预测的干扰。为了解决这一问题,本章使用套索回归的模式对目标函数进行建模。稀疏规则化算子 L_1 能够通过学习滤除没有信息的特征,即将这些特征对应的权重设为 0。通过套索回归建模方式学习一个稀疏的滤波器,表示如下:

$$\omega = \underset{\omega}{\arg\min} \ \|x\omega - y\|_2^2 + \lambda \|\omega\|_1 \tag{6-1}$$

6.3.2 滤波器的低秩约束

为了解决因目标外观和背景动态变化而引起的套索回归滤波器建模方式可能存在过拟合和性能较差的问题,在目标函数的套索回归建模过程中,添加不同视频帧之间的低秩约束,可提高滤波器的时序相关性,增强算法的鲁棒性和稳定性。时序低秩平滑项定义如下:

$$\operatorname{ran} k(\omega_t) - \operatorname{ran} k(\omega_{t-1}) \tag{6-2}$$

式中，$\omega_t = [\operatorname{vec}(\omega_1), \cdots, \operatorname{vec}(\omega_t)] \in R^{W \times H \times D}$ 的每一列是向量化的滤波器 ω_i。在长时跟踪过程中，在线计算 ω_t 的秩 $\operatorname{ran} k(\omega_t)$ 会比较耗时，影响算法的执行效率。可以通过计算 $t-1$ 帧之前滤波器平均值，在第 t 帧加入一个增量的形式，等效求解相邻滤波器秩的差。为此，用以下等价形式[100]对式(6-2)进行替换：

$$\begin{cases} d(\omega_t - \omega_{t-1}^{\mathrm{mean}}) \\ \omega_{t-1}^{\mathrm{mean}} = \sum_{i=1}^{t-1} \omega_i / (t-1) \end{cases} \tag{6-3}$$

式中，$\omega_{t-1}^{\mathrm{mean}}$ 是 $t-1$ 帧之前学习到的滤波器均值；d 是一个距离度量函数。因此式(6-1)中用 L_1 范数表示的正则项实现时序低秩，可以近似描述如下：

$$\omega_t = \underset{\omega}{\operatorname{argmin}} \| x\omega_t - y \|_2^2 + \lambda_1 \| \omega_t \|_1 + \lambda_2 \| \omega_t - \omega_{t-1}^{\mathrm{mean}} \|_2^2 \tag{6-4}$$

通过式(6-4)可以看出，在计算过程中，$\omega_{t-1}^{\mathrm{mean}}$ 以增量的方式进行计算，只需要使用一个参数 $\omega_{t-1}^{\mathrm{mean}}$ 就可以实现时序低秩平滑。

6.3.3 多通道的低秩建模

本章选取具有较强空间分辨率的 Block2-pool 层和具有较强语义 Conv5-4 层来描述目标的特征，Block2-pool 层和 Conv5-4 层均由多个通道特征组成。假设提取的第 t 帧多通道特征图为 $x_t \in \mathbf{R}^{W \times H \times D}$，它是一个从第 t 帧提取到的 D 通道特征张量。$Y \in \mathbf{R}^{W \times H}$ 是对应的理想响应高斯波形，W 是候选区域的宽度，H 是候选区域的高度。用一对训练样本 $\{x_t, Y\}$ 来学习第 t 帧的多通道滤波器 $\omega_t \in \mathbf{R}^{W \times H \times D}$，求解滤波器是让目标函数最小化的过程，低秩建模的多通道目标函数定义如下：

$$\widetilde{\omega}_t = \underset{\omega_t}{\operatorname{argmin}} \sum_{d=1}^{D} \| \omega_t^d * x_t^d - Y \|_F^2 + \lambda_1 \sum_{d=1}^{D} \| \omega_t^d \|_{1,1} + \lambda_2 \sum_{d=1}^{D} \| \omega_t^d - w_{t-1}^d \|_F^2 \tag{6-5}$$

式中，$*$ 是循环卷积算子；$\omega_t^d \in \mathbf{R}^{W \times H}$ 是第 d 通道相对应的判别滤波器；$x_t^d \in \mathbf{R}^{W \times H}$ 是第 d 通道的特征，w_{t-1}^d 表示 $\omega_{t-1}^{\mathrm{mean}}$ 的多通道形式。$\| A \|_F$ 是矩阵 A 的 Frobenius 范数，先对矩阵 A 各项元素绝对值求平方和，再开方，是两个矩阵之间的欧式距离，表示如下：

$$\| A \|_F = \sqrt{\sum_{i=1}^{W} \sum_{j=1}^{H} |a_{i,j}|^2} \tag{6-6}$$

式中，$a_{i,j}$ 表示矩阵 A 中第 i 行第 j 列的元素。矩阵 A 的 L_1 范数 $\| A \|_{1,1}$ 表示为 $\| A \|_{1,1} = \sum_{i=1}^{W} \sum_{j=1}^{H} |a_{i,j}|$。

6.3.4 目标函数的优化过程

式(6-5)表示的多通道目标函数是凸函数，采用扩展的拉格朗日法对其进行优化[100]。引入松弛变量 $\omega' = \omega$，构造的拉格朗日函数如下：

$$\begin{aligned} \ell = & \sum_{d=1}^{D} \| \omega_t^d * x_t^d - Y \|_F^2 + \lambda_1 \sum_{d=1}^{D} \| \omega_t'^d \|_{1,1} + \lambda_2 \sum_{d=1}^{D} \| \omega_t^d - w_{t-1}^d \|_F^2 + \\ & \frac{\alpha}{2} \sum_{d=1}^{D} \left\| \omega_t^d - \omega_t'^d + \frac{\varPi^d}{\alpha} \right\|_F^2 \end{aligned} \tag{6-7}$$

式中，α 是优化惩罚参数；$\varPi$ 是具有和 x_t 相同维度大小的拉格朗日乘子。采用交替方向乘子的方式对式(6-7)进行迭代优化[100]，迭代优化过程中要保证收敛性，具体表示如下：

$$
\begin{cases}
\omega = \arg\min_{\omega} l(\omega,\omega',\varPi,\alpha) \\
\omega' = \arg\min_{\omega'} l(\omega,\omega',\varPi,\alpha) \\
\varPi = \arg\min_{\varPi} l(\omega,\omega',\varPi,\alpha)
\end{cases}
\tag{6-8}
$$

（1）变量 ω 的求解

给定变量 ω'、$\varPi$ 和 α 的前提下，利用循环卷积结构和 Parseval 定理，通过在频率域中优化对应的目标函数得到变量 ω 的解，目标函数表示如下：

$$
\min\sum_{d=1}^{D}\left\|\hat{\omega}_t^d * \hat{x}_t^d - \hat{Y}\right\|_F^2 + \lambda_2\sum_{d=1}^{D}\left\|\hat{\omega}_t^d - \hat{w}_{t-1}^d\right\|_F^2 + \frac{\alpha}{2}\sum_{d=1}^{D}\left\|\hat{\omega}_t^d - \hat{\omega}'^d_t + \frac{\hat{\varPi}^d}{\alpha}\right\|_F^2
\tag{6-9}
$$

为了简单起见，省略下标 t 后表示如下：

$$
\min\sum_{d=1}^{D}\left\|\hat{\omega}^d * \hat{x}^d - \hat{Y}\right\|_F^2 + \lambda_2\sum_{d=1}^{D}\left\|\hat{\omega}^d - \hat{w}^d\right\|_F^2 + \frac{\alpha}{2}\sum_{d=1}^{D}\left\|\hat{\omega}^d - \hat{\omega}'^d + \frac{\hat{\varPi}^d}{\alpha}\right\|_F^2
\tag{6-10}
$$

可以得到对应的闭合解：

$$
\hat{\omega}_{i,j} = \left(I - \frac{\hat{x}_{i,j}\hat{x}_{i,j}^{\mathrm{T}}}{\lambda_2 + \alpha/2 + \hat{x}_{i,j}\hat{x}_{i,j}^{\mathrm{T}}}\right)(\hat{x}_{i,j}\hat{y}_{i,j} + \alpha\hat{\omega}'_{i,j} - \alpha\hat{\varPi}_{i,j} + \lambda_2\hat{\omega}_{i,j})/(\lambda_2 + \alpha)
\tag{6-11}
$$

式中，向量 $\hat{\omega}_{i,j}$、$\hat{x}_{i,j}$ 和 $\hat{w}_{i,j}$ 分别是 $\hat{\omega}$、$\hat{x}$ 和 $\hat{w}$ 所有 D 个通道中第 i 行第 j 列元素组成的向量；向量 $\hat{\omega}_{i,j}$ 表示为 $\hat{\omega}_{i,j} = [\hat{\omega}_{i,j}^1, \hat{\omega}_{i,j}^2, \cdots\hat{\omega}_{i,j}^d\cdots, \hat{\omega}_{i,j}^D]\in \boldsymbol{D}^D$；向量 $\hat{x}_{i,j}$ 表示为 $\hat{x}_{i,j} = [\hat{x}_{i,j}^1, \hat{x}_{i,j}^2, \cdots\hat{x}_{i,j}^d\cdots \hat{x}_{i,j}^D]\in \boldsymbol{D}^D$，向量 $\hat{w}_{i,j}$ 表示为 $\hat{w}_{i,j} = [\hat{w}_{i,j}^1, \hat{w}_{i,j}^2\cdots\hat{w}_{i,j}^d\cdots\hat{w}_{i,j}^D]\in \boldsymbol{D}^D$。

（2）变量 ω' 的求解

给定变量 ω、$\varPi$ 和 α，变量 ω' 的求解通过优化对应的目标函数得到，目标函数表示如下：

$$
\min\lambda_1\sum_{d=1}^{D}\left\|\omega'^d_t\right\|_{1,1} + \frac{\alpha}{2}\sum_{d=1}^{D}\left\|\omega_t^d - \omega'^d_t + \frac{\varPi^d}{\alpha}\right\|_F^2
\tag{6-12}
$$

为了简单起见，省略下标 t 后表示如下：

$$
\min\lambda_1\sum_{d=1}^{D}\left\|\omega'^d\right\|_{1,1} + \frac{\alpha}{2}\sum_{d=1}^{D}\left\|\omega^d - \omega'^d + \frac{\varPi^d}{\alpha}\right\|_F^2
\tag{6-13}
$$

通过收缩阈值可以得到闭合解：

$$
\omega'^d_{i,j} = \mathrm{sign}\left(\omega_{i,j}^d + \frac{\varPi_{i,j}^d}{\alpha}\right)\max\left(0, \left|\omega_{i,j}^d + \frac{\varPi_{i,j}^d}{\alpha}\right| - \frac{\lambda_1}{\alpha}\right)
\tag{6-14}
$$

式中，$\omega_{i,j}^d$ 和 $\varPi_{i,j}^d$ 分别是 ω 和 $\varPi$ 第 d 通道中第 i 行第 j 列的元素；$\mathrm{sign}()$ 是符号函数，决定 $\omega'^d_{i,j}$ 的正负问题。

（3）变量 $\varPi$ 的求解

给定变量 ω 和 ω'，变量 $\varPi$ 和 α 的更新方式如下：

$$
\begin{cases}
\varPi = \varPi + \alpha(\omega - \omega') \\
\alpha = \min(\beta\alpha, \alpha_{\max})
\end{cases}
\tag{6-15}
$$

式中，$\alpha_{\max}$ 是为防止奇异的最大惩罚参数；β 是松弛变量 ω' 和原始变量 ω 之间的相似度量。

6.3.5　目标外观表征模型

通过选用训练好的 VGGNet-19[172] 网络提取卷积特征来表示目标，不同分层表达能力不同。VGGNet-19 网络共 19 层,包含 16 个卷积层和 3 个全连接层。VGGNet-19 共有 5 个卷积模块,分别是 Block1-Block5,每个模块都有一个池化层。为了使特征图具有很强的表达能力,每个卷积层后均使用一个 ReLU 函数进行非线性操作,表示为 $\text{ReLU}(x) = \max(0, x)$。

深度不同的卷积层特征其表达能力也不同,最后一层特征图中含有较多的语义信息,使其对目标外观的显著变化具有很强的鲁棒性,但空间分辨率太低,不能实现对目标的精确定位。低层特征能够提供丰富的位置信息,可以应对目标光照变化等场景下的跟踪问题,但对外观形变鲁棒性差。因此,利用不同分层特征的互补特性,可以很好地解决目标形变、光照变化等复杂场景下的目标跟踪问题。

神经网络的池化操作降低了图像的空间分辨率,提高了感受野,使得高层特征具有尺度和旋转不变性。为了提高语义描述能力和精确定位能力,一些先进的跟踪算法将卷积神经网络和手工特征相融合,来提高跟踪的准确性。但往往手工特征中会包含大量的背景噪声,影响跟踪性能。所以考虑从卷积神经网络中提取完整的边缘信息进行目标的精确定位。卷积神经网络的层次越深,背景抑制越明显。VGGNet-19 中 5 个卷积模块的可视化结果如图 6-2 所示,用黄色方框表示,红色方框表示本书跟踪算法选择的特征层。

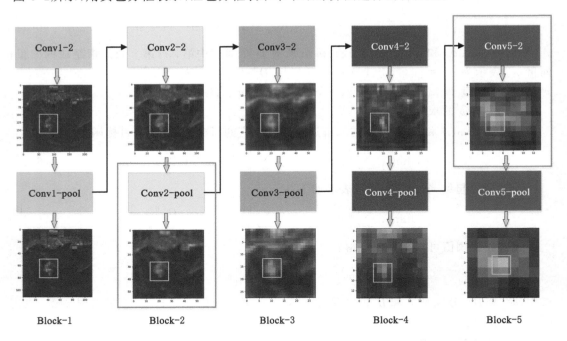

图 6-2　在具有挑战性的 MotorRolling 视频序列上分层可视化结果

尽管目标严重变形,但使用 Conv5-4 层输出的特征仍能辨认出目标的位置。相比,Conv5-pool 层输出的特征,由于分辨率太低,不能定位到精确的目标位置。不使用 Conv1-2 是因为其太接近输入层噪声多并且其感受野较小。对比 Conv2-2 和 Block2-pool 两层,Block2-pool 层在降低空间分辨率的同时保留了准确的位置信息。所以选取 Block2-pool 层提取特征实现目标的精确定位。从图 6-2 可以看出,Conv3-4 卷积层的输出虽然拥有大量的位置信息,但是目标的边缘信息明显不全,容易造成目标检测失败。Conv5-4 和 Block5-pool 两层均具有丰富的语义信息,Block5-pool 层输出的特征是 Conv5-4 层输出特征分辨率的一半。在遇到背景干扰的复杂场景下,Block5-pool 层得到的粗略位置(黄色方框之内)是不正确的。相反,尽管背景发生剧烈变化,黄色边界框内的 Conv5-4 卷积特征能够与背景区域区分开。Conv5-4 卷积层的特性适用于处理显著的外观变化,并在粗粒度水平上定位目标。所以,综合考虑算法的执行效率和复杂性,选取具有较强空间分辨率的 Block2-pool 层和具有较强语义 Conv5-4 层来描述目标的特征。

由于卷积神经网络应用池化操作,不同分层特征图的尺寸和大小不同,层数越深的特征图尺寸越小。例如,Block5-pool 层特征图尺寸为 7×7,它是输入图像尺寸 224×224 的 $1/32$,过低的空间分辨率不足以精确定位目标。为了解决这一问题,本章采用双线性插值的方式,将特征映射到比较大的尺寸上。设 f 为插值前的特征图,X 为上采样特征图,则第 i 个位置的特征向量表示为:

$$X_i = \sum_j \beta_{i,j} f_j \tag{6-16}$$

式中,插值系数为 $\beta_{i,j}$,取值取决于 (i,j) 邻域内的特征向量。

较小贡献度的特征会影响目标跟踪稳定性,可以通过空间特征选择和跨通道的方式降低特征的冗余[173],提高跟踪性能。考虑到深度卷积网络每层的分辨率较低,空间特征应用到深度卷积网络时,只能实现有限的能力提升,而在滤波器的目标函数中加入通道特征正则项可以减少大量的冗余通道。为了简化滤波器目标函数的设计,本章通过计算通道方差的形式来降低冗余通道。例如,VGGNet-19 模型中 Conv2-pool 层包含 256 个通道,Conv5-4 层包含 512 个通道。每一层按照方差大小选择前 128 或 256 个通道的卷积特征,去除冗余特征通道,提高跟踪算法的效率。每个通道的方差计算公式如下:

$$\hat{\sigma}^2 = \frac{1}{WH} \sum_{i=1}^{W} \sum_{j=1}^{H} (X_{i,j} - X_{\text{mean}})^2 \tag{6-17}$$

式中,W 和 H 分别表示通道特征图的宽度和高度;$X_{i,j}$ 表示通道中点 (i,j) 的特征值,X_{mean} 表示该通道的平均特征。

6.3.6 由粗粒度到细粒度的跟踪算法

Conv5-4 具有丰富的语义信息,在目标精确定位方面表现不佳,在目标分类与识别方面表现突出,所以可以用在粗粒度水平上定位目标。也就是说,高层特征可以比较准确地在搜索区域识别特定目标是否存在,但识别出的位置不能保证是目标中心。而 Block2-pool 层提取特征保留了大量位置信息,在预测出的粗粒度定位窗口中可以实现目标的精确定位。在此基础上,有效融合卷积神经网络的高层和低层特征,提出一个由粗到细的目标位置预测策略。把粗粒度和细粒度跟踪分别看成是目标定位的两个阶段,过程描述如图 6-3 所示。首先,根据上一帧的预测结果提取初始搜索框,其对应为绿色方框。利用 Conv5-4 深度特征在初始搜索框内进行粗粒度跟踪,根据 6.3.4 节优化步骤学习粗粒度滤波器 ω^2,并得到粗粒度定位结果,对应蓝色方框。之后,根据粗粒度定位结果,并利用 Block2-pool 深度特征进行细粒度跟踪,根据 6.3.4 节优化步骤学习细粒度滤波器 ω^1,得到目标最终跟踪结果。

第 t 帧学习到的相关滤波器 ω_t 被用于后续第 $t+1$ 帧的目标估计中。提取第 $t+1$ 帧第

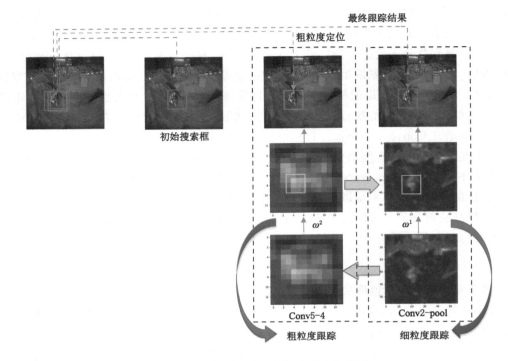

图 6-3　由粗到细的目标跟踪策略示意图

$l=\{2,5\}$ 层的特征 x_{t+1}，计算频域内滤波响应如下：

$$f(x) = F^{-1}\Big(\sum_{d=1}^{D} \hat{x}_{t+1}^d \odot \hat{\omega}_t^d \Big) \tag{6-18}$$

式中，表示离散傅立叶变换；$\odot$ 表示按元素乘，F^{-1} 表示快速傅立叶的逆变换。第 l 卷积层的目标位置基于分层预测的思想，通过搜索大小为 $W \times H$ 且具有最大响应 $f_{\max}$ 位置的方式进行的。先预测最后一层最大响应值 $f_{\max}$ 的位置，并作为其他层的正则项进行逐层迭代，计算其他层的响应结果。假设第 l 层中 (x,y) 位置的响应用 $f_l(x,y)$ 表示，最大响应位置用 (x_c,y_c) 表示。(x_c,y_c) 的计算如下：

$$(x_c,y_c) = \underset{x,y}{\operatorname{argmax}} f_l(x,y) \tag{6-19}$$

给定 l 层的响应 $f_l(x,y)$ 和最大响应位置 (x_c,y_c)，可以用以下公式预测第 $l-i$ 层的位置：

$$\begin{cases} \underset{x,y}{\operatorname{argmax}} f_{l-i}(x,y) + \gamma_l f_l(x,y) \\ \text{s.t.} \quad \sqrt{|x-x_c|^2 + |y-y_c|^2} \leqslant r \end{cases} \tag{6-20}$$

式中，γ_l 是第 l 层的正则项，被传递到其他更早层的响应图中。而且得到一个以 (x_c,y_c) 为中心，以 r 为半径的圆 C。式(6-20)说明最大响应位置 (x,y) 在第 $l-i$ 层相关响应图的以 (x_c,y_c) 为中心，$r \times r$ 的圆形区域 C 中。最后，使用式(6-20)在 Block2-pool 层上找到最大响应位置，作为最终的目标位置。

在实际应用中，跟踪结果对邻域搜索区域的参数 r 不敏感。可以通过计算来自不同层响应图的加权平均值来预测目标位置，定义如下：

$$\underset{x,y}{\arg\max} \sum_l \gamma_l f_l(x,y) \tag{6-21}$$

卷积神经网络的最后一层包括丰富的语义信息，对目标形变具有较强的鲁棒性，故希望层数越深分配越大的正则系数。而通过分析发现，层数越深，空间分辨率越低，得到的最大响应值往往越低。利用每一层的正则项 γ_l 和最大响应值 $f_{\max}$ 成反比的特性，γ_l 设计如下：

$$\gamma_l \propto \frac{1}{f_{\max}} \tag{6-22}$$

结合式(6-21)和(6-22)，最终用式(6-23)来定位目标位置：

$$\underset{x,y}{\arg\max} \sum_l \frac{f_l(x,y)}{f_{\max}} \tag{6-23}$$

在 OTB2015 数据集 Dog 视频序列中，比较使用四个不同卷积层进行目标跟踪时的最大响应，结果如图 6-4 所示，横轴表示帧数，纵轴表示最大响应值。最后一层的响应值最小，层数越低，空间分辨率越高，获得的响应值越高。通过比较图 6-4 四个分层特征的相关滤波响应曲线可以发现，Conv2-2 层的最大响应值最优。原因是 Conv2-2 比 Block2-pool 层具有更强的空间分辨率，但同时也导致使用 Conv2-2 层进行跟踪时帧速低。利用式(6-23)计算出来的加权最大响应值曲线中，Block2-pool 层在整个视频序列中能够有助于较好地定位目标。

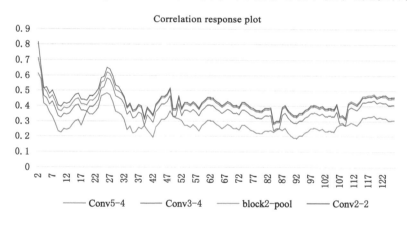

图 6-4　不同卷积层的最大响应曲线

6.3.7　目标模型更新

为了获得更好的近似结果，通过 6.3.4 节中的优化过程得到多通道滤波器 ω_{t-1} 后，使用递增方式来更新式(6-5)中的相关滤波器 ω_t，表示如下：

$$\omega_t = \gamma \omega_t + (1-\gamma)\omega_{t-1}^{\mathrm{mean}} \tag{6-24}$$

式中，t 是帧数的索引；γ 是学习率。

利用第一帧学习到的滤波器 ω_1^2、ω_1^1 和第 t 帧学习到的滤波器 ω_t^2、ω_t^1，分别计算最大响应 $f_{\max}^1$ 和 $f_{\max}^{t+1}$。只有在两个最大响应值都满足预先设定的阈值 T_0 时，才利用式(6-24)对滤波器模型进行更新。否则，不更新目标模型，后续帧使用之前的滤波器模型进行位置预测。由此学习到的滤波器对经常引起模型快速退化的噪声具有鲁棒性，并获得目标外观的长期记忆。

6.3.8 算法流程

首先构建目标外观表征模型,分别提取高层和低层深度特征,根据预训练的高层滤波器对目标进行粗粒度定位,根据预训练的低层滤波器对目标进行细粒度定位,最后根据目标模型更新策略来更新滤波器模型,使其不断适应复杂场景的变化。本章算法处理流程如图 6-5 所示。

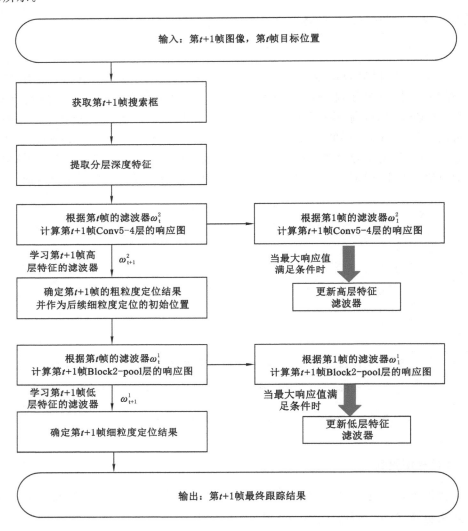

图 6-5　算法处理流程

算法的计算过程如下:

Step1　读取视频帧 I_{t+1},输入初始目标位置(x_t,y_t,w_t,h_t);

Step2　在 I_{t+1} 帧中以(x_t,y_t)为中心确定搜索框,并提取搜索框的 Conv5-4 层和 Block2-pool 层特征;

Step3　根据 6.3.4 节优化得到的第 t 帧第 Conv5-4 层滤波器 ω_t^2,利用式(6-18)计算第

$t+1$ 帧 Conv5-4 层的响应图,找出最大响应的位置作为粗粒度定位结果;

Step4　根据 6.3.4 节优化得到的第 t 帧 Block2-pool 层滤波器 ω_t^1,利用式(6-18)计算第 $t+1$ 帧 Block2-pool 层的响应图,找出最大响应的位置作为细粒度定位结果;

Step5　根据第 1 帧 Conv5-4 层和 Block2-pool 层的滤波器 ω_1^2 和 ω_1^1,利用式(6-18)计算两个分层的响应图;

Step6　判断最大响应值是否满足阈值条件,如果满足条件,利用式(6-24)更新滤波器模型 ω_{t+1}^2 和 ω_{t+1}^1,并输出最终跟踪结果,否则,不更新目标模型;

Step7　$t+1 \to t$,转向 Step3 继续执行直至视频序列结束。

6.4　实验结果分析及讨论

为了客观、全面地评价本章所提出的基于分层深度特征的低秩相关滤波跟踪算法,在两个基准数据集 OTB2015[124] 和 TC-128[115] 上进行测试。如第 2 章所述,两个数据集使用 11 个属性进行标注,这些属性基本涵盖了实际应用环境所包含的各种挑战性因素的复杂场景。在实验过程中,对算法不同参数取值的敏感性进行了分析,从跟踪准确率和成功率两个方面综合考虑,选择了综合跟踪效果最理想的参数,见表 6-1。从定量分析和定性分析两大方面,与一些流行的算法:BACF[168]、KCF[90]、DSST[170]、HDT[70]、SiamCAR[109]、Struck[24] 和 SAMF[91],用跟踪性能、中心位置误差、距离准确率和重叠成功率四个评价指标进行对比实验。测试时,除了使用对比算法的原始参数外,还对所有对比算法使用统一的测试调整环节,得到以下分析结果。实验仿真环境为 Matlab R2018b,电脑配置为 Intel Core i7-8550U 的 CPU,8 GB 的内存,一个带有 MatConvNet 工具箱的 GeForce GTX GPU。

表 6-1　参数设置

参数	取值
正则项 λ_1	10^{-4}
正则项 λ_2	4
学习率 γ	0.15
f_{max} 的阈值 T_0	0.3
高斯核带宽 σ	0.5

6.4.1　定量分析

从跟踪性能、中心位置误差、距离准确率和重叠成功率四个评价指标对算法在 OTB 数据集中 100 个视频序列上综合实验结果进行对比分析;从距离准确率和重叠成功率两个评价指标对算法在 TC-128 数据集中 128 个视频序列上综合实验结果进行对比分析。

6.4.1.1　OTB 数据集上的实验分析

(1)跟踪性能

图 6-6 是在 OTB2015 数据集上选取 VGGNet-19 不同卷积层作为特征时的跟踪结果对比,横轴表示跟踪速度,纵轴表示重叠成功率。注意,如果一个卷积层包含多个子层,使用最

后一个子层的特征,例如,C2 表示 VGGNet-19 中的 Conv2-2 层,C5 表示 VGGNet-19 中的 Conv5-4 层。通过单独使用不同层(C5,C4,C3)和融合不同层的形式来表示目标获得帧速和重叠成功率的对比结果。在重叠成功率方面,VGG-C5-C2 方案比 VGG-C5-Block2-pool 方案表现好;但是在帧速方面,VGG-C5-C2 方案表现略差。不同特征选取如表 6-2 所示。C2+C5 取得 0.699 的重叠成功率和 30FPS 的帧速;而本章采用的方案(Block2-pool+C5)取得了 0.695 的重叠成功率和 37FPS 的帧速。由于目标跟踪是实时的任务,在处理速度方面要求比较高,所以 VGG-C5-Block2-pool 方案取得最理想的综合效果。

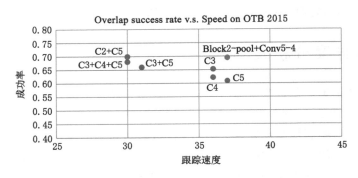

图 6-6　不同特征跟踪性能对比

表 6-2　不同特征的跟踪性能

性能指标	C5	C4	C3	Block2-pool+C5	C2+C5	C3+C4+C5	C3+C5
成功率	0.609	0.622	0.653	0.695	0.699	0.68	0.66
跟踪速度	37	36	36	37	30	30	31

图 6-7 是本章算法与其他对比算法在 OTB2015 数据集上的重叠成功率和跟踪速度对比结果,横坐标表示帧速,纵坐标表示重叠成功率。结果表明,本章算法取得最高的重叠成功率(0.695),比传统 KCF 算法(0.504)提高了 27.5%。然而,37FPS 的跟踪速度比 KCF 和 DSST 等算法慢,硬件配置比较低,在处理多通道深度特征时计算能力偏弱,但仍能满足实时性要求,需要在后续工作中改进。每种算法的跟踪性能数据如表 6-3 所示。

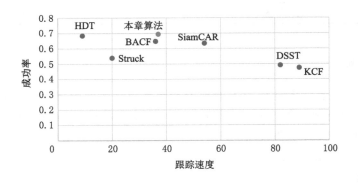

图 6-7　不同算法的跟踪性能对比

表 6-3　不同算法的跟踪性能

性能指标	本章算法	BACF	KCF	DSST	HDT	Struck	SiamCAR
成功率	0.695	0.647	0.474	0.491	0.684	0.539	0.634
跟踪速度	37	36	89	82	9	20	54

（2）中心位置误差（CPE）

本部分从中心位置误差评价指标来分析本章算法在 OTB2015 数据集上的实验结果，并与 BACF、KCF、DSST、HDT、Struck 和 SAMF 等算法进行对比分析。图 6-8 是在具有 354 帧的 Tiger1 视频序列和具有 725 帧的 Basketball 视频序列中的中心位置误差结果。

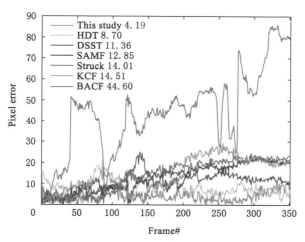

（a）Tiger1视频序列中的CLE

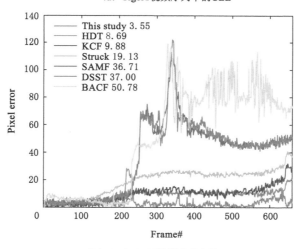

（b）Basketball视频序列中的CLE

图 6-8　不同视频序列中 CPE 的对比

该算法能很好地克服现有跟踪器的缺陷,保持较低的中心位置误差。在 Tiger1 和 Basketball 两个视频序列中获得较低的 CPE 值,最大值仅为 4.19。在 Tiger1 视频序列中,从第 210 帧开始目标所处的场景光照变化明显,导致一些算法出现较大的中心位置误差。BACF 算法的 CPE 超过 40 个像素,导致最终跟踪失败。在 Basketball 视频序列的 180 帧附近,目标开始旋转,SAMF、DSST 和 BACF 对比算法获取的目标中心位置误差大于 20,跟踪失败。得益于卷积特征较强的语义表达能力,本章算法获得较低的跟踪精度误差。

(3) 距离准确率(DPR)和重叠成功率(OSR)

为进一步分析本章算法和其他 6 个对比算法的跟踪性能,将采用 OPE 评价标准计算的准确率和成功率进行对比。图 6-9 给出本章算法和对比算法在 OTB2015 和 OTB2013 数据集上的综合统计结果。图 6-9(a)图例中的数字表示估计目标位置的中心点与人工标注目标的中心点之间欧式距离小于 20 像素的预测框百分比,图 6-9(b)图例中的数字

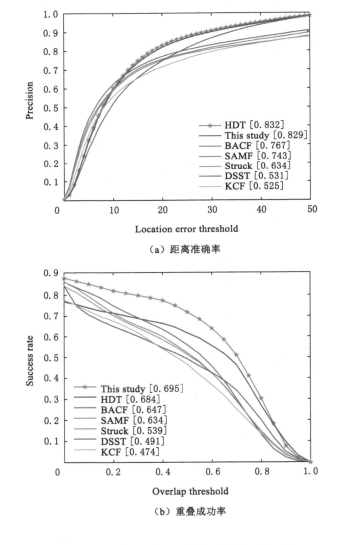

(a) 距离准确率

(b) 重叠成功率

图 6-9　不同算法距离准确率和重叠成功率对比

表示估计目标位置边界框和真实边界框的重叠率小于给定阈值（本章取值 0.3）的百分比。与最高分 0.832 相比，本章算法的距离准确率为 0.829，处于第二位，比传统的 KCF 算法高出 36.67%。本章算法平均成功率为 0.695，排名第一，比排名第二的 HDT（0.684）算法高 1.58%。与 KCF 跟踪器相比（0.474），性能改进了 31.8% 以上。通过以上分析得出，通过套索回归的建模方式增强了不同通道特征之间的可解释性，提高了算法的准确性。

为了全面准确地分析本章算法在各种复杂场景下的跟踪性能，图 6-10 给出本章算法和其他 6 种跟踪算法在 FM、MB、OV 和 LR 等 4 种不同视觉挑战属性得到的跟踪结果对比。本章算法取得几乎最好的性能，仅在具有离开视线视觉属性的视频序列中成功率表现稍差。对于低分辨率、运动模糊和快速运动等属性，该算法比第二名算法均有显著的改进。

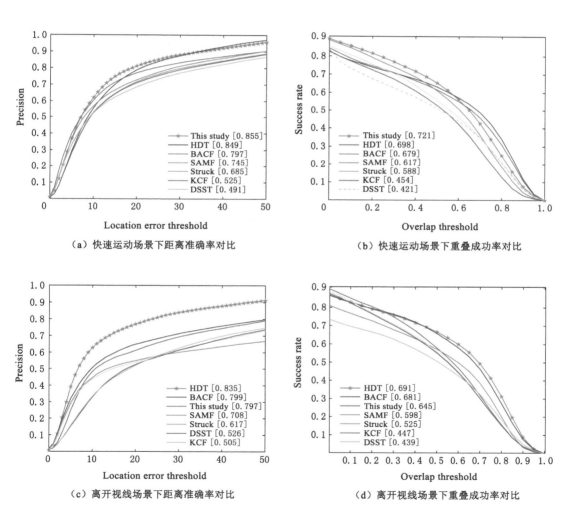

（a）快速运动场景下距离准确率对比　　　　（b）快速运动场景下重叠成功率对比

（c）离开视线场景下距离准确率对比　　　　（d）离开视线场景下重叠成功率对比

图 6-10　不同视觉属性下的距离准确率和重叠成功率对比

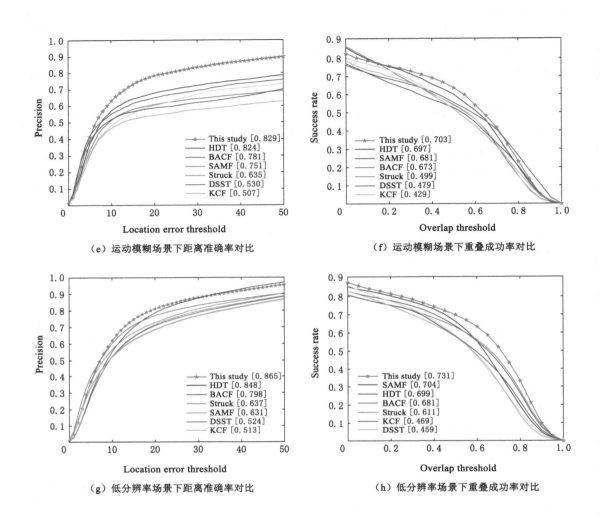

（e）运动模糊场景下距离准确率对比　　（f）运动模糊场景下重叠成功率对比

（g）低分辨率场景下距离准确率对比　　（h）低分辨率场景下重叠成功率对比

图 6-10（续）

最后，在数据集 OTB2015 和 OTB2013 的 11 种视觉挑战属性下对算法进行对比实验，如表 6-4 所示。本章算法在距离准确率和重叠成功率方面，都取得了最好或者较好的结果。表中每一组数据显示的格式是"DPR/OSR（%）"。与基于相关滤波器的跟踪器：KCF、DSST 和 BACF，代表性跟踪器 Struck 和基于多特征融合的 SAMF 跟踪器相比，均取得更好的跟踪性能；与基于深度学习的跟踪器 HDT 相比，在大部分场景下均取得较好的效果，尤其是在形变、旋转、快速运动、背景干扰、光照变化、运动模糊和尺度变化场景下效果突出，只有在离开视线挑战场景中表现略差。实验数据验证了基于卷积特征的稀疏低秩模型的有效性和鲁棒性。

表 6-4　不同视觉属性下的距离准确率和重叠成功率对比

属性	本章算法	BACF	KCF	DSST	HDT	Struck	SAMF
IV	85.3/70.1	65.7/51.9	66.5/53.4	65.1/52.0	82.7/67.7	67.5/58.7	74.1/61.1
OCC	79.9/63.5	69.7/59.1	50.3/46.6	64.0/54.0	77.4/65.0	55.2/52.3	71.8/58.8
BC	88.5/71.1	72.7/56.1	57.9/50.2	66.4/50.9	83.8/67.9	65.7/60.1	64.3/68.4
SV	81.9/65.3	68.0/58.3	56.1/49.9	63.3/54.4	80.4/63.7	64.5/49.1	75.0/64.1
DEF	83.1/69.3	65.3/59.8	61.7/43.6	57.1/52.3	82.1/53.4	52.7/47.5	74.8/66.8
FM	85.5/72.1	79.7/67.9	52.5/45.4	49.1/42.1	84.9/69.8	68.5/58.8	74.5/61.7
IPR	81.5/59.1	68.5/50.1	62.4/47.5	62.5/52.7	81.4/59.7	62.5/48.9	69.9/53.7
LR	86.5/73.1	79.8/68.1	51.3/46.9	52.4/45.9	84.8/69.9	63.7/61.1	63.1/70.4
MB	82.9/70.3	78.1/67.3	50.7/42.9	53.0/47.9	82.4/69.9	63.5/49.9	75.1/68.1
OPR	79.6/65.4	68.4/59.7	51.8/47.1	66.5/49.7	78.5/62.1	59.4/48.2	67.3/49.3
OV	79.7/64.5	79.9/68.1	50.5/44.7	52.6/43.9	83.5/69.1	61.7/52.5	70.8/59.8
平均值	82.9/69.5	76.7/64.7	52.5/47.4	53.1/49.1	83.2/68.4	63.4/53.9	74.3/63.4

6.4.1.2　TC-128 数据集上的实验分析

　　本节主要分析算法在 TC-128 数据集中的跟踪性能,并与 BACF、SiamCAR、DSST、HDT、Struck 和 SAMF 进行对比分析。从表 6-5 中的数据可以看出,本章所提出的跟踪器在 TC-128 数据集上的 DPR 为 0.805,OSR 为 0.605,性能最好。与其他跟踪器相比,本章提出的跟踪器取得了显著的改进,证明采用线索回归建模方法和多通道特征选择方案的优点。表 6-5 中,排名第一的用粗体表示,排名第二的用下划线表示。

表 6-5　在 TC-128 上不同算法 DPR 和 OSR 对比

评价指标	本章算法	BACF	SiamCAR	DSST	HDT	Struck	SAMF
DPR	**0.805**	0.637	0.549	0.524	<u>0.801</u>	0.597	0.673
OSR	**0.605**	0.497	0.494	0.428	<u>0.564</u>	0.509	0.534

6.4.2　定性分析

　　6.4.1 节对算法在 OTB2015 和 TC-128 数据集中所有视频序列上综合跟踪效果进行了分析和讨论,本节将对算法在数据集中所有视频序列的可视化结果进行分析,更直观地说明算法跟踪的准确性。选取 4 个典型视频序列进行可视化分析(Dog、Singer1、Girl2 和 Boy):视频序列 Dog 中目标存在尺度变化、形变和平面外旋转等因素干扰的复杂场景;视频序列 Singer1 中的目标存在光照变化、尺度变化、遮挡和平面外旋转等因素干扰的复杂场景;视频序列 Girl2 中的目标存在尺度变化、形变、运动模糊和旋转等因素干扰的复杂场景。视频序列 Boy 中的目标存在尺度变化、运动模糊、快速运动、平面内旋转和平面外旋转等因素干扰的复杂场景。4 个视频序列所包括的视觉挑战属性,对算法在目标严重形变和旋转复杂场景下的分析具有一定代表性。图 6-11 给出与 SiamCAR、BACF、DSST、SAMF、Struck 和 HDT 算法的跟踪对比结果。

（a）Dog视频序列

（b）Singer1视频序列

（c）Girl2视频序列

（d）Boy视频序列

—— 本章算法 —— HDT —— SiamCAR —— Struck —— SAMF —— BACF —— DSST

图 6-11　不同算法在典型视频序列中定性对比

从图 6-11（a）可以看出，所有算法均获得比较好的结果，其中本章算法和 BACF 算法跟踪框重叠率最高，这说明算法能够很好地处理尺度变化的问题。图 6-11（b）在包含光照变化和旋转的视频序列 Singer1 中，得益于训练好的稀疏滤波器模型，本章算法跟踪没有出现失败的情况。而 Struck 和 DSST 算法虽然定位到目标，但重叠率低，存在跟踪漂移的风险。图 6-11（c）的目标存在形变、旋转和遮挡，其他对比算法均不能准确地定位到目标。然而本章所提出的跟踪器得益于鲁棒的目标外观表征模型，目标被遮挡重新出现后，能够准确地定位到目标。HDT 跟踪器在变形和快速运动的序列中表现良好（Dog），但在目标被遮挡的序列中跟踪失败（Girls2）。其他对比算法不能很好解决在既有目标变形又有背景干扰等复杂场景下的目标跟踪问题。在图 6-11（d）的 Boy 视频序列中，只有 DSST 算法在目标快速运动时定位出现偏差，其他对比算法均能定位到目标，说明算法在背景干扰少的快速运动和旋转的场景中鲁棒性强。本章算法在光照变化、目标形变、旋转和背景杂波等具有挑战性的复杂场景中提供了一致结果,得益于训练的稀疏低秩滤波器模型可解释性强,有效防止算法过拟合和性能退化。

6.5　本章小结

本章针对传统手工特征表示能力有限而可能引起模型鲁棒性不强的问题,探索不同分层深度特征的特性,并通过改进滤波器的数学建模方式,将卷积神经网络高层和低层特征进行交互融合,提升算法语义描述能力和精确定位能力,提高跟踪的准确性和鲁棒性。本章主要工作总结如下:

(1)通过套索回归建模方式设计目标函数,并在建模过程中添加不同视频帧之间的低秩约束,得到一个空间稀疏、时序低秩的滤波器,提高滤波器的时序相关性和可解释性,防止算法过拟合和性能退化。

(2)通过计算通道方差的形式来降低冗余通道,提取目标含有丰富语义信息的 Conv5-4层特征进行粗粒度定位,提取含有高空间分辨率的 Block2-pool 层特征进行细粒度定位,充分利用深度卷积网络中不同分层的互补特性,并结合鲁棒的滤波器模型更新策略,提高定位准确性和精度。

得益于使用分层深度特征对目标外观模型进行建模,对目标严重形变和旋转的场景鲁棒性强,并且通过改进滤波器建模方式,提升了算法的跟踪效果。本章算法和其他算法对比,在距离准确率、重叠成功率和帧率等方面,获得平衡的跟踪结果。然而,本章算法在提高跟踪准确率和成功率的同时,牺牲了跟踪速度(37FPS)。虽然跟踪速度和对比算法相比,也排在前列,但比第 4 章(52FPS)和 5 章(55FPS)的跟踪速度低。因此,第 7 章将从优化骨干网络结构入手,进一步提高跟踪的速度和效果。

7 基于双模板分支和层次化自适应损失函数的孪生轻量型网络的目标跟踪算法

第 6 章利用卷积神经网络不同分层特征的特性,设计了由粗粒度到细粒度的目标定位策略,取得较好的目标跟踪效果,同时也会存在网络参数的调整更新制约跟踪速度的问题。本章将在此基础上,从设计损失函数和优化方法入手,在孪生网络结构基础之上增加双模板分支,构建端到端轻量型 CNN 网络,提高网络特征提取能力,进而提高目标跟踪的准确率和速度。

本章组织如下:7.1 节首先介绍本章的研究动机;7.2 节介绍本章的整体框架,给出算法模型;7.3 节设计基于孪生轻量型网络的目标跟踪算法,并根据置信度构建动态外观模板分支;7.4 节给出实验结果及分析,通过定量分析和定性分析两个方面验证算法的跟踪性能;最后,7.5 节对本章的研究内容进行总结。本章主要内容来自作者的文献[174,175]。

7.1 研究动机

深度学习具备基于大量数据提取样本特征的能力,其在目标跟踪领域的引入也使得跟踪算法取得明显改善。孪生网络对网络模型采用离线训练的方式,学习得到一个非线性相似度函数,该函数作用于整个跟踪过程,对候选区域和初始目标状态进行相关运算,直接得到搜索区域响应图。

基于孪生网络的目标跟踪目前是深度学习类目标跟踪方法的主流。Bertinetto 等[104]提出了一种基于孪生全卷积网络的跟踪器(SiamFC)。SiamFC 通过暴力的多尺度搜索来回归目标边界框,效率低且准确度不高。受物体检测中区域建议网络(Region proposal network,RPN)的启发,Li 等[105]提出了 SiamRPN,它在孪生网络输出端进行区域建议提取,获得了更准确的目标边界框。为了使跟踪模型更加关注语义干扰因素,Zhu 等[176]提出了 DaSiamRPN,它聚合了一个干扰感知模块来进行增量的学习,通过这种方式,网络的类内判别能力得到了增强。Li 等[107]提出了 SiamRPN ++,它使用多层聚合的方式来融合浅层特征和深层特征,利用了深度神经网络对特征的捕捉能力。Wang 等[177]提出了 SiamMask,它将孪生网络的思想与分割的思想相结合,在孪生网络的基础上增加了一个掩码分支来计算分割网络的损失,提升了跟踪的精确度。Xu 等[178]提出了 SiamFC++,以无锚框的方式直接对响应特征图每个位置的目标候选框进行分类和回归,避免了预定义锚框的超参数,提升了算法的性能。文献[179]提出的浅中深特征融合孪生网络跟踪算法,将浅中深层特征相融合以获得互补特征映射,对目标进行准确定位。随着注意力机制的发展,将注意力机制嵌入到孪生网络中成为了研究的热点。文献[180]提出孪生注意力网络(Siamese Attention Network,SiamAttN),将注意力机制引入 RPN 网络,通过加权融合分类分支和注意力分支的得分来区分正负样本。文献[181]提出孪生目标感知网络,在主干网络部分引入通道注意力,自适应识别目标的重要特征,一定程度上减少了背景干扰。

将损失函数在一种训练结构下学到的知识作为一种先验,迁移到该 CNN 微调结构的训练过程中,从而较大幅度地提升轻量型 CNN 的泛化性能。基于 SiamFC 孪生卷积网络类目标跟踪算法一般在网络结果和语义相关的卷积特征上进行改进,忽略了单一模板分支对跟踪结果带来的影响。本章针对以上问题,提出了一种基于双模板分支和层次化自适应损失函数的孪生轻量型网络的目标跟踪算法(Siamese tracker with double template and adaptive loss function of lightweight CNN,Siam-DTAL)。

本章主要贡献有:① 面向层次化损失协作优化问题,借鉴迁移学习的思想,提出一种轻量型 CNN 的层次化自适应损失迁移训练框架。② 为了克服单一模板的不足,设计一种新颖有效的双模板机制,提高基于孪生网络跟踪算法的性能。③ 提出一个动态外观模板遍历模块,在跟踪过程中为目标对象获取合适、高质量的外观模板,从而获得更加鲁棒的跟踪结果。

7.2　整体框架

由 2.3 节内容可知,在当前的孪生网络跟踪框架下,跟踪算法通常有模板分支 Z 和搜索分支 X 组成。在跟踪过程中,跟踪目标在不同视频帧中出现较大的外观变化或者受到严重遮挡。只使用第一帧的原始标注作为模板分支的跟踪框架,无法很好地应对目标出现的各种复杂变化,同时也限制了模型对于跟踪历史帧的深层特征的充分利用。

为了解决以上问题,提出一种基于双模板分支的孪生网络跟踪框架。除了使用第 1 帧的标注框作为初始模板外,增加一个外观模板分支,通过模板池遍历模块,在跟踪过程中为目标获取高置信度的外观模板。其中,初始模板在整个跟踪过程中固定不变,外观模板则是根据历史帧的跟踪结果进行动态调整,能适应目标物体的复杂外观变化。在双模板机制下,初始模板与外观模板相结合,二者起到互补的作用。算法模型如图 7-1 所示,包括三个分支:模板分支 Z、动态外观模板分支 Z_{adp} 和搜索分支 X。

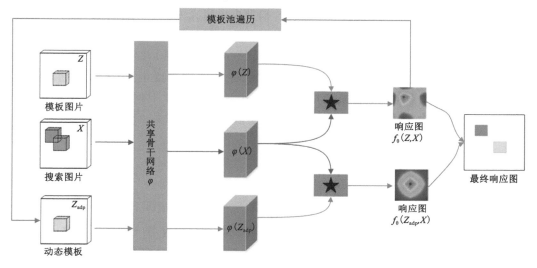

图 7-1　算法模型

根据式(2-24)，搜索图片 X 使用初始模板 Z 得到的响应图计算如下：

$$f_\theta(Z,X) = \varphi_\theta(Z) * \varphi_\theta(X) + b \tag{7-1}$$

式中各符号的含义与式(2-24)相同。

搜索图片 X 使用动态外观模板 Z_{adp} 得到的响应图计算如下：

$$f_\theta(Z_{adp},X) = \varphi_\theta(Z_{adp}) * \varphi_\theta(X) + b \tag{7-2}$$

本章提出的双模板机制同时利用了长期和短期记忆信息。初始模板 Z 作为目标对象的真实标注，包含了对目标的长期记忆，而根据历史帧获得的外观模板 Z_{adp} 则包含更多的短期记忆。在整个在线跟踪过程中，本章算法融合了初始模板 Z 和外观模板 Z_{adp} 的输出，优化了最终的跟踪结果，大幅提高了基于孪生网络跟踪算法的鲁棒性。同时，通过设计层次化自适应损失函数来训练轻量型 CNN，较大幅度地提升了共享骨干网络的泛化能力。

7.3　基于双模板分支孪生轻量型网络的目标跟踪算法

本节首先构造基于层次化自适应损失函数的轻量型 CNN 作为共享骨干网络，再根据双模板分支计算高置信度的响应图，从而提高跟踪算法的性能。

7.3.1　构建层次化自适应损失函数的轻量型 CNN

借鉴迁移学习的思想，提出一种层次化自适应损失迁移训练框架，应用到轻量型卷积神经网络损失函数的设计中。如图 7-2 所示，分成骨干网络损失计算与分支网络的损失计算两部分。骨干网络是指轻量型网络模型本身的网络结构，通常轻量型 CNN 包含多个卷积层和若干个全连接层，为了方便描述本章提出的层次化自适应损失函数，将卷积层按照需要划分成若干个卷积单元和全连接单元，如 MobileNet-V1 包含 4 个卷积单元和 1 个全连接单元。而分支网络是指在轻量型骨干网络的不同卷积单元添加线性变换（全连接层）和损失函数。最后，将损失函数进行加权求和。

给定训练数据库 $D = \{\boldsymbol{X}_i, y_i\}_{i=1}^N$，其中 $\boldsymbol{X}_i$ 表示第 i 幅训练图像，y_i 表示训练图像对应的标签，N 为训练集样本数，一个 m 层的 CNN 模型可以定义为：

$$\Phi \triangleq \begin{cases} \boldsymbol{X}_i^{(0)} = \boldsymbol{X}_i, i = 1,2,\cdots N \\ \boldsymbol{X}_i^{(m)} = \sigma(\boldsymbol{W}^{(m)} * \boldsymbol{X}_i^{(m-1)} + \boldsymbol{b}^{(m)}), m = 1,2,\cdots M \end{cases} \tag{7-3}$$

式中，$\boldsymbol{X}_i^m$ 表示图像 $\boldsymbol{X}_i$ 在第 m 层的特征图；$\sigma(\cdot)$ 是非线性激活函数；$*$ 表示卷积；$\boldsymbol{W}^{(m)}$ 和 $\boldsymbol{b}^{(m)}$ 分别表示第 m 层的权重和相应的偏置。CNN 模型骨干网参数可以表示为 $\theta = \{\boldsymbol{W}^{(m)}, \boldsymbol{b}^{(m)}\}_{m=1}^M$。为了便于表述，本章将 CNN 模型的骨干网参数 θ 表示为：

$$\theta = \{\theta^j\}_{j=1}^J \tag{7-4}$$

将每个卷积单元的分支网络参数表示为：

$$\widehat{\theta} = \{\widehat{\theta}^{\widetilde{j}}\}_{\widetilde{j}}^{J-1} \tag{7-5}$$

式(7-4)中的 J 表示模型的 J 个单元，包括 $J-1$ 个卷积单元和一个全连接单元，θ^j 表示骨干网络第 j 层的单元参数。式(7-5)中的 $\widehat{\theta}$ 表示 CNN 模型分支网络的参数，$\widehat{\theta}^{\widetilde{j}}$ 表示模型中第 $\widetilde{j}$ 个分支网络的参数。

训练一个 CNN 模型 Φ 是通过最小化损失来优化模型参数 θ，损失函数用来度量输出标

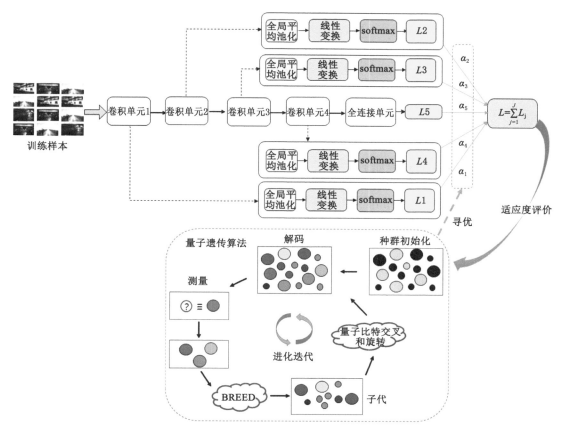

图 7-2 层次化自适应损失函数示意图

签与真实标签间的某种距离,层次化自适应损失函数作用于 CNN 模型之前,损失函数可以表示为:

$$\psi = \sum_{i=1}^{N} \ell(X_i, y_i; \theta) \tag{7-6}$$

式中,ℓ 表示损失函数。

本章目的是通过运用层次化自适应损失函数使骨干网络最优,从而提升 CNN 模型分类性能。CNN 模型可以切分成多个不同的卷积单元和全连接单元,当层次化自适应损失函数作用于 CNN 模型时,每个单元的加权损失函数可表示为:

$$L^j = \alpha^j \psi^j = \alpha^j \sum_{i=1}^{N} \ell(X_i, y_i; \theta, \hat{\theta}), \alpha^j \in \mathbf{R}^+ \tag{7-7}$$

$$L = \sum_{j=1}^{J} L^j \tag{7-8}$$

式中,$\{\alpha^j\}_{j=1}^{J}$ 是超参数,用来控制第 j 个单元损失函数的权重比例;ψ^j 表示第 j 个单元的损失函数;L 为总的损失函数。骨干网络参数更新过程如下:

$$
\begin{cases}
\theta^1 = \underset{\theta}{\arg\min} \sum_{j=1}^{J} L^j = \sum_{j=1}^{J} \alpha^j \psi^j = \sum_{j=1}^{J} \sum_{i=1}^{N} \alpha^j l(\boldsymbol{X}_i, y_i; \theta, \hat{\theta}) \\
\theta^2 = \underset{\theta}{\arg\min} \sum_{j=2}^{J} L^j = \sum_{j=2}^{J} \alpha^j \psi^j = \sum_{j=2}^{J} \sum_{i=1}^{N} \alpha^j l(\boldsymbol{X}_i, y_i; \theta, \hat{\theta}) \\
\qquad\qquad\qquad\vdots \\
\theta^5 = \underset{\theta}{\arg\min} \sum_{j=J}^{J} L^j = \sum_{j=J}^{J} \alpha^j \psi^j = \sum_{j=J}^{J} \sum_{i=1}^{N} \alpha^j l(\boldsymbol{X}_i, y_i; \theta, \hat{\theta})
\end{cases}
\tag{7-9}
$$

分支网络参数更新过程如下：

$$
\begin{cases}
\hat{\theta}^1 = \underset{\hat{\theta}}{\arg\min} \sum_{j=1}^{J} L^j = \sum_{j=1}^{J} \alpha^j \psi^j = \sum_{j=1}^{J} \sum_{i=1}^{N} \alpha^j l(\boldsymbol{X}_i, y_i; \theta, \hat{\theta}) \\
\hat{\theta}^2 = \underset{\hat{\theta}}{\arg\min} \sum_{j=2}^{J} L^j = \sum_{j=2}^{J} \alpha^j \psi^j = \sum_{j=2}^{J} \sum_{i=1}^{N} \alpha^j l(\boldsymbol{X}_i, y_i; \theta, \hat{\theta}) \\
\qquad\qquad\qquad\vdots \\
\hat{\theta}^4 = \underset{\hat{\theta}}{\arg\min} \sum_{j=J-1}^{J} L^j = \sum_{j=J-1}^{J} \alpha^j \psi^j = \sum_{j=J-1}^{J} \sum_{i=1}^{N} \alpha^j l(\boldsymbol{X}_i, y_i; \theta, \hat{\theta})
\end{cases}
\tag{7-10}
$$

其中，式(7-9)中 $\{\theta^j\}_{j=1}^5$ 表示以 ψ 为损失函数的不同单元网络参数；式(7-10)中的 $\{\hat{\theta}^{\tilde{j}}\}_{\tilde{j}=1}^4$ 表示以 ψ 为损失函数的不同卷积单元对应的分支网络参数。

通常采用梯度下降法优化神经网络的参数，则骨干网络参数更新如下：

$$
\theta_{t+1}^j = \theta_t^j - \eta_t \left(\partial \sum_j^J L^j / \partial \theta_t^j \right)
\tag{7-11}
$$

式中，t 表示训练周期；θ_{t+1}^j 表示骨干网在 $t+1$ 个训练周期的第 j 个单元更新后的参数；θ_t^j 表示更新前的参数；$\partial \sum_j^J L^j / \partial \theta_t^j$ 表示加权损失函数对 θ_t^j 的梯度；η_t 表示学习率。

CNN 模型各卷积单元对应的分支网络的参数更新如下：

$$
\hat{\theta}_{t+1}^{\tilde{j}} = \hat{\theta}_t^{\tilde{j}} - \eta_t \left(\partial \sum_{j=\tilde{j}}^J L^j / \partial \hat{\theta}_t^{\tilde{j}} \right)
\tag{7-12}
$$

式中，t 表示训练周期；$\hat{\theta}_{t+1}^{\tilde{j}}$ 表示分支网络在 $t+1$ 个训练周期的第 $\tilde{j}$ 个分支网络更新后的参数；$\hat{\theta}_t^{\tilde{j}}$ 表示更新前的参数；$\partial \sum_{j=\tilde{j}}^J L^j / \partial \hat{\theta}_t^{\tilde{j}}$ 表示加权损失函数对 $\hat{\theta}_t^{\tilde{j}}$ 的梯度；η_t 表示学习率。

从数学描述上看，控制损失函数的权重 $\{\alpha^j\}_{j=1}^J$ 会影响模型的学习率 η_t，基于这一个发现，不同单元损失函数权重比例会影响学习率，从而影响模型的性能。

7.3.2　核损失函数分析

核方法的计算过程借鉴 SVM 推导的过程，SVM 是一种广泛应用于有限样本的分类方法。简单阐述其算法主要流程，首先样本定义如下：

$$
T = \{(\boldsymbol{x}_1, y_1), (\boldsymbol{x}_2, y_2), \cdots, (\boldsymbol{x}_m, y_m)\}, y_i \in \{-1, +1\}
\tag{7-13}
$$

对样本的训练过程，就是在样本中寻找最优超平面将两类样本分离的过程，如图 7-3 所示，超平面的划分有很多种。

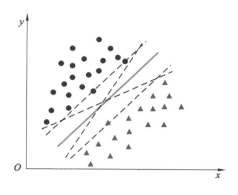

图 7-3   多种超平面划分

图 7-3 中给出了多种超平面，从图中可以看出实线线段划分的超平面是分离这两类数据的最佳选择。超平面的描述方程如下：

$$\widehat{\boldsymbol{\omega}}^{\mathrm{T}} \boldsymbol{x} + \bar{b} = 0 \tag{7-14}$$

式中，$\widehat{\boldsymbol{\omega}}$ 为法向量；$\bar{b}$ 为截距。根据点到平面的公式，可以得出任意样本点到超平面的距离为：

$$d = \frac{\left| \widehat{\boldsymbol{\omega}}^{\mathrm{T}} \boldsymbol{x} + \bar{b} \right|}{\parallel \widehat{\boldsymbol{\omega}} \parallel} \tag{7-15}$$

当数据被超平面正确区分时，则：

$$\begin{cases} \widehat{\boldsymbol{\omega}}^{\mathrm{T}} \boldsymbol{x}_i + \bar{b} \geqslant +1, & y_i = +1 \\ \widehat{\boldsymbol{\omega}}^{\mathrm{T}} \boldsymbol{x}_i + \bar{b} \leqslant -1, & y_i = -1 \end{cases} \tag{7-16}$$

在式(7-16)中使等号成立的点被称之为"支持向量"。如图 7-4 所示，图中被圆圈勾选的点即为"支持向量"，从距离来看，这些"支持向量"就是到超平面距离最近的点。因此定义"间隔"为：

$$\Upsilon = \frac{2}{\parallel \widehat{\boldsymbol{\omega}} \parallel} \tag{7-17}$$

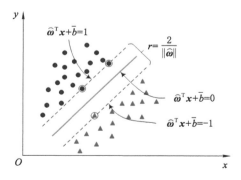

图 7-4   最优超平面分类

因此通过优化式(7-17)来获取最优超平面：

$$\max_{\widehat{\boldsymbol{\omega}},\bar{b}} \frac{2}{\parallel \widehat{\boldsymbol{\omega}} \parallel} \quad \text{s. t.} \quad y_i(\widehat{\boldsymbol{\omega}}^{\mathrm{T}} \boldsymbol{x}_i + \bar{b}) \geqslant +1, i = 1, 2, \cdots, m \tag{7-18}$$

而优化式(7-18)等价于优化式(7-19)：

$$\min_{\widehat{\boldsymbol{\omega}},\bar{b}} \frac{1}{2} \parallel \widehat{\boldsymbol{\omega}} \parallel^2 \quad \text{s. t.} \quad y_i(\widehat{\boldsymbol{\omega}}^{\mathrm{T}} \boldsymbol{x}_i + \bar{b}) \geqslant +1, i = 1, 2, \cdots, m \tag{7-19}$$

从式(7-19)可以看出，该优化问题是条件优化问题，因此通过拉格朗日函数将条件优化问题转化成无条件优化问题：

$$L(\widehat{\boldsymbol{\omega}},\bar{b},\widehat{\alpha}) = \frac{1}{2} \parallel \widehat{\boldsymbol{\omega}} \parallel^2 + \sum_{i=1}^{m} \widehat{\alpha}_i(1 - y_i(\widehat{\boldsymbol{\omega}}^{\mathrm{T}} \boldsymbol{x}_i + \bar{b})) \tag{7-20}$$

对 $\widehat{\boldsymbol{\omega}}$ 和 $\widehat{\alpha}$ 的两项求 $L(\widehat{\boldsymbol{\omega}},\bar{b},\widehat{\alpha})$ 偏导数，同时令其导数为 0：

$$\widehat{\boldsymbol{\omega}} = \sum_{i=1}^{m} \widehat{\alpha}_i y_i y_i$$

$$0 = \sum_{i=1}^{m} \widehat{\alpha}_i y_i \tag{7-21}$$

联合式(7-20)和(7-21)并化简其中的 $\widehat{\boldsymbol{\omega}}$ 和 $\bar{b}$，则式(7-21)即可变为：

$$\max_{\widehat{\alpha}} \sum_{i=1}^{m} \widehat{\alpha}_i - \frac{1}{2} \sum_{i=1}^{m} \sum_{j=1}^{m} \widehat{\alpha}_i \widehat{\alpha}_j y_i y_j \boldsymbol{x}_i^{\mathrm{T}} \boldsymbol{x}_j$$

$$\text{s. t.} \quad 0 = \sum_{i=1}^{m} \widehat{\alpha}_i y_i \quad \widehat{\alpha}_i > 0, \quad i = 1, 2, \cdots, m \tag{7-22}$$

根据 SMO(sequential minimal optimization，SMO)算法即可求得 $\widehat{\alpha}$，然后推导出超平面函数为：

$$u(x) = \widehat{\boldsymbol{\omega}}^{\mathrm{T}} \boldsymbol{x} + \bar{b} = \sum_{i=1}^{m} \widehat{\alpha}_i y_i \boldsymbol{x}_i^{\mathrm{T}} \boldsymbol{x}_i + \bar{b} \tag{7-23}$$

令 $\varphi(\boldsymbol{x})$ 表示映射函数，$\boldsymbol{x}$ 表示特征向量，$\bar{b}$ 表示截距，则超平面可以用如下方程描述：

$$v(\boldsymbol{x}) = \widehat{\boldsymbol{\omega}}^{\mathrm{T}} \varphi(\boldsymbol{x}) + \bar{b} \tag{7-24}$$

其中，$\widehat{\boldsymbol{\omega}}$ 表示的参数矩阵要同时满足的约束条件为：

$$\min_{\widehat{\boldsymbol{\omega}},\bar{b}} \frac{1}{2} \parallel \widehat{\boldsymbol{\omega}} \parallel^2$$

$$\text{s. t.} \quad y_i(\widehat{\boldsymbol{\omega}}^{\mathrm{T}} \varphi(\boldsymbol{x}) + \bar{b}) \geqslant +1, i = 1, 2, \cdots, m \tag{7-25}$$

将其转换可得：

$$\max_{\widehat{\alpha}} \sum_{i=1}^{m} \widehat{\alpha}_i - \frac{1}{2} \sum_{i=1}^{m} \sum_{j=1}^{m} \widehat{\alpha}_i \widehat{\alpha}_j y_i y_j \varphi(\boldsymbol{x}_i)^{\mathrm{T}} \varphi(\boldsymbol{x}_j)$$

$$\text{s. t.} \quad 0 = \sum_{i=1}^{m} \widehat{\alpha}_i y_i \tag{7-26}$$

$$\widehat{\alpha}_i > 0, \quad i = 1, 2, \cdots, m$$

将上述式子用内积形式表示：

$$\kappa(\boldsymbol{x}_i, \boldsymbol{x}_i) = \langle \varphi(\boldsymbol{x}_i), \varphi(\boldsymbol{x}_i) \rangle = \varphi(\boldsymbol{x}_i)^{\mathrm{T}} \varphi(\boldsymbol{x}_i) \tag{7-27}$$

将式(7-27)代入到式(7-26)可得：

$$\max_{\widehat{\alpha}} \sum_{i=1}^{m} \widehat{\alpha}_i - \frac{1}{2} \sum_{i=1}^{m} \sum_{j=1}^{m} \widehat{\alpha}_i \widehat{\alpha}_j y_i y_j \kappa(\boldsymbol{x}_i, \boldsymbol{x}_j)$$

$$\mathrm{s.t.} \quad 0 = \sum_{i=1}^{m} \widehat{\alpha}_i y_i \tag{7-28}$$

$$\widehat{\alpha}_i > 0, \quad i = 1, 2, \cdots, m$$

从而可获得新的超平面表达式：

$$v(x) = \widehat{\boldsymbol{\omega}}^{\mathrm{T}} \varphi(\boldsymbol{x}_i) + \bar{b} = \sum_{i=1}^{m} \widehat{\alpha}_i y_i \varphi(\boldsymbol{x}_i)^{\mathrm{T}} \varphi(\boldsymbol{x}) + \bar{b} = \sum_{i=1}^{m} \widehat{\alpha}_i y_i \kappa(\boldsymbol{x}_i, \boldsymbol{x}) + \bar{b} \tag{7-29}$$

其中，$\kappa(\boldsymbol{x}_i, \boldsymbol{x})$ 称之为"核函数"。常见的核函数有：

（1）线性核函数

$$\kappa(\boldsymbol{x}_i, \boldsymbol{x}_j) = \boldsymbol{x}_i^{\mathrm{T}} \boldsymbol{x}_j \tag{7-30}$$

（2）多项式核函数

$$\kappa_{i,j} = \kappa_{\mathrm{PKF}}(\boldsymbol{x}_i, \boldsymbol{x}_j) = (\boldsymbol{x}_i^{\mathrm{T}} \boldsymbol{x}_j + c_p)^{d_p} \tag{7-31}$$

（3）高斯核函数

$$\kappa(\boldsymbol{x}_i, \boldsymbol{x}_j) = \exp\left(-\frac{\| \boldsymbol{x}_i - \boldsymbol{x}_j \|^2}{2\widehat{\sigma}^2}\right) \tag{7-32}$$

其中，式(7-31)中的 c_p 和 d_p 表示常数项，式(7-32)中的 $\widehat{\sigma}$ 表示方差。

孪生网络的分类和回归任务常用 Softmax 损失作为其损失函数。假定分类任务有 N 个，样本数有 K 个，每一个输入样本的特征向量用 x_i 表示，样本的类别标签为 $y_i \in [1, N]$。那么很容易获得该样本的交叉熵损失：

$$\ell_{\mathrm{Softmax}}(\boldsymbol{x}_i) = -\log P_{i, y_i} = \frac{1}{K} \sum_i -\log \frac{\mathrm{e}^{\boldsymbol{w}_{y_i}^{\mathrm{T}} x_i}}{\sum_j^{N} \mathrm{e}^{\boldsymbol{w}_j^{\mathrm{T}} x_i}}$$

$$= \frac{1}{K} \sum_i -\log \frac{\mathrm{e}^{\| \boldsymbol{w}_{y_i}^{\mathrm{T}} \| \| x_i \| \cos(\beta_{y_i})}}{\sum_j^{N} \mathrm{e}^{\| \boldsymbol{w}_j^{\mathrm{T}} \| \| x_i \| \cos(\beta_j)}} \tag{7-33}$$

式中，P_{i, y_i} 表示该样本属于类 y_i 的概率大小；$W = [W_1, W_2, \cdots, W_N]$ 是网络最后一个全连接层的参数；$\beta_j (j \in [1, N])$ 表示 W_j 和 x_i 之间的角度。设 $N = 2$，那么 x_i 的交叉熵损失可以表示为：

$$\ell(x_i) = -\log \frac{\mathrm{e}^{\| \boldsymbol{w}_1^{\mathrm{T}} \| \| x_i \| \cos(\beta_{y_i})}}{\mathrm{e}^{\| \boldsymbol{w}_1^{\mathrm{T}} \| \| x_i \| \cos(\beta_{y1})} + \mathrm{e}^{\| \boldsymbol{w}_2^{\mathrm{T}} \| \| x_i \| \cos(\beta_{y2})}}$$

$$= -\log \frac{1}{1 + \mathrm{e}^{\| x_i \| (\| \boldsymbol{w}_2^{\mathrm{T}} \| \cos(\beta_{y2}) - \| \boldsymbol{w}_1^{\mathrm{T}} \| \| x_i \| \cos(\beta_{y1}))}} \tag{7-34}$$

可以看出，在网络训练过程中，最小化交叉熵损失 $\ell(x_i)$ 时，x_i 会逐渐靠近向量 $\boldsymbol{W}_1$，同时远离 $\boldsymbol{W}_2$。同样地，如果 x_i 对应的类标签为 y_2，它将更接近 $\boldsymbol{W}_2$ 而远离 $\boldsymbol{W}_1$。因此，交叉熵损失函数在最大化类间分离度时，忽略了类内紧凑度。在目标跟踪任务中，即使是同一目标，也会因视角、光照等不同而导致目标多样化。核函数其实是一种距离度量方法，这些核函数可以用于 Softmax 损失中的距离度量方法，因而得到高斯 Softmax 损失和多项式 Softmax

损失。

（1）多项式核损失函数

$$l\left(\boldsymbol{x}_i\right)_{\text{PKF-Softmax}} = -\log P_{i,y_i} = -\log \frac{\mathrm{e}^{s_p \cdot (\boldsymbol{x}^{\mathrm{T}}\widehat{\boldsymbol{W}}+c_p)^{d_p}}}{\sum_1^N \mathrm{e}^{s_p \cdot (\boldsymbol{x}^{\mathrm{T}}\widehat{\boldsymbol{W}}+c_p)^{d_p}}} \tag{7-35}$$

（2）高斯核损失函数

$$\kappa_{\text{RBF}}\left(\boldsymbol{x}_i, \widehat{\boldsymbol{W}}_j\right) = \mathrm{e}^{-\frac{d_{i,j}}{\gamma_r}} = \mathrm{e}^{-\frac{\|\boldsymbol{x}_i - \widehat{\boldsymbol{W}}_j\|_2^2}{\gamma_r}} \tag{7-36}$$

$$l\left(\boldsymbol{x}_i\right)_{\text{RBF-Softmax}} = -\log P_{i,y_i} = -\log \frac{\mathrm{e}^{s_p \cdot \kappa_{\text{RBF}}\left(\boldsymbol{x}_i, \widehat{\boldsymbol{W}}_{y_i}\right)}}{\sum_{j=1}^N \mathrm{e}^{s_p \cdot \kappa_{\text{RBF}}\left(\boldsymbol{x}_i, \widehat{\boldsymbol{W}}_j\right)}} \tag{7-37}$$

式（7-35）和式（7-37）中的 s_p 以及式（7-36）中的 γ_r 为超参数。

7.3.3　动态外观模板构建

本章提出的外观模板遍历功能是从历史帧中动态查找获得与当前搜索预期最匹配的外观模板 Z_{adp}。根据式（7-1）和（7-2）得到的跟踪响应图置信度表示模板与搜索区域在目标附近不同位置的匹配程度。

设计一个存放正确跟踪结果的模板池，模板池中的记录称为元素，元素记录跟踪结果的位置信息和置信度。首先把第一帧图像永久放入模板池，在跟踪过程中把置信度大于阈值 T 的历史帧和相邻帧输入到模板池中。为了避免造成空间浪费，提高算法的执行效率，模板池的大小设置为 6，其中存放 3 个历史帧，3 个相邻帧。模板池的工作流程如下：

（1）初始化模板池，放置第一帧的跟踪结果。

（2）计算第 t 帧的跟踪结果，如果 t 大于总帧数，执行步骤 7；其他情况继续执行后续步骤。

（3）如果置信度大于 T，执行步骤 4；否则，直接执行步骤 6。

（4）检查模板池的容量，如果已满，先根据置信度大小、最近最少使用和使用次数等参数删除某一个元素，执行步骤 5。

（5）把第 t 帧的跟踪结果加入模板池。

（6）$t+1 \to t$，遍历整个视频序列，执行步骤 2。

（7）结束。

考虑到相邻帧之间的图像内容差异很小，本章提出的外观模板遍历功能对模板池进行遍历，裁剪出一个新的最近模板 Z_{crop}，表示为

$$Z_{\text{crop}} = \text{crop}(\arg\max_\theta f_\theta(Z, X)) \tag{7-38}$$

式中，crop()是裁剪操作，以模板池中各帧的位置信息裁剪出新的外观模板；$f_\theta(Z, X)$ 是搜索响应图的置信度得分。模板池遍历筛选过程如图 7-5 所示，图中数字表示模板池中候选模板的置信度。

在大部分的遮挡、模糊或相似物干扰等复杂场景下，通过式（7-38）可以获取合适 Z_{crop} 作为外观模板。但是实际场景复杂多变，利用置信度得分裁剪出的图像块 Z_{crop} 本身可能与当前目标图像外观不太一致，或者存在位置误差，低质量的 Z_{crop} 会对跟踪结果造成较大偏差，甚至导致后续帧出现跟踪漂移。如图 7-6 所示，低质量的外观模板生成过程。在模板池的

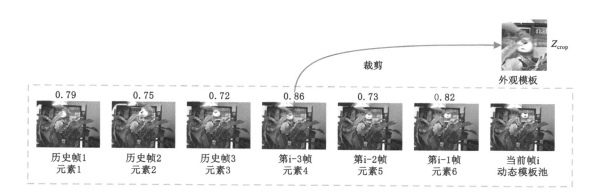

图 7-5　外观模板遍历模块

历史帧中有高置信度的跟踪结果，而此结果可能是由于背景干扰影响带来的，并非目标区域的置信度。由此得出的外观模板将会影响后续帧的目标跟踪，甚至会出现跟踪漂移。

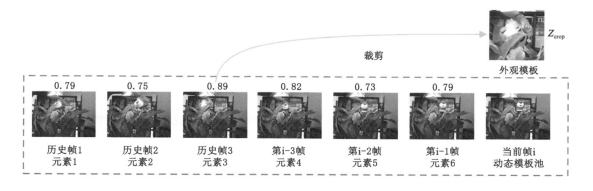

图 7-6　低质量外观模板生成过程

为了过滤掉低质量的外观模板，在筛选外观模板时添加了置信度得分和回归框交并比 IoU 两个约束项，来进一步提高外观模板的质量。最终的外观模板 Z_{adp} 表示为

$$Z_{adp} = \begin{cases} Z_{crop} & \begin{aligned} & IoU(S(Z,X),S(Z_{crop},X)) \geqslant T_1 \\ & f_\theta(Z_{crop},X) - f_\theta(Z,X) \geqslant T_2 \end{aligned} \\ 0 & \text{其他} \end{cases} \tag{7-39}$$

式中，$S(Z,X)$ 表示使用模板 Z 预测的回归框；$IoU(S_1,S_2)$ 表示回归框 S_1 和回归框 S_2 的交并比；T_1 和 T_2 是预先设定的阈值参数，用以避免回归框的漂移。

在实际操作时，是否调用模板池遍历寻找新的外观模板，取决于 $f_\theta(Z,X)$ 的值。如果用初始模板可以获取很高的响应置信度，就不需要再通过计算获取外观模板。如图 7-7 所示，目标在位置 A 和位置 B 出现了较大外观变化、旋转和低分辨率的干扰，且置信度低于阈值 T_1。跟踪算法的置信度得分变化很大程度上反映了当前帧的跟踪质量。在当前帧的最大置信度得分低于历史帧的平均置信度得分时，本章算法开始启动外观模板遍历模块并通过式(7-39)获取外观模板。换句话说,这个稀疏更新机制保证本章算法在初始模板与当前帧不匹配时获取适当的外观模板。

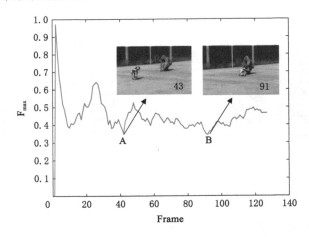

图 7-7　Siam-DTAL 算法在 Dog 视频序列上的置信度得分曲线

7.3.4　双模板分支目标跟踪模块

为了充分发挥双模板机制的优势,在这两个分支后面设计了一个融合模块,使用响应图融合的方式组合初始模板和外观模板分支。最直接、简单和有效的方法是融合初始模板分支和外观模板分支的输出响应图。

具体方法为:根据式(7-1)和式(7-2)分别获得两个分支对应的响应图,然后直接在响应图上采用加权和,即

$$f = \gamma f_\theta(Z, X) + (1-\gamma) f_\theta(Z_{adp}, X) \qquad (7\text{-}40)$$

式中,f 是最终融合后的响应图;$\gamma \in [0,1]$ 表示响应图融合时的权重系数。参数 γ 表示初始模板与当前搜索区域的相似程度。γ 越小,初始模板与当前搜索区域的相似程度越低,此时外观模板发挥更大作用。如果 $\gamma=1$,则式(7-40)退化为式(7-1),意味着只使用初始模板分支进行跟踪。响应图融合策略兼顾了初始模板和外观模板各自的优点,有效提高了目标跟踪算法的鲁棒性。

7.3.5　算法流程

提出的 Siam-DTAL 算法计算流程如下:

输入:视频序列,目标初始状态 f_1。

输出:目标在后续帧中的跟踪状态。

初始化:根据第一帧手工标注获取初始模板 Z,使用优化后的骨干网络计算模板特征 $\varphi_\theta(Z)$。

第一步:根据前一帧的跟踪结果 f_{t-1} 获取当前帧 t 的搜索区域 X_t。

第二步:使用式(7-1)计算由初始模板 Z 输出的响应图 $f_\theta(Z, X)$。

第三步:判断响应图最大置信度 $f_\theta^{max}(Z, X)$,如果大于 T 满足阈值条件,则执行第五步,否则顺序执行第四步。

第四步：使用式(7-38)和(7-39)，从模板池中裁剪外观模板 Z_{adp}，并计算响应图 $f_\theta(Z_{adp}, X)$。

第五步：根据式(7-40)，使用双模板分支目标跟踪模块计算最终响应图。

第六步：将当时帧的跟踪结果 f_t 加入模板池。

7.4 实验结果分析及讨论

为了验证7.3.1节提出的基于层次化自适应损失函数的轻量型 CNN 模型和7.3.3节提出的动态外观模板构建的有效性，通过大量实验对算法性能进行分析和讨论。在 VOT2018[122] 和 OTB2015[124] 数据集上选取具有目标形变、遮挡、背景颜色相近、尺度变换、运动模糊、光照影响等特性的图像序列，并与 KCF[90]、Struck[80]、SiamAttN[180]、SiamFC[104] 等主流算法模型进行了对比实验。测试时，除了使用对比算法的原始参数外，还对所有对比算法使用统一的测试调整环节，得到以下分析结果。参数设置如下：置信度阈值 T 为 0.5，外观模型更新阈值 T_1 和 T_2 分别设置 0.4 和 0.1。

本章算法基于 pytorch 深度学习框架进行搭建，GPU 是 NVIDIA GeForce GTX 1080，处理器是 Intel Core i7-8550U 2.0GHZ CPU。选择 MobileNet-V1、MobileNet-V2 和 MobileNet-V3-large 三个轻量型基线模型进行实验，使用 ImageNet[182] 预训练的权值初始化基线模型，采用 SGD(Stochastic gradient descent，SGN)优化器和余弦退火学习策略。学习率从 0.01 开始递减至 0.000 5，batch 大小为 64，训练 epoch 为 40。在前 20 个 epoch 中，学习率从 0.01 开始递减至 0.005。在后 20 个 epoch 中，学习率从 0.005 开始递减至 0.000 5。

7.4.1 消融实验

为了验证所提算法的性能，对提出的 Siam-DTAL 算法使用不同的骨干网络和损失函数进行消融实验和分析。实验结果如表 7-1 所示，与 Softmax 损失、多项式损失相比，采用本章的层次化自适应损失算法训练的三种基线模型，在 VOT2018 和 OTB2015 数据集中的准确率均有较大提升，有效地验证了层次化自适应损失迁移训练框架可以有效提升骨干网络特征的表达能力。

表 7-1 使用不同损失函数基线模型的性能比较

基线模型	损失函数	数据集	
		VOT2018	OTB2015
MobileNet-V1	Softmax 损失	0.563	0.789
	多项式损失	0.610	0.812
	层次化自适应损失	0.609	0.824
MobileNet-V2	Softmax 损失	0.521	0.775
	多项式损失	0.568	0.783
	层次化自适应损失	0.616	0.791
MobileNet-V3-large	Softmax 损失	0.593	0.804
	多项式损失	0.587	0.772
	层次化自适应损失	0.621	0.892

用于对比的基准(Baseline)算法是 SiamFC,对各成分的独立作用进行实验测试。包括基准算法 BaseLine,双模板分支 BaseLine_DT,层次化自适应损失函数 BaseLine_AL,采用双模板分支和层次化自适应损失函数的 Siam-DTAL 算法。使用 MobileNet-V1、MobileNet-V2 和 MobileNet-V3-large 不同的骨干网络进行测试,分别表示为:BaseLine_MobileNet-V1、BaseLine_MobileNet-V2、BaseLine_MobileNet-V3-large、BaseLine_DT_MobileNet-V1、BaseLine_DT_MobileNet-V2、BaseLine_DT_MobileNet-V3-large、BaseLine_AL_MobileNet-V1、BaseLine_AL_MobileNet-V2、BaseLine_AL_MobileNet-V3-large、Siam-DTAL_MobileNet-V1、Siam-DTAL_MobileNet-V2 和 Siam-DTAL_MobileNet-V3-large。实验结果见表 7-2,由表可知,在 VOT2018 和 OTB2015 公共数据集上,Siam-DTAL 算法使用骨干网络 MobileNet-V3-large 取得最好的跟踪结果。层次化自适应损失函数 BaseLine_AL 在提高准确率方面优势明显,比双模板分支 BaseLine_DT 发挥更大的作用。这说明通过对特征图进行注意力选择,滤除非目标区域的背景干扰,增强目标区域的表达能力,有效提升跟踪性能。

表 7-2 不同优化成分对比

不同优化成分	VOT2018	OTB2015
BaseLine_MobileNet-V1	0.516	0.679
BaseLine_MobileNet-V2	0.515	0.773
BaseLine_MobileNet-V3-large	0.523	0.771
BaseLine_DT_MobileNet-V1	0.582	0.791
BaseLine_DT_MobileNet-V2	0.587	0.845
BaseLine_DT_MobileNet-V3-large	0.599	0.886
BaseLine_AL_MobileNet-V1	0.593	0.794
BaseLine_AL_MobileNet-V2	0.599	0.797
BaseLine_AL_MobileNet-V3-large	0.612	0.853
Siam-DTAL_MobileNet-V1	0.609	0.824
Siam-DTAL_MobileNet-V2	0.616	0.791
Siam-DTAL_MobileNet-V3-large	0.621	0.892

7.4.2 定量分析

数据集中的图像在对比度、背景干扰、图像噪声等方面都存在差别。自适应双模板分支和优化的骨干网络能够根据每幅图像的特征,动态调整参数,达到较好的跟踪效果。

7.4.2.1 OTB2015 数据集上的实验分析

(1)中心位置误差

为了验证算法的跟踪精度,选取具有 585 帧图像的视频序列 BlurCar2,跟踪场景存在明显的光照变化和背景干扰,对比结果如图 7-8 所示。所设计 Siam-DTAL 算法的 CPE 值仅为 7.69,而 Struck 算法的中心位置误差达到 27.93,跟踪完全失败。随着目标渐渐远离视线,背景有干扰物的影响,对比算法 Struck 和 KCF 预测的中心位置偏移大于 20 个像素,导致跟踪漂移,在后续帧中无法正确跟踪到目标。

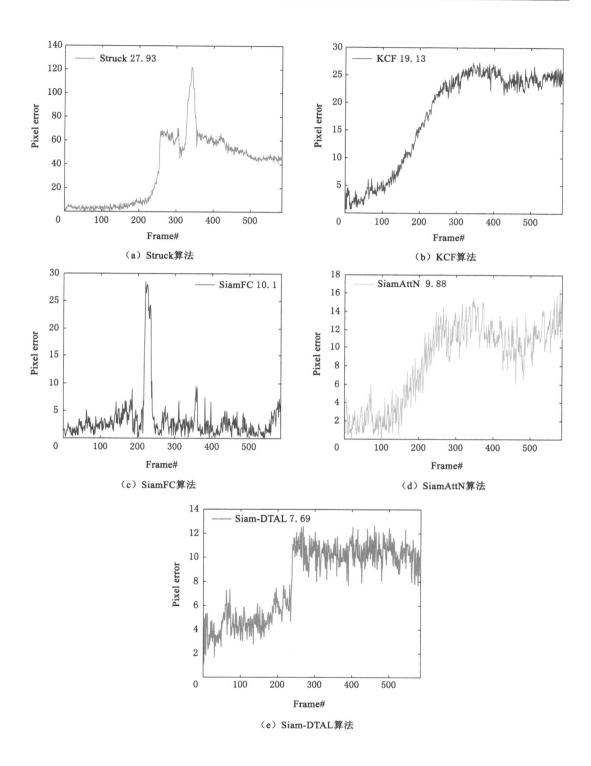

图 7-8 不同算法在视频序列 BlurCar2 中中心位置误差的对比结果

（2）距离准确率

常见的评估方式一般都是用 ground-truth 中的目标位置初始化第一帧，然后进行后续帧的跟踪，计算出每帧的准确率和成功率。图 7-9 是不同算法在 Girls2 视频序列中距离准确率对比结果，该视频序列中的目标长时间受到遮挡。从实验结果可以看出，Siam-DTAL 算法和 SiamAttN 算法准确率高，而其他三个对比算法的准确率达不到要求。

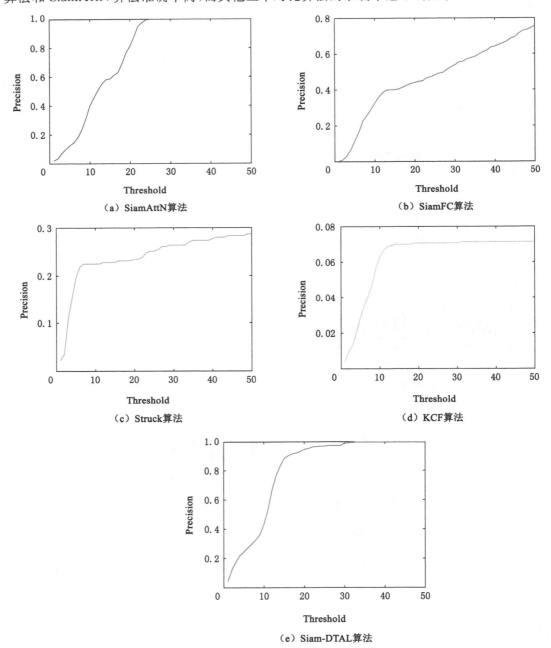

图 7-9   不同算法在视频序列 Girls2 中距离准确率的对比结果

图 7-10 是 Siam-DTAL 算法和对比算法在 OTB2015 数据集所有视频序列中距离准确率的综合统计结果。可以看出,Siam-DTAL 算法的距离准确率最高,达到 0.892。尤其在有遮挡的复杂场景下,Siam-DTAL 算法的距离准确率是 0.838,可以从模板池自适应获取置信度高的外观模板,比第二名 SiamAttN 算法的准确率(0.792)提高 5.8%,验证了所提 Siam-DTAL 算法自适应外观模板的有效性。

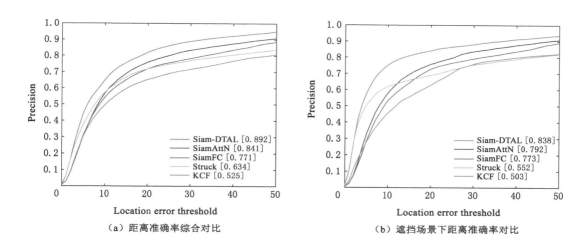

（a）距离准确率综合对比　　　　　　（b）遮挡场景下距离准确率对比

图 7-10　不同算法在 OTB2015 数据集中的距离准确率对比结果

（3）重叠率

图 7-11 是 Siam-DTAL 算法和对比算法在视频序列 Car4 中重叠率分析结果。本章 Siam-DTAL 算法的跟踪重叠率平均值为 0.697,在 270 帧附近跟踪出现波动,得益于优化后骨干网络较强的泛化能力,很快恢复了正常的跟踪模式。而 KCF 算法的重叠率只有 0.21,该算法在背景干扰的场景下鲁棒性较弱。

（4）重叠成功率

图 7-12 是不同算法在 OTB2015 数据集所有视频序列中跟踪成功率对比曲线。本章 Siam-DTAL 算法得益于自适应外观模板分支,综合得分最高,平均成功率为 0.711。在目标存在遮挡的 29 种场景下,重叠成功率为 0.699,比第二名 SiamAttN 算法的重叠成功（0.668）高 4.64%,比 Struck 算法提高了 33.65%,同时也验证了骨干网络鲁棒的特征表达能力。

7.4.2.2　VOT2018 数据集上的实验分析

VOT2018[122] 数据集总共包含 60 个视频序列,所有视频序列均由以下视觉属性标注:遮挡、光照变化、运动变化、尺寸变化、摄像机运动。如表 7-3 所示,将所提的 Siam-DTAL 算法与 KCF[90]、Struck[80]、SiamAttN[180]、SiamFC[104] 跟踪算法进行比较,Siam-DTAL 算法表现出较高的 Accuracy 和 EAO 值。由此可知,Siam-DTAL 算法在 VOT2018 上表现出良好的跟踪性能。与 SiamFC 相比,准确率提高了 0.118,鲁棒性提高了 0.276,EAO 提高了 0.099。主要由于所设计的层次化自适应损失函数训练出的骨干网络结构增强了模板图特征和搜索图特征中核心语义元素的表达,从而提升了跟踪过程中跟踪框的精确度。

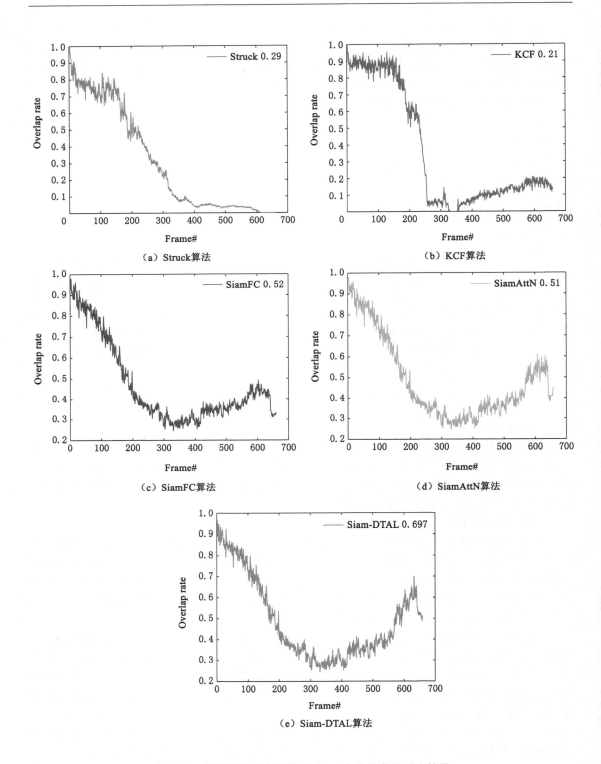

（a）Struck算法　　　　　　　　　（b）KCF算法

（c）SiamFC算法　　　　　　　　　（d）SiamAttN算法

（e）Siam-DTAL算法

图 7-11　不同算法在视频序列 Car4 中重叠率的对比结果

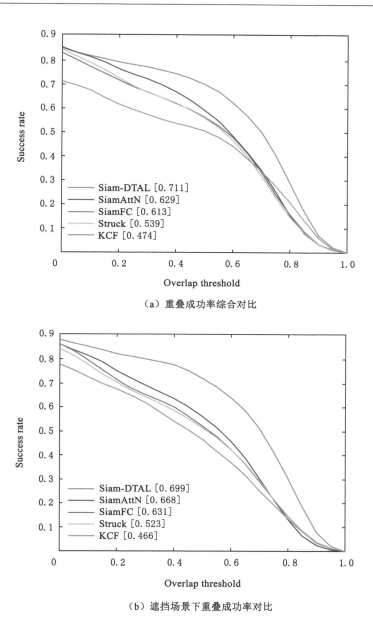

（a）重叠成功率综合对比

（b）遮挡场景下重叠成功率对比

图 7-12　不同算法在 OTB2015 数据集中的重叠成功率对比结果

表 7-3　不同算法在 VOT2018 数据集中的对比结果

算法	Accuracy	robustness	EAO
KCF	0.447	0.773	0.135
Struck	0.516	0.658	0.166
SiamFC	0.503	0.585	0.187
SiamAttN	0.529	0.436	0.291
Siam-DTAL	0.621	0.309	0.286

7.4.3 性能与速度分析

为了验证 Siam-DTAL 算法的跟踪实时性,将 Siam-DTAL 算法与其他对比算法进行了成功率与速度的对比实验。由表 7-4 可知,Siam-DTAL 算法在取得较高成功率的同时速度达到 39FPS,均高于其他使用孪生网络的对比算法。与基于快速相关滤波的 KCF 和 Struck 算法相比,成功率优势明显,但速度有待进一步提升。虽然设计的跟踪器和对比算法相比,速度不是最快的,但跟踪成功率明显优于其他对比跟踪器。在实时目标跟踪任务中,由于轻量注意力网络所占运算量极低,跟踪算法具有较好的实时性,高速运动带来的帧间目标大距离位移将很少出现,这同样有利于跟踪算法更准确地跟踪目标。

表 7-4 不同算法跟踪性能对比

性能指标	Siam-DTAL	KCF	Struck	SiamFC	SiamAttN
跟踪速度	39	89	20	50	23
重叠成功率	0.711	0.474	0.539	0.613	0.629

7.4.4 定性分析

本节将对算法在数据集中可视化结果进行分析,更直观地说明算法跟踪的准确性。图 7-13 给出 Siam-DTAL 算法与 4 种主流算法(KCF、Struck、SiamFC 和 SiamAttN)在 4 个典型视频序列 Car2、Matrix、Jogging 和 Jumping 上的可视化对比结果。视频序列 Car2 中的目标存在低分辨率、背景干扰、光照变化、尺度变化等因素干扰的复杂场景;视频序列 Matrix 中的目标存在光照变化、遮挡、快速运动、尺度变化、旋转和背景干扰等因素干扰的复杂场景;视频序列 Jogging 中的目标存在完全遮挡、形变、快速运动、低分辨率等因素干扰的复杂场景;视频序列 Jumping 中的目标存在运动模糊和快速运动等因素干扰的复杂场景。4 个视频序列所包括的视觉挑战属性,对算法在目标快速运动和尺度变化等复杂场景下的分析具有一定代表性。

在图 7-13(a)Car2 视频序列中,跟踪目标速度快、分辨率低、背景干扰大,导致本章算法在目标变道时,中心位置误差偏大和重叠率偏小,但仍能保证目标在跟踪框内。当目标渐渐远离视线,其他对比算法也能正确跟踪到目标,但出现一些偏差。说明算法在低分辨率和光照变化的复杂场景下表现出一定的鲁棒性。

图 7-13(b)在包含背景干扰和旋转的 Matrix 视频序列中,本章 Siam-DTAL 算法能够有效去除背景信息建立有效的模型来平滑响应图,取得较好的跟踪结果,而其他对比算法均出现跟踪漂移。

在图 7-13(c)Jogging 视频序列中,从 69 帧开始目标出现完全遮挡,77 帧目标重新出现,且目标的形态不断变化,本章 Siam-DTAL 算法和 SiamAttN 算法取得较好的跟踪结果。在目标出现后,立即恢复了正常的跟踪,其他对比算法无法定位到目标的真实位置,跟踪框仍停留在目标被遮挡前的位置。在使用初始模板获得的输出置信度不达标的情况下,根据模板池高质量的历史跟踪结果动态获取的外观分支,弥补了单分支结构的不足,验证了双分支结构的有效性。

　　从图 7-13(d)Jumping 视频序列中跟踪结果可以看出,本章方法在面对目标出现运动模糊和较大外观变化时依然具有良好的跟踪效果,KCF 和 Struck 算法则出现了跟踪漂移。本章提出的双模板机制可以大幅提高孪生网络跟踪算法的鲁棒性,除了定位更准确以外,比其他跟踪算法预测的边界框也更加精确。

（a）Car2视频序列

（b）Matrix视频序列

（c）Jogging视频序列

（d）Jumping视频序列

—— Siam-DTAL —— SiamAttN —— Struck —— KCF —— SiamFC

图 7-13　在不同视频序列中定性对比结果

7.5 本章小结

为了克服传统孪生网络框架中单一模板的不足,设计一种新颖有效的双模板机制,提高基于孪生网络跟踪算法的性能。最终得到如下结论:

(1)基于层次化自适应损失迁移训练的轻量型 CNN 可以提高骨干网络的泛化能力,减少网络计算参数,提高跟踪速度。

(2)在不增加额外网络参数的前提下,构建的动态外观模板可以有效适应目标外观的各种变化,从而获得更加鲁棒的跟踪结果。

本研究将自适应外观模板和孪生网络框架相结合,优化的骨干网络目标外观表征模型使跟踪算法在各种复杂场景下表现更强的鲁棒性,对目标跟踪监控系统的后续开发提供一定的参考。

8 基于目标检测跟踪的智能视频监控系统

第3～7章中,以提高目标跟踪算法在各种复杂场景下的鲁棒性为导向,以相关滤波模型的目标函数建模、孪生网络架构等知识为驱动,层层深入地实施所提理论与方法的研究方案。此外,注重理论研究和实际应用相结合,充分利用前期已有的算法模型和成果转化研究条件,对所提理论和方法除了在公开数据集上进行实验验证外,还将其应用于实际视频监控系统的目标跟踪中。

针对目标外观变化、雾霾天气、低分辨率、光照变化、背景干扰、遮挡等复杂场景下,现有视频监控系统监控效果和跟踪效果不理想、准确性差的问题,在基于第3～7章研究成果的基础上,设计了一套具有目标检测、车牌识别和目标跟踪功能的智能视频监控系统,实现了实时监控、车牌识别、人车定位识别和跟踪。本章主要内容来自作者的文献[183]。

8.1 系统概述

系统基于客户端和服务端模式的通信模型,采用 VC++开发环境和 MySQL 数据库进行数据存储。其管理对象是 SmartSight 系列编、解码器、网络摄像机以及无线网络视频服务器等。采用了计算机视觉技术将监控视频和智能视频分析算法结合起来,首先将摄像头采集的图像经过压缩技术得到压缩数据,然后经过网络传输到服务器,从而实现远程监控。服务器接收到压缩的视频图像以后解压还原出视频图像数据,然后再通过智能算法对视频图像进行分析处理,从而实现实时监控、目标跟踪和多级预警的功能。

智能视频监控系统的主要功能为:实时监控、自动识别出监控区域内的目标并且自动对其进行跟踪、异常报警。系统可以通过网络传输实现客户端的实时监控,服务器再调用第4章提出的显著性引导检测算法完成对进入视频端的目标自动检测,并以本书提出的跟踪算法对目标进行跟踪,自动完成跟踪轨迹可视化。并且系统可以自定义警戒区域,根据检测目标是否进入警戒区域来进行不同程度的报警。

8.1.1 系统总体架构

系统根据功能划分为五大模块,分别为:数据采集模块、数据传输模块、目标检测模块、目标跟踪模块和报警联动模块,总体架构如图 8-1 所示。

数据采集模块主要由客户端负责,该模块为整个系统的输入模块。系统的数据输入主要由两个部分组成,分别是摄像头实时采集到的视频数据和本地存储的历史视频数据。数据传输模块则主要负责将客户端所采集到的视频数据传输给服务器,以便进行下一步的处理。因此数据传输模块的原则是要在不损害视频数据质量的情况下尽量高速地进行传输。数据被传输到服务器以后,服务器就开始对数据进行分析处理,这一部分就由目标检测模块、目标跟踪模块和异常报警模块负责。目标检测模块负责视频数据中目标的识别,将位置信息传递给目标跟踪模块,保证可以一直对特定目标进行跟踪,并对目标和敏感或危险区域的距离进行检测,以此来判断是否需要调用异常报警联动模块。

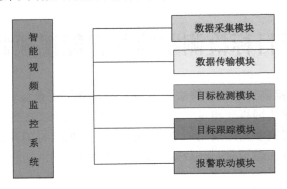

图 8-1 系统总体架构

8.1.2 客户端的总体架构

客户端是人机交互的接口,主要处理借助网络传输到监控中心的前端监控站点的图像,具有随时查看图像、目标跟踪、处理报警、对异常情况录像存储、激发预定义事件等功能。将系统总体架构的五大模块进一步细化,客户端软件结构设计如图 8-2 所示。

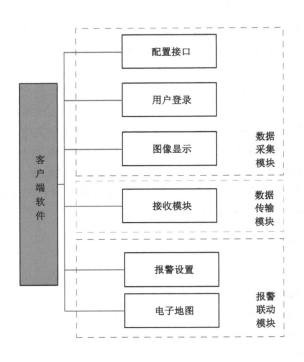

图 8-2 客户端总体架构

8.1.3 服务器的总体架构

服务器管理软件负责对整个系统的视频流、音频流、数据流和客户端进行控制和管理，主要包括用户身份级别管理、视频流切换控制、设备管理控制、目标检测和目标跟踪等。设计的服务器软件应实现以下功能:用户登录、用户管理、设备管理、录像文件管理、视频流转发、日志管理、目标检测和跟踪、串口控制和数据库管理,服务器软件结构设计如图 8-3 所示。鉴于用户登录、用户管理和设备管理等功能是服务器最基本的功能,具体实现过程本书不再赘述。

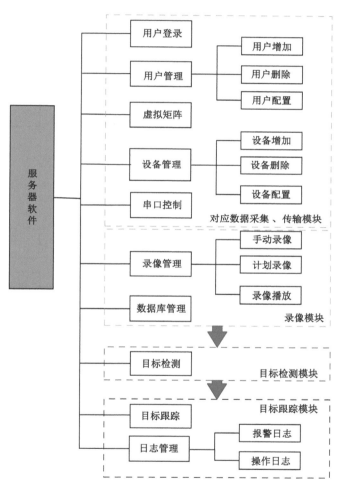

图 8-3 服务器总体架构

8.1.4 系统的通信流程

图 8-4 为服务器和客户端的通信流程图。在服务器端,要先和视频服务器通信,通过握手协议找到服务器所管理的视频服务器。同时从数据库读出配置信息,初始化网络资源,并开启接收视频流、检测、跟踪、报警和录像的线程。服务器启动之后,便等待客户端的呼叫连

接,对登录服务器的用户进行身份验证,通过身份验证的用户才能使用服务器资源。服务器等待客户端的数据请求,一旦接到客户端的数据请求,服务器便会响应并做出相应的处理。首先判断客户端请求是否合法,对于不合法的请求将采取丢弃处理。对于合法的请求,服务器找到客户端请求的相应视频服务器,并向该视频服务器发送开始编码命令(StartEncoder)。视频服务器发送的压缩视频流通过服务器转发给客户端,客户端接收后便可以进行播放等处理了。客户端可以向服务器发送请求来修改视频服务器参数和进行云台控制等,服务器直接与视频服务器通信,然后把修改结果返回给客户端。当通信完毕,客户端主动请求断开和服务器的连接。连接断开后应该及时释放内存和网络资源,避免造成内存资源泄露及网络资源浪费。

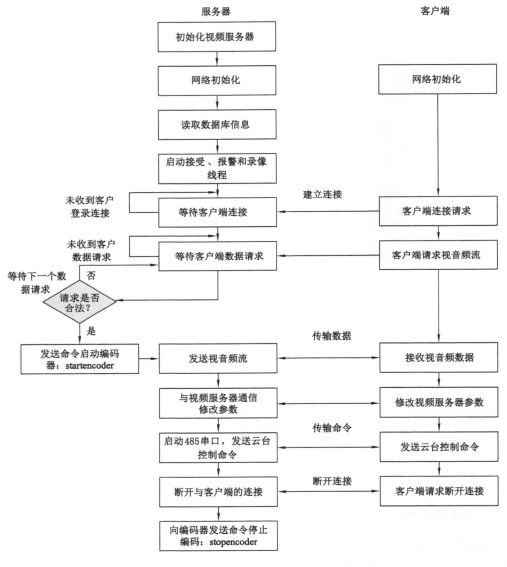

图 8-4 系统的通信流程

8.2　客户端功能设计

　　客户端是用户操作的界面，它包括了各个功能的入口。主要功能放置在菜单里，如设备管理、录像管理、用户管理、虚拟矩阵等。将客户端的功能按照数据采集模块、数据传输模块和报警联动模块进行分析和设计。

8.2.1　数据采集模块设计

　　数据采集模块主要是对从服务器转发的视频数据进行解码和显示操作。

8.2.1.1　解码模块

　　接收模块把从网络上接收的视频流解析成一帧帧的数据，送入解码器进行解码，本系统调用 SDK 提供的解码函数（DecoderOneFrame2()）进行 MPEG4 解码。解码过程实际上就是从视频编码码流中恢复出 VOP（Video Object Plane）数据的过程。图 8-5 描述了视频解码过程。

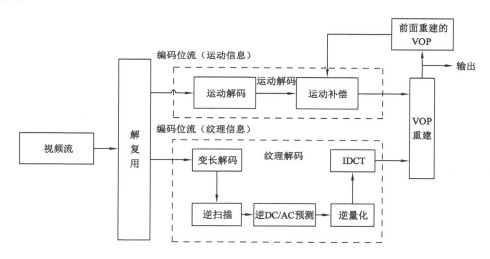

图 8-5　MPEG4 的解码过程

　　解码器主要包含两部分：运动解码和纹理解码。I 帧中只含有纹理信息，因此只需解码纹理信息即可恢复 I 帧。而 P 帧中不仅包含纹理信息，还包含运动信息，所以需解码运动信息，获得运动矢量并进行运动补偿。另外，还需进行纹理解码获得残差值，将这两部分组合起来才能重建 P 帧。

8.2.1.2　显示模块

　　DirectShow 是 DirectX9.0 家族的成员之一，它为在 Windows 平台上处理各种格式媒体文件的回放、音视频采集等高性能要求的多媒体应用提供了完整的解决方案。视频显示部分用到 DirectDraw 技术，具体的计算步骤如下：

　　（1）初始化

　　定义几个比较重要的对象，DD、"页面"、"裁剪板"和"调色板"，"页对象"用来定义"前页"和"后页"，并把这些对象指向一个安全的地方 Null。

DirectDrawCreate(NULL，&pMyDD，NULL)；//用当前的显示驱动

（2）设置屏幕的显示格式

pMyDD－＞SetCooperativeLevel(AfxGetMainWnd()－＞GetSafeHwnd()，DDSCL_NORMAL)；

pMyDD－＞SetDisplayMode(Mode)；//设置屏幕模式

（3）建立前后页

通过 CreateSurface()函数创建页面,一般只需建立两块画板,这样就可以在一块画板上画,另一块画板用于显示。两个画板的画面轮流显示,呈现给用户的将是动画效果。

（4）给显示区加一个画框(裁剪板)

在窗口下,为了防止 DirectDraw 画到窗口外面去,需要加一个画框(裁剪板),可以用CreateClipper 来创建剪贴板。

pMyDD－＞CreateClipper(0，&pMyClipper，NULL)；

创建后,把它套到窗口上去,所以要知道是哪一个窗口。

pMyClipper－＞SetHWnd(0，myWnd)；

SetClipper(myClipper)；//把剪贴板加到窗口上

（5）在后页画图,前后页互换

在"全屏"模式下,使用 Flip(NULL，0)函数实现前后页互换。

8.2.1.3　客户端实时监控功能设计

用户登录服务器成功之后,便进入客户端的主窗口界面,设计的客户端主界面窗口如图 8-6所示。图 8-6 是系统真实的工程应用案例,被部署在三种不同应用场景下的实时监控画面。主界面包括实时监控面板、PTZ 控制面板、工具条、视频编码器树和视频解码器树。用户的权限不同,系统赋予的功能就不同。实时监控面板显示正在观看的视频图像,可以选择合适的画面分割,最多为一屏显示 16 个画面。可以通过 PTZ 控制面板实现对某个云台的控制,它包括镜头左转、右转、向上、向下、放大、缩小、关闭光圈、打开光圈、拉进、推远等控制。界面的工具条上提供进行配置的接口,包括用户管理、配置管理、录像管理等功能。视频编码树和视频解码树显示服务器所管理的编码器和解码器。

8.2.2　数据传输模块设计

当客户端通过身份验证,和服务器建立连接之后,客户端和服务器之间就可以进行RTP(Realtime Transport Protocol)通信了。客户端接收的数据流是服务器转发的设备流,它不直接接收设备发送的数据流。客户端接收模块流程如图 8-7 所示。

客户端创建一个双重链表,并开启两个线程,一个接收线程和一个解析线程。通过接收线程把 Socket 接收到的数据放入链表中,去掉 TCP/IP 和 RTP 包头,通过解析线程把接收到的数据包解析为一帧数据(通过找相邻两个帧头来实现解析,两个帧头之间的数据便为一帧完整的数据)。解析成帧的数据送入 MPEG4 解码模块和图像显示模块。

8.2.3　报警联动模块设计

报警联动模块首先设置联动参数,采集分析现场数据,根据电子地图提供的预警信息进行诊断,完成跟踪轨迹可视化显示。

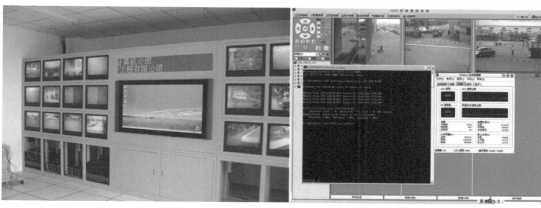

（a）应用场景1-某大学校园的监控调度室　　　（b）应用场景1-某大学校园的实时监控

（c）应用场景2-某电业局的实时监控　　　（d）应用场景3-连锁超市的实时监控

（e）应用场景3-连锁超市的实时监控　　　（f）摄像机编码器及站点配置界面

图 8-6　不同应用场景下的实时监控

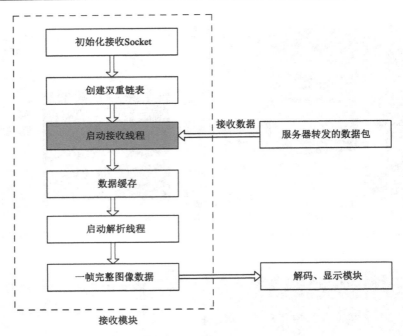

图 8-7 客户端接收模块

8.2.3.1 报警联动参数设置

设置运动检测的分辨率,即根据视频的格式(PAL、NTSC)和图像的分辨率(Common Intermediate Format,CIF、2CIF 等);设置启动和停止运动检测的门限值、启动报警连续运动的帧数、运动检测计算的宏块大小以及移动方向,配置如图 8-8 所示。

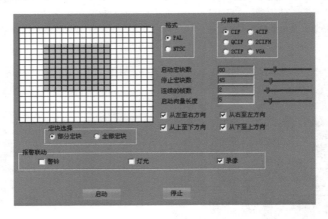

图 8-8 报警联动配置

图 8-9 是启动特殊区域运动检测时的运行结果,填充黄色的矩形块即是检测到有移动或异物闯入的部分。该结果利用图 8-8 设置的检测区间,利用时间差分法,阈值化后,提取两个或三个相邻帧间图像中的运动区域。当检测到运动区域后便启动报警程序,由服务器把报警信息转发给其他客户端。

图 8-9　启动运动检测时监控图

8.2.3.2　电子地图模块的设计

在电子地图上,人为地把各个地点的报警设备或者摄像头按照平面图的形式直观地组织起来,当某个地点发生异常时,该地装有的报警设备就会发出报警联动信号。监控人员根据电子地图上的报警设备位置很容易地判断事发地点,高效地进行事故处理。

客户端编辑电子地图需要以下几个步骤:

(1) 使用 windows 系统中的画图板绘制电子地图,在编辑电子地图之前先打开画图板。函数为 ShellExecute():

ShellExecute(NULL," open"," mspaint. exe", strFilename,"", SW _ SHOWNORMAL);// strFilename 是电子地图的名称

(2) 在画图板里绘制完电子地图保存后,客户端便保存了一个名为 strFilename 的位图文件。客户端还需要将这个位图传给服务器,并保存在数据库中,便于其他用户读取和更新电子地图。这个过程的程序实现如下:

file. Open(strFilename, CFile::modeRead | CFile::typeBinary , &fe);//打开电子地图文件

long nSize=file. GetLength(); //获得长度

char * pData = new char[nSize];

file. ReadHuge(pData,nSize);//数据写到 pData 中

file. Close();

xxxRPC1_Send_Map(pVideo->m_User. Id,StationID,Type,1024 * 1024/2,pData);//使用 RPC 将 pData 中的数据传给服务器

8.2.3.3　日志管理模块的设计

为了能及时了解系统的使用情况,就要对报警信息和服务器、客户端的操作信息进行记录,基于以上原因设计了日志模块。报警包括移动侦测报警和开关量报警,当发生报警时,客户端弹出电子地图给出报警地点的准确定位,提示用户做出及时诊断处理,服务器自动进

行录像（可以录制报警前后的录像），并把报警的详细信息写入数据库。对于移动侦测报警，用户可以灵活设置监控区域，设置启动帧数、运动宏块数和运动阈值，当该区域发生目标运动并满足配置的参数时，视频服务器便向相应服务器发出报警信号，服务器做出相应的报警处理。对于开关量报警，报警设备可以是烟感探测器、温感探测器、红外探测器等，当开关量由开变为关或由关变为开时，视频服务器便向相应服务器发送报警信号。开关量还可以用于控制路灯，通过软件程序设置开关量的状态，控制继电器的开和关，从而控制路灯的亮灭。报警流程如图 8-10 所示：

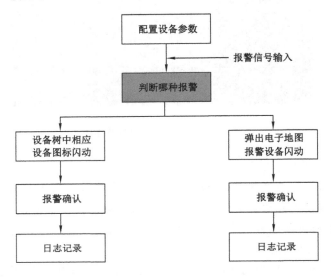

图 8-10　报警流程图

8.3　服务器功能设计

服务器的工作流程相对复杂，如图 8-11 所示，整个系统的智能算法也主要被应用于服务器中。在接到客户端开启服务器的指令后，服务器就会进行初始化，接着不断地从客户端接收图像资料。接收到数据流后，将其解压并恢复，由目标检测模块获取目标初始位置和尺寸，再通过目标跟踪模块的相关技术对目标进行自动跟踪。如果目标已经接近或入侵危险区域，则触发报警模块，进行异常报警联动，报警之后继续接收视频设备传来的视频数据进行分析。

8.3.1　硬盘录像模块设计

录像模块在系统中占有重要地位，录像资料可以作为事故处理的第一手查询参考资料。当发生报警联动时，可以调取录像资料，分析监控现场中目标的状态，并自动完成目标的检测和跟踪，达到监控异常智能化处理的目的。为了使录像文件能够长期保存，录像模块应该支持大容量的磁盘阵列，并根据硬盘的使用情况进行录像文件的存储，录像功能的数据流如图 8-12 所示。

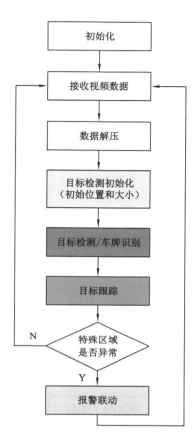

图 8-11 服务器工作流程

8.3.1.1 录像文件的保存

录像文件占用空间比较大,在系统开发时,应该合理地分配录像文件的存储空间以及保存路径。对于系统磁盘,就要考虑预留足够的空间,以防影响机器的性能。对于其他非系统磁盘,也不能被录像文件全部占满,要适当地预留一些磁盘资源,以防和其他文件发生冲突。

函数 UINT GetSystemDirectory(LPTSTR lpBuffer, UINT uSize)可以获取 Windows 系统目录(System 目录)的完整路径名。在这个目录中,包含了所有必要的系统文件。根据微软的标准,其他定制控件和一些共享组件也可放到这个目录,通常应避免在这个目录里创建文件。

当对设备进行录像时,录像文件就会保存在事先指定的磁盘下。对于多服务器系统,由于采取了容灾机制,某个服务器发生故障后,其管理的设备要由其他服务器接管,所以设备的录像文件不一定只存储在一个服务器上,还有可能存储在上级服务器上。

8.3.1.2 硬盘检测

在录像之前,要考虑到硬盘空间的大小,若硬盘空间不够(按照事先设计预留的磁盘空间判断,对于系统磁盘预留空间比较大),则无法进行视频文件的存储,提示用户进行必要的操作。

对硬盘空间大小的获得是通过下面函数获得的。

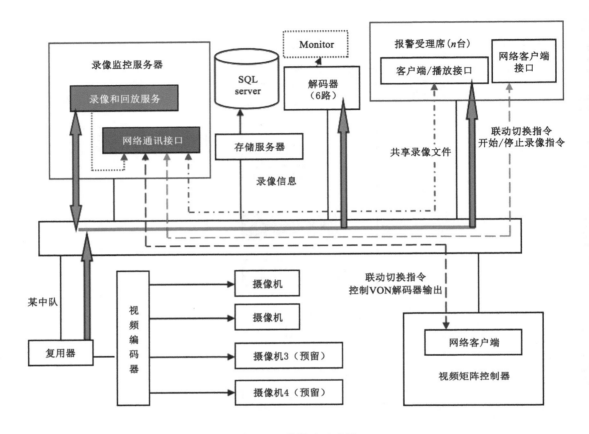

图 8-12　数据流示意图

BOOL GetDiskFreeSpaceEx(

LPCWSTR lpDirectoryName,

PULARGE_INTEGER lpFreeBytesAvailableToCaller,

PULARGE_INTEGER lpTotalNumberOfBytes,

PULARGE_INTEGER lpTotalNumberOfFreeBytes);

　　获得可用磁盘容量是以 MB 为单位的,在程序中设定文件最大长度(一个文件长度为 20 MB)和一个定时器用于定时查询磁盘空间,一旦磁盘空间(扣除预留空间)小于最大文件长度,则提示用户或者将录像文件导出,或者删除最早录制的文件。考虑到移动侦测录像和报警录像是比较特殊并且重要的录像,因为它们可以作为事故处理的第一手参考资料,所以对于这些类型的录像,应该进行特殊处理。

8.3.1.3　录像文件存储设计

　　对于录像部分的代码,需要加入异常处理,即使用 try 和 catch 语句。在处理录像文件时,为了保证录像文件的正常写入,使用了内存映射技术,主要利用 CreateFileMapping() 和 MapViewOfFile() 这两个函数来实现。

　　录像是系统比较重要的功能,在系统开发的初期,录像经常出现异常情况。采用内存映射技术之后,先将录像文件写到内存,当达到预先设定的长度后,再将文件写入硬盘。这样既减少了对硬盘的操作次数,延长硬盘寿命,又有效地解决了录像问题,使录像模块工作更加稳定。

8.3.2 目标检测模块设计

目标检测模块主要应用第四章提出的目标显著性引导检测技术,部分场景检测结果如图 8-13 所示。计算引导目标的纹理特征、颜色特征和边缘特征,检测视频数据中第一帧中目标位置,将目标位置信息和尺度信息发送给目标跟踪模块。自适应多特征模板的融合模型能够对纹理、颜色对比度和边缘特征进行自适应融合优化,最终获得了满足人眼视觉要求的显著图。

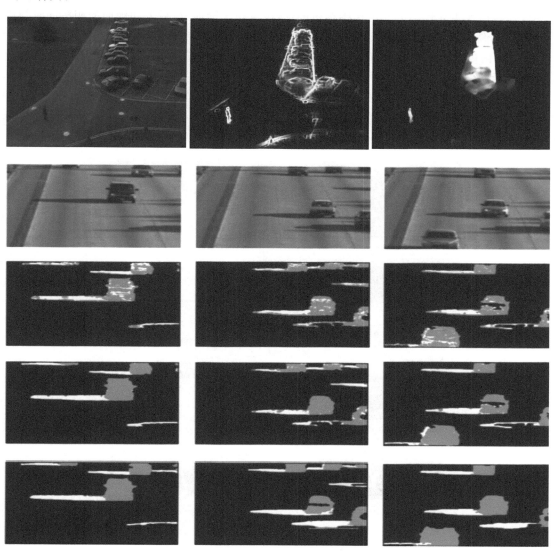

图 8-13　目标检测结果

8.3.3　车牌识别模块设计

由于车辆牌照是机动车唯一的管理标识符号,在交通管理中具有不可替代的作用,因此车辆牌照识别应具有很高的识别正确率,对环境光照条件、拍摄位置和车辆行驶速度等因素的影响应有较大的容阈,并且要求满足实时性要求。车牌识别是计算机图像处理与字符识别技术在智能视频监控系统中的应用,它主要由牌照图像的采集和预处理、牌照区域的定位和提取、牌照字符的分割和识别等几个部分组成。车牌识别效果如图 8-14 所示,其基本工作过程如下:

(1) 当行驶的车辆经过时,触发埋设在固定位置的传感器,系统被唤醒,处于工作状态;一旦连接摄像头光快门的光电传感器被触发,设置在车辆前方、后方和侧面的相机同时拍摄下车辆图像。

(2) 由摄像头拍摄的含有车辆牌照的图像通过视频卡输入计算机进行预处理,图像预处理包括图像转换、图像增强、滤波和水平校正等。

(3) 由检索模块进行牌照搜索与检测,定位并分割出包含牌照字符号码的矩形区域。

(4) 对牌照字符进行二值化并分割出单个字符,经归一化后输入字符识别模块进行识别。

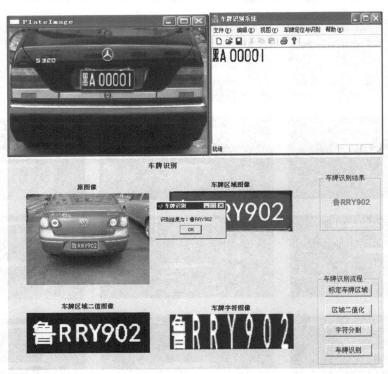

图 8-14　车牌识别效果

8.3.4　目标跟踪模块设计

本书以传统手工特征、分层深度特征和轻量型 CNN 分别构建目标外观模型,并基于生成式模型、判别式模型和孪生网络框架研究鲁棒的目标跟踪算法。第 3 章、第 4 章、第 5 章、第 6 章和第 7 章的算法分别命名为算法 1、算法 2、算法 3、算法 4 和算法 5,分别在测试数据集和开发的监控系统中,从重叠成功率、距离准确率和跟踪速度三个评价指标对各章算法进行定量对比和分析。

8.3.4.1　测试数据集中不同章节算法对比

（1）重叠成功率

算法 2、算法 3、算法 4 和算法 5 比算法 1 的重叠成功率提升显著。原因是算法在滤波器模型优化方面,从使用生成式模型到使用判别式模型,提升了算法成功率;在目标外观表征方面,从使用传统手工特征到使用分层深度特征,提升算法不同场景下的辨别能力。算法 2 对目标函数进行正则化优化,并结合目标显著性引导模块提升了跟踪成功率,获得较高的重叠成功率。算法 4 得益于对相关滤波器数学模型的优化,提升了算法的准确性。在基于判别式模型的三个算法中,算法 3 重叠成功率最低,是因为在设计多特征耦合目标函数时,添加时序冗余约束,提高跟踪速度的同时牺牲了跟踪精度。基于孪生网络的算法 5 采用优化的轻量级 CNN 网络作为骨干网络,提升了模型泛化能力,取得最好的跟踪结果。

（2）距离准确率

算法 2、算法 3 和算法 4 均比算法 1 有了大幅度提升,凸显判别式相关滤波器的优势。算法 2 和算法 3 均使用传统手工特征对目标外观模型进行建模,算法 2 的基于目标引导显著性重检测算法比算法 3 的候选区域建议方案有效,但目标尺度估计没有算法 3 有优势,并且算法 3 在求解多特征耦合模型时进行了滤波器优化,所以算法 3 比算法 2 的距离准确率有所提升。算法 4 的距离准确率有明显提升,原因是算法 4 使用分层深度特征对目标外观模型进行建模,对目标严重形变和旋转的场景鲁棒性强,并且通过改进滤波器建模方式,也提升了算法的跟踪效果。算法 5 设计的双模板分支结构提高了跟踪重叠率,在不同复杂场景下表现出较强的鲁棒性。

各章算法在数据集上的距离准确率和重叠成功率对比如图 8-15 所示,将具体数据绘制成表格,如表 8-1 所示。

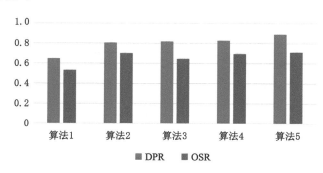

图 8-15　各章算法在数据集中距离准确率和重叠成功率对比

表 8-1　各章算法在数据集中的距离准确率和重叠成功率

各章算法	OTB2015	
	DPR	OSR
算法 1	0.649	0.532
算法 2	0.807	0.701
算法 3	0.815	0.645
算法 4	0.829	0.695
算法 5	0.892	0.711

（3）跟踪性能

算法 2、算法 3、算法 4 和算法 5 比算法 1 速度快,原因是利用相关滤波器原理进行跟踪,利用循环矩阵产生大量训练样本,利用频率域的快速傅立叶变换提高处理速度。算法 5综合表现最优,得益于轻量型 CNN 网络减少了计算量,双模板分支提高了重叠成功率。然而,算法 4 的速度比算法 2 和 3 有所下降,原因是使用深度特征表示目标外观,提取深度特征相对传统手工特征会更耗时。另外,每一层深度特征包括多通道信息,而有些通道信息对目标跟踪贡献很小,也会影响算法速度。

用重叠成功率和跟踪速度评价指标衡量跟踪性能,各章算法在 OTB2015 数据集上的跟踪性能对比如图 8-16 所示,将具体数据绘制成表格,如表 8-2 所示。

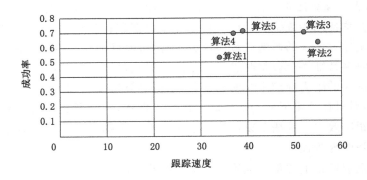

图 8-16　各章算法在数据集中的跟踪性能对比

表 8-2　各章算法在数据集中的跟踪性能

性能指标	算法 1	算法 2	算法 3	算法 4	算法 5
成功率	0.532	0.701	0.645	0.695	0.711
跟踪速度	34	52	55	37	39

8.3.4.2　监控系统中不同章节算法对比

采用与第 3～7 章相同的方法和参数,设计了基于不同目标跟踪算法的多个版本视频监控系统,并使用相同监控场景进行现场运行。各章算法在监控系统中的跟踪结果如下:距离准确率和重叠成功率对比如图 8-17 所示,将具体数据绘制成表格,如表 8-3 所示。跟踪性能对比如图 8-18 所示,将具体数据绘制成表格,如表 8-4 所示。

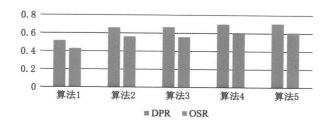

图 8-17　各章算法在监控系统中距离准确率和重叠成功率对比

表 8-3　各章算法在监控系统中的距离准确率和重叠成功率

各章算法	监控系统中	
	DPR	OSR
算法 1	0.517	0.429
算法 2	0.662	0.561
算法 3	0.667	0.557
算法 4	0.701	0.599
算法 5	0.708	0.609

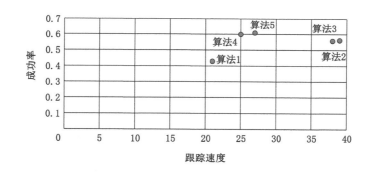

图 8-18　各章算法在监控系统中的跟踪性能对比

表 8-4　各章算法在监控系统中的跟踪性能

性能指标	算法 1	算法 2	算法 3	算法 4	算法 5
成功率	0.429	0.561	0.557	0.599	0.609
跟踪速度	21	39	38	25	27

对比以上数据可以发现,部署在实际应用场景下的跟踪算法在重叠成功率、距离准确率和跟踪速度三个指标上的跟踪效果都有所降低。分析其原因,在算法训练过程中,跟踪算法已经根据测试数据集中的视频序列自适应调整参数,达到最优的结果。而在实际应用场景

下,用于测试跟踪算法的视频序列永远是动态变化的,在参数寻优过程中,无法将参数调整到最优状态。

于是,根据不同章节提出的理论方法开发了不同版本的监控系统,具体根据客户的需求进行不同版本系统的取舍。对于实时性要求不高,而要求跟踪准确率的场合,则选用算法4和算法5。反之,则选用算法2和算法3。但在实际应用中样本数量较多时,算法1能更快地收敛到目标,可以解决存在隐变量场景的目标跟踪问题。

8.4　系统网络架构设计

本章研究的是基于多服务器的视频监控系统,它和电信等部门的网络组网类似,多服务器组网策略的选择将是一个比较关键的问题。本系统采用有级路由方式进行多服务器组网,采用二叉树的形式存储服务器节点,二叉树的左节点为子服务器,右节点为兄弟服务器。在每个服务器中都维护一个树的结构,树的节点包括子服务器和编码设备。定义树的结构如下:

```
struct ServerNode
{
    NodeInfo       data;
    ServerNode     * pleftchild;//儿子服务器节点指针
    ServerNode     * prightchild;//兄弟服务器节点指针
};
struct NodeInfo
{
    SERVER_INFO    Server;//服务器信息
    ONE_STATION    * pStaionHead;//采集站
    ONE_VIDEOSERVER    * pVsHead;//编码设备
};
```

在单服务器的基础上,给某个单服务器设定一个父服务器,级联成为一个树状结构。每个服务器在和上下级服务器由于网络原因或者其他原因失去联系的情况下,仍然可以独立地运行。如果一个子服务器出现故障,父服务器可以接管它的管理工作。考虑到顶级服务器位置和职责的特殊性,采取双机备份的机制,这样系统会更加健壮。

对于一个子服务器来说,它有两个角色,既是服务器又是远端设备。子服务器接收它管理远端设备的上传握手信号,同时它也要向父服务器上传握手信号,由于有统一的握手信号,系统就可以随时监控到每个远端设备和子服务器的运行情况,随时刷新运行状态,在有异常时发出报警或进行异常处理。

这种多服务器体系结构,可以很好解决网络瓶颈问题。如果客户端申请另一个不同区域设备的视频流,视频流首先在服务器间进行传输,视频流到达该客户端归属的服务器,最后由归属的服务器将视频流转发给该客户端。

8.5   系统心跳、容灾机制设计

心跳和容灾机制是部署多服务器网络必须考虑的问题,心跳策略将使我们随时了解网络中任意一台服务器的状态,容灾机制是在知道某级服务器断线的情况下,实施的补救措施。本系统的心跳、容灾机制实现如下:服务器开启一个心跳线程,子服务器定时向父服务器发送握手协议包,并设置一个定时器,如果规定时间内没有收到该命令,则认为该子服务器已经出现问题。出现的问题可能有多种,如果是网络问题,则立即报警;如果是机器死机或程序异常退出不能自启,则父服务器马上接管子服务器的工作。将发生故障服务器下的设备和它管理的所有服务器信息转向由父服务器管理。系统的容灾能力示意图如图 8-19 所示。

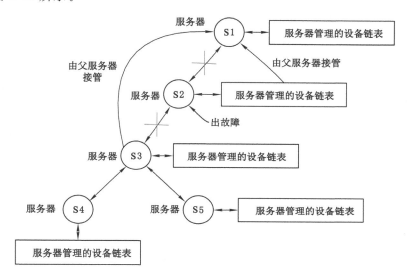

图 8-19   系统的容灾能力示意图

在图 8-19 中,如果二叉树中的 S2 节点发生了故障,那么 S2 负责的设备将转向由父服务器 S1 管理(设备的录像文件将保存在 S1 上),S2 下的所有子服务器也转向由父服务器 S1 管理,同时要拆掉原来的通信线路,及时释放资源(断开原来基于 TCP 的 RPC 连接)。S2 排除故障后,系统将恢复原来的通信路径。二叉树中的某个节点从出现故障到故障排除,客户端是完全不知道的,在用户看来系统资源始终处于可用状态。

8.6   系统测试分析

系统从开发完成到走向成熟和稳定,测试这一环节是必不可少的,需要经过反复测试,不断进行修改和优化。测试是为了找出缺陷,但同时,也可以通过对缺陷的度量和统计,分析缺陷产生的原因和缺陷的分布特征,分析产品的质量、工作效率、诊断开发过程中的问题,并通过改进各个开发过程提高过程能力,最终降低缺陷数量和缺陷密度。没有发现错误的测试也是有价值的,完整的测试是评定测试质量的一种方法。本节的工作是对设计结果进

行分析,分析影响目标检测和目标跟踪模块效果的参数,找出最优解决方案。

8.6.1 测试环境搭建

测试环境包括两个部分,系统的硬件环境和软件环境。系统的硬件环境主要由视频服务器、云台摄像机和普通的 PC 系统构成,视频服务器和计算机通过交换机接入同一局域网。系统测试环境如图 8-20 所示。

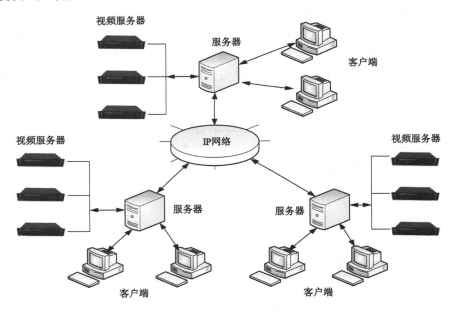

图 8-20　系统的测试环境

搭建一个多服务器网络用于进行系统测试,使用 6 台计算机作为服务器,每台服务器管理两台设备,搭建的服务器网络层次如图 8-21 所示。该网络层次使用二叉树表示,并有一个顶级服务器。为了保证在顶级服务器发生故障时,不至于使系统崩溃,顶级服务器使用双机备份的方式。

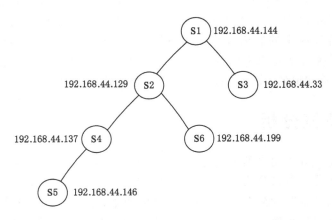

图 8-21　服务器网络层次图

8.6.2 目标检测模块测试与分析

本节中,目标检测模块的测试主要应用了第四章所提出的显著性引导目标检测算法。通过计算原始图像的颜色直方图,利用边缘算子提取边缘特征,不断滤除图像中非显著性区域,最终获取目标突出的显著图,检测过程如图 8-22 所示。由图可以看出,最终的显著图能很好滤除周围环境干扰,可为后续目标跟踪提供准确的初始位置信息。

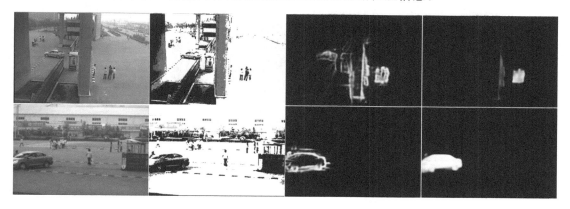

图 8-22　目标检测功能

8.6.3 目标跟踪模块测试与分析

本节中,目标跟踪模块的测试主要应用了第四章所提出的基于动态空间正则化和目标显著性引导的相关滤波跟踪算法。根据基于目标显著性引导的检测模块传输过来的视频序列中目标第一帧的位置和尺度信息,进行跟踪学习,并在这个过程中不断更新跟踪模型,使跟踪滤波器能够一直跟踪目标,并且在光线明暗变化、背景干扰,有较多遮挡等复杂情况中保持一定的鲁棒性。

首先,从数据采集模块将视频数据通过数据传输模块发送到目标检测模块,目标检测模块从视频数据中获取视频第一帧中目标的位置信息和尺度信息。然后对目标跟踪滤波器进行初始化,调用第四章中的跟踪滤波器并利用第一帧的位置和大小信息对目标进行跟踪,在特殊区域检测到有目标物体闯入时,启动异常报警联动模块。跟踪滤波器根据提取样本的 HOG 和纹理特征计算出最大响应位置作为新的目标位置,并且根据置信度判断是否需要更新滤波器模型,从而最终得出下一帧的目标位置。

在视频监控系统中,首先设置目标跟踪的相关参数,如图 8-23 所示。系统的目标跟踪模块主要分为实时在线跟踪和根据录像文件离线跟踪两部分,离线跟踪主要和报警联动模块配合使用,用于分析报警后事件的处理,需要额外的视频序列获取操作,如图 8-24 所示。图 8-25 是实时交通场景下的目标跟踪结果,算法在光照变化、目标短暂遮挡、目标尺寸变化和背景干扰等场景中,能够实现对目标准确的跟踪。测试时,对于目标长时间停留在遮挡区域的场景,跟踪效果不理想,需要人为干预才能完成目标后续正确的跟踪。

图 8-23　目标跟踪识别界面

8.6.4　系统容灾能力测试与分析

对于上述组建的多服务器网络架构,在测试时,人为断开其中的一级服务器(模拟某级服务器出现故障),该服务器管理的设备以及它负责的服务器可以及时转移到其他服务器,实时视频和录像等功能均工作正常,原来的连接资源可以及时释放,没有造成资源泄露。

8.6.5　协议包分析

可以通过抓包工具捕捉系统所用到的协议,对这些协议进行分析。对捕获到的数据包进行分析,可以帮助我们分析程序端口分配是否合理,数据的发送和接收是否正确,以及客户端和服务器之间、服务器与服务器之间的 RPC 通信是否正常。在系统开发的过程中,经常使用抓包工具对数据进行分析,从而方便了对系统的调试。图 8-26 是系统运行期间,捕获到的数据包。

其中第四、五行,是传输控制协议的内容,第四行是 RPC 协议的请求端,源地址是 192.168.142.144(此 IP 地址的计算机上运行的是客户端),目的地址是 192.168.0.116(此 IP 地址的计算机上运行的是服务器);第五行是 RPC 协议的服务端,即该数据包是从服务器 192.168.0.116 发往客户端 192.168.142.144 的。除了第四、五行,其余的几行都是视频数据包,这些数据包都是由服务器 192.168.0.116 发给客户端 192.168.142.144 的,说明客户端接收的是服务器转发的设备视频流。从上图还可以看出,视频流传输使用的是 UDP 协议。

图 8-24　初始化图像序列界面

图 8-25　视频监控系统中目标定位与跟踪

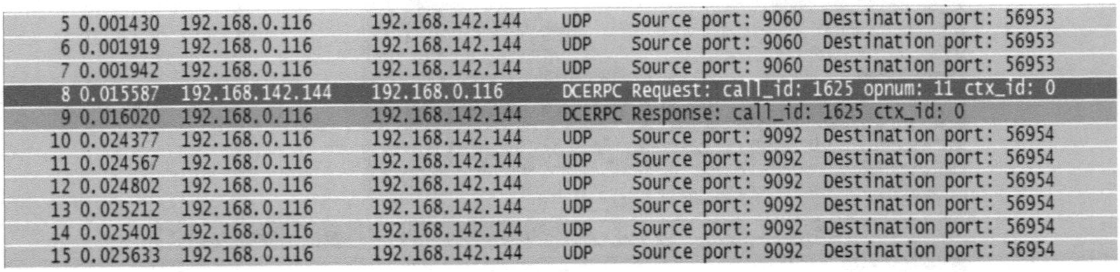

5 0.001430	192.168.0.116	192.168.142.144	UDP	Source port: 9060	Destination port: 56953
6 0.001919	192.168.0.116	192.168.142.144	UDP	Source port: 9060	Destination port: 56953
7 0.001942	192.168.0.116	192.168.142.144	UDP	Source port: 9060	Destination port: 56953
8 0.015587	192.168.142.144	192.168.0.116	DCERPC	Request: call_id: 1625 opnum: 11 ctx_id: 0	
9 0.016020	192.168.0.116	192.168.142.144	DCERPC	Response: call_id: 1625 ctx_id: 0	
10 0.024377	192.168.0.116	192.168.142.144	UDP	Source port: 9092	Destination port: 56954
11 0.024567	192.168.0.116	192.168.142.144	UDP	Source port: 9092	Destination port: 56954
12 0.024802	192.168.0.116	192.168.142.144	UDP	Source port: 9092	Destination port: 56954
13 0.025212	192.168.0.116	192.168.142.144	UDP	Source port: 9092	Destination port: 56954
14 0.025401	192.168.0.116	192.168.142.144	UDP	Source port: 9092	Destination port: 56954
15 0.025633	192.168.0.116	192.168.142.144	UDP	Source port: 9092	Destination port: 56954

图 8-26　捕获的数据包

8.7　本章小结

本章完成了本书所设计的目标跟踪算法在智能视频监控系统中的实际应用。所设计的基于目标检测跟踪的智能视频监控系统,可以自动完成对视频数据的计算,较好地完成目标的实时跟踪分析,并且及时作出报警联动,满足了监控系统实时处理异常情况的要求。该系统具有统一的呼叫流程,开放的系统接口和统一的信令标准。系统在 512 KB 带宽条件下,能够达到 576×752 的分辨率;在丢包率为 1‰的网络环境下,分辨率为 CIF;通信速率为 128 kbps 时,视频质量达到广播级;在点对点之间小于 6 跳的情况下,视频延迟时间＜500 ms。

可广泛应用于诸如电力无人驻守变电站、电信机房、银行、道路交通、学校、海关、连锁营业场所的远程视频监控以及本地局域网方式下的监控。系统的研究成果应用于城市交通监控系统中,可以为智能城市道路交通监控提供重要的理论和应用基础,为改善交通事故频发、交通拥堵等状况提供决策依据。

参 考 文 献

[1] 黄凯奇,陈晓棠,康运锋,等. 智能视频监控技术综述[J]. 计算机学报,2015,38(6):1093-1118.

[2] SUN J P,DING E J,SUN B,et al. Image salient object detection algorithm based on adaptive multi-feature template[J]. DYNA,2020,95(1):646-653.

[3] 尹明锋. 智能视频监控系统中目标跟踪问题的研究[D]. 南京:南京理工大学,2020.

[4] 陈汐,韩译锋,闫云凤,等. 目标物智能跟踪与分割融合算法及其在变电站视频监控中的应用[J]. 中国电机工程学报,2020,40(23):7578-7586.

[5] ZUO Y M,QIU W C,XIE L X,et al. CRAVES:controlling robotic arm with a vision-based economic system[C]//2019 IEEE/CVF Conference on Computer Vision and Pattern Recognition (CVPR). June 15-20,2019,Long Beach,CA,USA. IEEE,2020:4209-4218.

[6] 尹磊. 汽车安全辅助驾驶系统研究与实现[D]. 济南:山东大学,2012.

[7] 刘彩虹,张磊,黄华. 交通路口监控视频跨视域多目标跟踪的可视化[J]. 计算机学报,2018,41(1):221-235.

[8] ZHANG X,GAO H,GUO M,et al. A study on key technologies of unmanned driving [J]. CAAI Transactions on Intelligence Technology,2016,1(1):4-13.

[9] 孙伟,宋如意,王宇航. 视觉/惯性组合导航中的 SWF 与 MSCKF 对比研究[J]. 中国矿业大学学报,2020,49(1):198-204.

[10] 张莉,李彬,田联房,等. 基于 Log-Euclidean 协方差矩阵描述符的医学图像配准[J]. 计算机学报,2019,42(09):2087-2099.

[11] 赵欣,王仕成,廖守亿,等. 基于抗差自适应容积卡尔曼滤波的超紧耦合跟踪方法[J]. 自动化学报,2014,40(11):2530-2540.

[12] 王爽,夏玉,焦李成. 基于均值漂移的自适应纹理图像分割方法[J]. 软件学报,2010,21(6):1451-1461.

[13] 王洪雁,张莉彬,陈国强,等. 结合粒子滤波及度量学习的目标跟踪方法[J]. 通信学报,2021,42(5):98-109.

[14] MAJD M,SAFABAKHSH R. Correlational convolutional LSTM for human action recognition[J]. Neurocomputing,2020,396:224-229.

[15] WANG H,NGUANG S K,WEN J W. Robust video tracking algorithm:a multi-feature fusion approach[J]. IET Computer Vision,2018,12(5):640-650.

[16] RAZZAQ M A,QUERO J M,CLELAND I,et al. uMoDT:an unobtrusive multi-occupant detection and tracking using robust Kalman filter for real-time activity recogni-

tion[J]. Multimedia Systems,2020,26(5):553-569.

[17] SUN M J,XIAO J M,LIM E G,et al. Fast template matching and update for video object tracking and segmentation[C]//2020 IEEE/CVF Conference on Computer Vision and Pattern Recognition (CVPR). June 13-19,2020,Seattle,WA,USA. IEEE, 2020:10788-10796.

[18] LAI Z H,LU E,XIE W D. MAST:a memory-augmented self-supervised tracker [C]//2020 IEEE/CVF Conference on Computer Vision and Pattern Recognition (CVPR). June 13-19,2020,Seattle,WA,USA. IEEE,2020:6478-6487.

[19] LI B,WU W,WANG Q,et al. SiamRPN:evolution of Siamese visual tracking with very deep networks[C]//2019 IEEE/CVF Conference on Computer Vision and Pattern Recognition (CVPR). June 15-20, 2019, Long Beach,CA, USA. IEEE, 2020: 4277-4286.

[20] WANG Q,ZHANG L,BERTINETTO L,et al. Fast online object tracking and segmentation:a unifying approach[C]//2019 IEEE/CVF Conference on Computer Vision and Pattern Recognition (CVPR). June 15-20, 2019, Long Beach, CA, USA. IEEE,2020:1328-1338.

[21] SUN J P. Improved hierarchical convolutional features for robust visual object tracking[J]. Complexity,2021,2021:1-16.

[22] 谢超. 视频目标跟踪技术研究[D]. 北京:中国科学技术大学,2018.

[23] 李欣,周婧琳,厚佳琪,等. 基于 ECO-HC 改进的运动目标跟踪方法研究[J]. 南京大学学报(自然科学),2020,56(2):216-225.

[24] HARE S,GOLODETZ S,SAFFARI A,et al. Struck:structured output tracking with kernels[J]. IEEE Transactions on Pattern Analysis and Machine Intelligence,2016, 38(10):2096-2109.

[25] ZHOU X,LI Y F,HE B. Entropy distribution and coverage rate-based birth intensity estimation in GM-PHD filter for multi-target visual tracking[J]. Signal Processing, 2014,94:650-660.

[26] WEN L Y,LEI Z,LYU S W,et al. Exploiting hierarchical dense structures on hypergraphs for multi-object tracking[J]. IEEE Transactions on Pattern Analysis and Machine Intelligence,2016,38(10):1983-1996.

[27] WENG X S,WANG Y X,MAN Y Z,et al. GNN3DMOT:graph neural network for 3D multi-object tracking with 2D-3D multi-feature learning[C]//2020 IEEE/CVF Conference on Computer Vision and Pattern Recognition (CVPR). June 13-19,2020, Seattle,WA,USA. IEEE,2020:6498-6507.

[28] HUANG Y R,ZHU F Y,ZENG Z N,et al. SQE:a self quality evaluation metric for parameters optimization in multi-object tracking[C]//2020 IEEE/CVF Conference on Computer Vision and Pattern Recognition (CVPR). June 13-19,2020,Seattle,WA, USA. IEEE,2020:8303-8311.

[29] ABDEL-HADI A. Real-time object tracking using color-based Kalman particle filter

[C]//The 2010 International Conference on Computer Engineering & Systems. November 30 - December 2,2010,Cairo,Egypt. IEEE,2010:337-341.

[30] DU B,SUN Y,WU C,et al. Real-time tracking based on weighted compressive tracking and a cognitive memory model[J]. Signal Processing,2017,139:173-181.

[31] CHRYSOS G G, ANTONAKOS E, ZAFEIRIOU S, et al. Offline deformable face tracking in arbitrary videos[C]//2015 IEEE International Conference on Computer Vision Workshop（ICCVW）. December 7-13, 2015, Santiago, Chile. IEEE, 2016: 954-962.

[32] BERCLAZ J,FLEURET F,TURETKEN E,et al. Multiple object tracking using K-shortest paths optimization[J]. IEEE Transactions on Pattern Analysis and Machine Intelligence,2011,33(9):1806-1819.

[33] 厉丹,田隽,肖理庆,等.基于 Camshift 自适应多特征模板的视频目标跟踪[J].煤炭学报,2013,38(7):1299-1304.

[34] FAN Z,JI H,ZHANG Y . Iterative particle filter for visual tracking[J]. Signal Processing:Image Communication,2015,36:140-153.

[35] 吕韵秋,刘凯,程飞.基于点轨迹的核相关滤波器跟踪算法[J].通信学报,2018,39(6):190-198.

[36] BAI Q X, WU Z, SCLAROFF S, et al. Randomized ensemble tracking［C］//2013 IEEE International Conference on Computer Vision. December 1-8, 2013, Sydney, NSW,Australia. IEEE,2014:2040-2047.

[37] WANG Q,CHEN F,XU W L,et al. Object tracking via partial least squares analysis [J]. IEEE Transactions on Image Processing,2012,21(10):4454-4465.

[38] 严双咏,刘长红,江爱文,等.语义耦合相关的判别式跨模态哈希学习算法[J].计算机学报,2019,42(1)164-175.

[39] 张晓丽,张龙信,肖满生,等.快速多域卷积神经网络和光流法融合的目标跟踪[J].计算机工程与科学,2020,42(12):2217-2222.

[40] 刘大千,刘万军,费博雯,等.前景约束下的抗干扰匹配目标跟踪方法[J].自动化学报,2018,44(6):1138-1152.

[41] SUN J P,DING E J,LI D,et al. Long-term object tracking based on improved continuously adaptive mean shift algorithm[J]. Journal of Engineering Science and Technology Review,2020,13(5):33-41.

[42] PAREEK A,ARORA N. Re-projected SURF features based mean-shift algorithm for visual tracking[J]. Procedia Computer Science,2020,167:1553-1560.

[43] SUN J P,DING E J,LI D,et al. Continuously adaptive mean-shift tracking algorithm based on improved Gaussian model[J]. Journal of Engineering Science and Technology Review,2020,13(5):50-57.

[44] 郭文,游思思,张天柱,等.低秩重检测的多特征时空上下文的视觉跟踪[J].软件学报,2018,29(4):1017-1028.

[45] 丁新尧,张鑫.基于显著性特征的选择性目标跟踪算法[J].电子学报,2020,48(1):

118-123.

[46] 段汝娇,赵伟,黄松岭,等.基于模糊 ID3 决策树的快速角点检测算法[J].清华大学学报(自然科学版),2011,51(12):1787-1791.

[47] 李季,周轩弘,何勇,等.基于尺度不变性与特征融合的目标检测算法[J].南京大学学报(自然科学),2021,57(2):237-244.

[48] 杨旭升,张文安,俞立.适用于事件触发的分布式随机目标跟踪方法[J].自动化学报,2017,43(8):1393-1401.

[49] 李天成,范红旗,孙树栋.粒子滤波理论、方法及其在多目标跟踪中的应用[J].自动化学报,2015,41(12):1981-2002.

[50] 李振兴,刘进忙,李松,等.基于箱式粒子滤波的群目标跟踪算法[J].自动化学报,2015,41(4):785-798.

[51] BRADSKI G. Computer vision face tracking for use in a perceptual user interface[J]. Intel Technology Journal,1998(2):1-15.

[52] 高晁倩.基于 Camshift 算法的多特征融合的视频跟踪[D].济南:山东师范大学,2020.

[53] LI X B,XU G Q,YANG X Y,et al. A multi feature tracking algorithm based on Camshift[J]. Computer & Digital Engineering,2020,48(1):73-77.

[54] 陈丹,姚伯羽.运动模型引导的自适应核相关目标跟踪方法[J].电子学报,2021,49(3):550-558.

[55] LAN J H,JIANG Y L,FAN G L,et al. Real-time automatic obstacle detection method for traffic surveillance in urban traffic[J]. Journal of Signal Processing Systems,2016,82(3):357-371.

[56] KIM Y,HAN W,LEE Y H,et al. Object tracking and recognition based on reliability assessment of learning in mobile environments[J]. Wireless Personal Communications,2017,94(2):267-282.

[57] LI F L,ZHANG R H,YOU F. Fast pedestrian detection and dynamic tracking for intelligent vehicles within V2V cooperative environment[J]. IET Image Processing,2017,11(10):833-840.

[58] 王旭东,王屹炜,闫贺.背景抑制直方图模型的连续自适应均值漂移跟踪算法[J].电子与信息学报,2019,41(6):1480-1487.

[59] WANG H,NGUANG S K,WEN J W. Robust video tracking algorithm:a multi-feature fusion approach[J]. IET Computer Vision,2018,12(5):640-650.

[60] ROY P P,KUMAR P,KIM B G. An efficient sign language recognition (SLR) system using camshift tracker and hidden Markov model (HMM)[J]. SN Computer Science,2021,2(2):1-15.

[61] LIU Y. Human motion image detection and tracking method based on Gaussian mixture Model and Camshift [J]. Microprocessors and Microsystems, 2021, 82(20):103843.

[62] BANKAR R,SALANKAR S. Improvement of head gesture recognition using camshift based face tracking with UKF[C]//2019 9th International Conference on Emer-

ging Trends in Engineering and Technology - Signal and Information Processing (ICETET-SIP-19). November 1-2,2019,Nagpur,India. IEEE,2020:1-5.

[63] GUAN W P,LIU Z P,WEN S S,et al. Visible light dynamic positioning method using improved camshift-Kalman algorithm[J]. IEEE Photonics Journal,2019,11(6):1-22.

[64] 谢娟英,谢维信.基于特征子集区分度与支持向量机的特征选择算法[J].计算机学报, 2014,37(8):1704-1718.

[65] HARE S,GOLODETZ S,SAFFARI A,et al. Struck:structured output tracking with kernels[J]. IEEE Transactions on Pattern Analysis and Machine Intelligence,2016, 38(10):2096-2109.

[66] ZHANG T Z,LIU S,AHUJA N,et al. Robust visual tracking via consistent low-rank sparse learning[J]. International Journal of Computer Vision,2015,111(2):171-190.

[67] 丁子豪,宋春雷,任旭倩,等.具有动态弹性稀疏表示的鲁棒目标跟踪算法[J].控制与决策,2021,36(11):2674-2682.[68] 田丹,张国山,谢英红.具有融合罚约束的低秩结构化稀疏表示目标跟踪算法[J].控制与决策,2019,34(11):2479-2484.

[69] KRISTAN M,MATAS J,LEONARDIS A,et al. The visual object tracking VOT2015 challenge results[C]//2015 IEEE International Conference on Computer Vision Workshop (ICCVW). December 7-13,2015,Santiago,Chile. IEEE,2016:564-586.

[70] QI Y K,ZHANG S P,QIN L,et al. Hedged deep tracking[C]//2016 IEEE Conference on Computer Vision and Pattern Recognition (CVPR). June 27-30,2016,Las Vegas,NV,USA. IEEE,2016:4303-4311.

[71] 姜文涛,金岩,刘万军.遮挡判定下多层次重定位跟踪算法[J].中国图象图形学报, 2021,26(02):0378-0390.

[72] TAO R,GAVVES E,SMEULDERS A W M. Siamese instance search for tracking [C]//2016 IEEE Conference on Computer Vision and Pattern Recognition (CVPR). June 27-30,2016,Las Vegas,NV,USA. IEEE,2016:1420-1429.

[73] 胡青松,程勇.信标漂移场景下基于加权 DS 证据理论的目标定位[J].中国矿业大学学报,2019,48(5):1162-1168.

[74] 孙金萍,丁恩杰,鲍蓉,等.多特征融合的长时间目标跟踪算法[J].南京大学学报(自然科学),2021,57(2):218-227.

[75] DANELLJAN M,BHAT G,KHAN F S,et al. ECO:efficient convolution operators for tracking[C]//2017 IEEE Conference on Computer Vision and Pattern Recognition (CVPR). July 21-26,2017,Honolulu,HI,USA. IEEE,2017:6931-6939.

[76] 孙继平,贾倪.矿井视频图像中人员目标匹配与跟踪方法[J].中国矿业大学学报, 2015,44(3):540-547.

[77] AVIDAN S. Support vector tracking[J]. IEEE Transactions on Pattern Analysis and Machine Intelligence,2004,26(8):1064-1072.

[78] GRABNER H,GRABNER M,BISCHOF H. Real-time tracking via on-line boosting [C]//Proceedings of the British Machine Vision Conference 2006. Edinburgh. British Machine Vision Association,2006:47-56.

[79] BABENKO B,YANG M H,BELONGIE S. Visual tracking with online Multiple Instance Learning[C]//2009 IEEE Conference on Computer Vision and Pattern Recognition(CVPR). June 20-25,2009,Miami,FL,USA. IEEE,2009:983-990.

[80] HARE S,GOLODETZ S,SAFFARI A,et al. Struck:structured output tracking with kernels[J]. IEEE Transactions on Pattern Analysis and Machine Intelligence,2016, 38(10):2096-2109.

[81] KALAL Z,MIKOLAJCZYK K,MATAS J. Tracking-learning-detection[J]. IEEE Transactions on Pattern Analysis and Machine Intelligence,2012,34(7):1409-1422.

[82] 王科平,朱朋飞,杨艺,等. 多时空感知相关滤波融合的目标跟踪算法[J]. 计算机辅助设计与图形学学报,2020,32(11):1840-1852.

[83] DANELLJAN M,HAGER G,KHAN F S,et al. Learning spatially regularized correlation filters for visual tracking[C]//2015 IEEE International Conference on Computer Vision (ICCV). December 7-13,2015,Santiago,Chile. IEEE,2016:4310-4318.

[84] 孟琭,杨旭. 目标跟踪算法综述[J]. 自动化学报,2019,45(7):1244-1260.

[85] 刘巧元,王玉茹,张金玲,等. 基于相关滤波器的视频跟踪方法研究进展[J]. 自动化学报,2019,45(2):265-275.

[86] BOLME D S,BEVERIDGE J R,DRAPER B A,et al. Visual object tracking using adaptive correlation filters[C]//2010 IEEE Computer Society Conference on Computer Vision and Pattern Recognition(CVPR). June 13-18,2010,San Francisco,CA,USA. IEEE,2010:2544-2550.

[87] HENRIQUES J F,CASEIRO R,MARTINS P,et al. Exploiting the circulant structure of tracking-by-detection with kernels[C]//Proceedings of the 12th European Conference on Computer Vision - Volume Part IV. New York:ACM,2012:702-715.

[88] HENRIQUES J F,CARREIRA J,CASEIRO R,et al. Beyond hard negative mining: efficient detector learning via block-circulant decomposition[C]//2013 IEEE International Conference on Computer Vision(ICCV). December 1-8,2013,Sydney,NSW, Australia. IEEE,2014:2760-2767.

[89] DANELLJAN M,KHAN F S,FELSBERG M,et al. Adaptive color attributes for real-time visual tracking[C]//2014 IEEE Conference on Computer Vision and Pattern Recognition(CVPR). June 23-28,2014,Columbus,OH,USA. IEEE,2014:1090-1097.

[90] HENRIQUES J F,CASEIRO R,MARTINS P,et al. High-speed tracking with kernelized correlation filters[J]. IEEE Transactions on Pattern Analysis and Machine Intelligence,2015,37(3):583-596.

[91] LI Y,ZHU J K. A scale adaptive kernel correlation filter tracker with feature integration[C]//Computer Vision - ECCV 2014 Workshops. Cham:Springer International Publishing,2015:254-265.

[92] 刘明华,汪传生,胡强,等. 多模型协作的分块目标跟踪[J]. 软件学报,2020,31(2): 511-530.

[93] 赵浩光,孟琭,耿欢,等. 尺度自适应的多特征融合相关滤波目标跟踪算法[J]. 控制与

决策,2021,36(2):429-435.

[94] YUAN D,ZHANG X M,LIU J Q,et al. A multiple feature fused model for visual object tracking via correlation filters[J]. Multimedia Tools and Applications,2019,78(19):27271-27290.

[95] DANELLJAN M,HAGER G,KHAN F S,et al. Convolutional features for correlation filter based visual tracking[C]//2015 IEEE International Conference on Computer Vision Workshop (ICCVW). December 7-13,2015,Santiago,Chile. IEEE,2016:621-629.

[96] DANELLJAN M,ROBINSON A,SHAHBAZ KHAN F,et al. Beyond correlation filters:learning continuous convolution operators for visual tracking[C]//Computer Vision - ECCV 2016. Cham:Springer International Publishing,2016:472-488.

[97] KRISTAN M,MATAS J,LEONARDIS A,et al. The visual object tracking VOT2015 challenge results[C]//2015 IEEE International Conference on Computer Vision Workshop (ICCVW). December 7-13,2015,Santiago,Chile. IEEE,2016:564-586.

[98] DANELLJAN M,BHAT G,KHAN F S,et al. ECO:efficient convolution operators for tracking[C]//2017 IEEE Conference on Computer Vision and Pattern Recognition (CVPR). July 21-26,2017,Honolulu,HI,USA. IEEE,2017:6931-6939.

[99] 侯建华,张国帅,项俊. 基于深度学习的多目标跟踪关联模型设计[J]. 自动化学报,2020,46(12):2690-2700.

[100] 徐天阳. 基于相关滤波的目标跟踪算法研究[D]. 无锡:江南大学,2019.

[101] HE K M,ZHANG X Y,REN S Q,et al. Deep residual learning for image recognition[C]//2016 IEEE Conference on Computer Vision and Pattern Recognition (CVPR). June 27-30,2016,Las Vegas,NV,USA. IEEE,2016:770-778.

[102] 黄树成,张瑜,张天柱,等. 基于条件随机场的深度相关滤波跟踪算法[J]. 软件学报,2019,30(4):927-940.

[103] FAN H,LING H B. Siamese cascaded region proposal networks for real-time visual tracking[C]//2019 IEEE/CVF Conference on Computer Vision and Pattern Recognition (CVPR). June 15-20,2019,Long Beach,CA,USA. IEEE,2020:7944-7953.

[104] BERTINETTO L,VALMADRE J,HENRIQUES J F,et al. Fully-convolutional Siamese networks for object tracking[C]//Lecture Notes in Computer Science. Cham:Springer International Publishing,2016:850-865.

[105] LI B,YAN J J,WU W,et al. High performance visual tracking with Siamese region proposal network[C]//2018 IEEE/CVF Conference on Computer Vision and Pattern Recognition(CVPR). June 18-23,2018,Salt Lake City,UT,USA. IEEE,2018:8971-8980.

[106] VOIGTLAENDER P,LUITEN J,TORR P H S,et al. Siam R-CNN:visual tracking by re-detection[C]//2020 IEEE/CVF Conference on Computer Vision and Pattern Recognition (CVPR). June 13-19,2020,Seattle,WA,USA. IEEE,2020:6577-6587.

[107] LI B,WU W,WANG Q,et al. SiamRPN:evolution of Siamese visual tracking with

very deep networks[C]//2019 IEEE/CVF Conference on Computer Vision and Pattern Recognition（CVPR）. June 15-20,2019,Long Beach,CA,USA. IEEE,2020：4277-4286.

[108] ZHANG Y H,WANG L J,QI J Q,et al. Structured Siamese network for real-time visual tracking[C]//Computer Vision - ECCV 2018. Cham：Springer International Publishing,2018：355-370.

[109] GUO D Y,WANG J,CUI Y,et al. SiamCAR：Siamese fully convolutional classification and regression for visual tracking[C]//2020 IEEE/CVF Conference on Computer Vision and Pattern Recognition（CVPR）. June 13-19,2020,Seattle,WA,USA. IEEE,2020：6268-6276.

[110] 陈志旺,张忠新,宋娟. 在线目标分类及自适应模板更新的孪生网络跟踪算法[J]. 通信学报,2021,42(8):151-163.

[111] 谭建豪,郑英帅,王耀南,等. 基于中心点搜索的无锚框全卷积孪生跟踪器[J]. 自动化学报,2021,47(4):801-812.

[112] HOWARD A G,ZHU M,CHEN B,et al. MobileNets：efficient convolutional neural networks for mobile vision applications"[EB/OL]. 2017：arXiv：1704. 04861. https://arxiv. org/abs/1704. 04861"

[113] SANDLER M,HOWARD A,ZHU M L,et al. MobileNetV2：inverted residuals and linear bottlenecks[C]//2018 IEEE/CVF Conference on Computer Vision and Pattern Recognition(CVPR). June 18-23,2018,Salt Lake City,UT,USA. IEEE,2018：4510-4520.

[114] HOWARD A,SANDLER M,CHEN B,et al. Searching for MobileNetV3[C]//2019 IEEE/CVF International Conference on Computer Vision （ICCV）. October 27 - November 2,2019,Seoul,Korea（South）. IEEE,2020：1314-1324.

[115] LIANG P P,BLASCH E,LING H B. Encoding color information for visual tracking：algorithms and benchmark[J]. IEEE Transactions on Image Processing,2015,24(12)：5630-5644.

[116] MUELLER M,SMITH N,GHANEM B. A benchmark and simulator for UAV tracking[C]//Computer Vision - ECCV 2016. Cham：Springer International Publishing,2016：445-461.

[117] MULLER M,BIBI A,GIANCOLA S,et al. TrackingNet：a large-scale dataset and benchmark for object tracking in the wild[C]//Computer Vision - ECCV 2018：15th European Conference,Munich,Germany,September 8-14,2018,Proceedings,Part I. New York：ACM,2018：310-327.

[118] KRISTAN M, MATAS J, LEONARDIS A, et al. The visual object tracking VOT2013 challenge results[C]//2013 IEEE International Conference on Computer Vision Workshop(ICCV),Sydney,Australia,December 1-8,2013：1-14.

[119] KRISTAN M, MATAS J, LEONARDIS A, et al. The visual object tracking VOT2014 challenge results[C]//European Conference on Computer Vision Work-

shops(ECCV),Zurich,Switzerland,September 6-7 and 12,2014:191-217.

[120] KRISTAN M, MATAS J, LEONARDIS A, et al. The visual object tracking VOT2015 challenge results[C]//2015 IEEE International Conference on Computer Vision Workshop(ICCV),Santiago,Chile. December 7-13,2015:1-23.

[121] KRISTAN M, LEONARDIS A, MATAS J, et al. The visual object tracking VOT2017 challenge results[C]//2017 IEEE International Conference on Computer Vision Workshops （ICCVW）. October 22-29, 2017, Venice, Italy. IEEE, 2018: 1949-1972.

[122] KRISTAN M,LEONARDIS A,MATAS J,et al. The sixth visual object tracking VOT2018 challenge results[C]. European Conference on Computer Vision(ECCV), 2018:3-53.

[123] WU Y,LIM J,YANG M H. Online object tracking:a benchmark[C]//2013 IEEE Conference on Computer Vision and Pattern Recognition(CVPR). June 23-28,2013, Portland,OR,USA. IEEE,2013:2411-2418.

[124] WU Y,LIM J,YANG M H. Object tracking benchmark[J]. IEEE Transactions on Pattern Analysis and Machine Intelligence,2015,37(9):1834-1848.

[125] 初红霞,谢忠玉,王科俊.一种结合颜色纹理直方图的改进型 Camshift 目标跟踪算法[J].西安交通大学学报,2018,52(03):145-152.

[126] DU S J, XU H X, LI T P. Implementation of camshift target tracking algorithm based on hybrid filtering and multifeature fusion[J]. Journal of Sensors,2020,2020: 1-13.

[127] 邱男,朱明,韩广良.似然相似度函数在目标跟踪中的鲁棒机理研究[J].软件学报, 2015,26(1):52-61.

[128] HAYAT M A,YANG G T,IQBAL A,et al. Autonomous swimmers tracking algorithm based on Kalman filter and CamShift[C]//2019 13th International Conference on Open Source Systems and Technologies （ICOSST）. December 17-19, 2019, Lahore,Pakistan. IEEE,2020:1-6.

[129] 刘丽,谢毓湘,魏迎梅,等.局部二进制模式方法综述[J].中国图象图形学报,2014,19(12):1696-1720.

[130] 刘亚姝,王志海,严寒冰,等.抗混淆的恶意代码图像纹理特征描述方法[J].通信学报,2018,39(11):44-53.

[131] 肖理庆.电阻层析成像有限元模型优化与图像重建算法研究[D].天津:天津大学,2014.

[132] 陶志勇,张蕾,林森.基于 SCBSO 算法的低照度纹理图像增强方法[J].激光与光电子学进展,2019,56(24):92-101.

[133] 杨流松,姚文莉,薛世峰.粒子群优化算法在具有奇异位置的多体系统动力学中的应用[J].北京大学学报(自然科学版),2021,57(5):795-803.

[134] SUN J P,LI D,WANG X M. Correlation filter tracking algorithm based on object saliency guidance[J]. Journal of Engineering Science and Technology Review,2021,

14(6):43-54.

[135] SUN J P,DING E J,SUN B,et al. Adaptive kernel correlation filter tracking algorithm in complex scenes[J]. IEEE Access,2020,8:208179-208194.

[136] 陈智,柳培忠,骆炎民,等.自适应特征融合的多尺度相关滤波目标跟踪算法[J].计算机辅助设计与图形学学报,2018,30(11):2063-2073.

[137] LUKEZIC A,VOJIR T,CEHOVIN A L,et al. Discriminative correlation filter with channel and spatial reliability[C]//2017 IEEE Conference on Computer Vision and Pattern Recognition (CVPR). July 21-26,2017,Honolulu,HI,USA. IEEE,2017:4847-4856.

[138] GALOOGAHI H K,SIM T,LUCEY S. Correlation filters with limited boundaries [C]//2015 IEEE Conference on Computer Vision and Pattern Recognition (CVPR). June 7-12,2015,Boston,MA,USA. IEEE,2015:4630-4638.

[139] LIU H,HU Q Y,LI B,et al. Robust long-term tracking via instance-specific proposals[J]. IEEE Transactions on Instrumentation and Measurement,2020,69(4):950-962.

[140] 熊丹,卢惠民,肖军浩,等.具有尺度和旋转适应性的长时间目标跟踪[J].自动化学报,2019,45(2):289-304.

[141] QIN Y,LU H C,XU Y Q,et al. Saliency detection via cellular automata[C]//2015 IEEE Conference on Computer Vision and Pattern Recognition (CVPR). June 7-12,2015,Boston,MA,USA. IEEE,2015:110-119.

[142] YAN Q,XU L,SHI J P,et al. Hierarchical saliency detection[C]//2013 IEEE Conference on Computer Vision and Pattern Recognition(CVPR). June 23-28,2013,Portland,OR,USA. IEEE,2013:1155-1162.

[143] WANG L J,LU H C,WANG Y F,et al. Learning to detect salient objects with image-level supervision[C]//2017 IEEE Conference on Computer Vision and Pattern Recognition (CVPR). July 21-26,2017,Honolulu,HI,USA. IEEE,2017:3796-3805.

[144] TÜNNERMANN J,BORN C,MERTSCHING B. Saliency from growing neural gas:learning pre-attentional structures for a flexible attention system[J]. IEEE Transactions on Image Processing,2019,28(11):5296-5307.

[145] 张晴,李云,李文举.融合深度特征和多核增强学习的显著目标检测[J].中国图象图形学报,2019,24(7):1096-1105.

[146] 崔丽群,陈晶晶,任茜钰,等.融合多特征与先验信息的显著性目标检测[J].中国图象图形学报,2020,25(2):321-331.

[147] 张冬明,靳国庆,代锋.基于深度融合的显著性目标检测算法[J].计算机学报,2019,42(9):2076-2085.

[148] ZHAO J X,LIU J J,FAN D P,et al. EGNet:edge guidance network for salient object detection[C]//2019 IEEE/CVF International Conference on Computer Vision (ICCV). October 27 - November 2,2019,Seoul,Korea (South). IEEE,2020:8778-8787.

［149］ LIU H，HU Q Y，LI B，et al. Robust long-term tracking via instance-specific proposals［J］. IEEE Transactions on Instrumentation and Measurement，2020，69（4）：950-962.

［150］ MA C，HUANG J B，YANG X K，et al. Robust visual tracking via hierarchical convolutional features［J］. IEEE Transactions on Pattern Analysis and Machine Intelligence，2019，41（11）：2709-2723.

［151］ 张伟俊，钟胜，徐文辉，等. 融合显著性与运动信息的相关滤波跟踪算法［J］. 自动化学报，2021，47（7）：1572-1588.

［152］ SUN J P，LI D，CHENG H L. Object tracking algorithm based on multi-time-space perception and instance-specific proposals［J］. Intelligent Automation & Soft Computing，2023，37（1）：655-675.

［153］ KARUNASEKERA H，WANG H，ZHANG H D. Multiple object tracking with attention to appearance，structure，motion and size［J］. IEEE Access，2019，7：104423-104434.

［154］ BERTINETTO L，VALMADRE J，GOLODETZ S，et al. Staple：complementary learners for real-time tracking［C］//2016 IEEE Conference on Computer Vision and Pattern Recognition（CVPR）. June 27-30，2016. Las Vegas，NV，USA. IEEE，2016：1401-1409.

［155］ 刘巧玲，刘一达. 自适应融合的长期目标跟踪算法［J］. 成都大学学报（自然科学版），2019，38（3）：281-286.

［156］ 柳培忠，阮晓虎，田震，等. 一种基于多特征融合的视频目标跟踪方法［J］. 智能系统学报，2014，9（3）：319-324.

［157］ YOU S A，ZHU H，LI M G，et al. A review of visual trackers and analysis of its application to mobile robot［J/OL］. 2019-10-22. https：//www. researchgate. net/publication/336735302.

［158］ 魏建. 相关滤波架构下鲁棒视觉跟踪算法研究［D］. 南京：南京邮电大学，2019.

［159］ VALMADRE J，BERTINETTO L，HENRIQUES J，et al. End-to-end representation learning for correlation filter based tracking［C］//2017 IEEE Conference on Computer Vision and Pattern Recognition（CVPR）. July 21-26，2017，Honolulu，HI，USA. IEEE，2017：5000-5008.

［160］ 邵江南，葛洪伟. 一种基于深度学习目标检测的长时目标跟踪算法［J/OL］. 智能系统学报，2021，16（03）：433-441.

［161］ WANG M M，LIU Y，HUANG Z Y. Large margin object tracking with circulant feature maps［C］//2017 IEEE Conference on Computer Vision and Pattern Recognition（CVPR）. July 21-26，2017，Honolulu，HI，USA. IEEE，2017：4800-4808.

［162］ BOYD S，PARIKH N，CHU E，et al. Distributed optimization and statistical learning via the alternating direction method of multipliers［J］. Foundations and Trends in Machine Learning，2010，3（1）：1-122.

［163］ FAN H，XIANG J H. Robust visual tracking via local-global correlation filter［C］//

Proceedings of the Thirty-First AAAI Conference on Artificial Intelligence. February 4-9,2017,San Francisco,California,USA. New York:ACM,2017:4025-4031.

[164] LAWRENCE ZITNICK C,DOLLAR P. Edge boxes:locating object proposals from edges[C]//Computer Vision - ECCV 2014. Cham:Springer International Publishing,2014:391-405.

[165] DANELLJAN M,HAGER G,KHAN F S,et al. Adaptive decontamination of the training set:a unified formulation for discriminative visual tracking[C]//2016 IEEE Conference on Computer Vision and Pattern Recognition (CVPR). June 27-30, 2016,Las Vegas,NV,USA. IEEE,2016:1430-1438.

[166] 王珺.复杂场景下多模型视频目标跟踪算法研究[D].北京:北京交通大学,2020.

[167] 刘畅,赵巍,刘鹏,等.目标跟踪中辅助目标的选择、跟踪与更新[J].自动化学报,2018,44(7):1195-1211.

[168] GALOOGAHI H K,FAGG A,LUCEY S. Learning background-aware correlation filters for visual tracking[C]//2017 IEEE International Conference on Computer Vision (ICCV). October 22-29,2017,Venice,Italy. IEEE,2017:1144-1152.

[169] 陈昭炯,叶东毅,林德威.基于背景抑制颜色分布新模型的合成式目标跟踪算法[J].自动化学报,2021,47(3):630-640.

[170] DANELLJAN M,HAGER G,SHAHBAZ KHAN F,et al. Accurate scale estimation for robust visual tracking[C]//Proceedings of the British Machine Vision Conference 2014. Nottingham. British Machine Vision Association,2014.

[171] YUAN D,FAN N,HE Z . Learning target-focusing convolutional regression model for visual object tracking[J]. Knowledge-Based Systems,2020,194:105526.

[172] SIMONYAN K,ZISSERMAN A. Very deep convolutional networks for large-scale image recognition"[EB/OL]. 2014:arXiv:1409. 1556. https://arxiv. org/abs/1409. 1556"

[173] XU T Y,FENG Z H,WU X J,et al. Joint group feature selection and discriminative filter learning for robust visual object tracking[C]//2019 IEEE/CVF International Conference on Computer Vision (ICCV). October 27 - November 2,2019,Seoul,Korea (South). IEEE,2020:7949-7959.

[174] SUN J P,LI D. A cloud-oriented Siamese network object tracking algorithm with attention network and adaptive loss function[J]. Journal of Cloud Computing,2023,12(1):1-15.

[175] SUN J P,LI D. Object tracking with channel group regularization and smooth constraints using improved dynamic convolution kernels in ITS[J]. Multimedia Tools and Applications,2022:1-25.

[176] ZHU Z,WANG Q,LI B,et al. Distractor-aware Siamese networks for visual object tracking[C]//Computer Vision - ECCV 2018. Cham:Springer International Publishing,2018:103-119.

[177] WANG Q,ZHANG L,BERTINETTO L,et al. Fast online object tracking and seg-

mentation: a unifying approach [C]//2019 IEEE/CVF Conference on Computer Vision and Pattern Recognition (CVPR). June 15-20,2019,Long Beach,CA,USA. IEEE,2020:1328-1338.

[178] XU Y D,WANG Z Y,LI Z X,et al. SiamFC++:towards robust and accurate visual tracking with target estimation guidelines[J]. Proceedings of the AAAI Conference on Artificial Intelligence,2020,34(7):12549-12556.

[179] LUO Y,XIAO H,OU J,et al.. SiamSMDFFF:Siamese network tracker based on shallow-middle-deep three-level feature fusion and clustering-based adaptive rectangular window filtering[J]. Neurocomputing,2022,483:160-170.

[180] YANG K,HE Z,ZHOU Z,et al. SiamAtt:siamese attention network for visual tracking[J]. Knowledge-Based systems,2020,203:106079.

[181] WEI B,CHEN H,DING Q,et al. SiamOAN:siamese object-aware network for real-time target tracking[J]. Neurocomputing,2022,471:161.

[182] RUSSAKOVSKY O,DENG J,SU H,et al. ImageNet large scale visual recognition challenge[J]. International Journal of Computer Vision,2015,115(3):211-252.

[183] SUN J P,CHEN L,BAO R,et al. Video monitoring system application to urban traffic intersection[C]//Simulation Tools and Techniques. Cham:Springer International Publishing,2019:339-345.

附　　录

（1）跟踪算法部分程序代码

图像显著性检测：

```
I=imread('timg.jpg');
%I=rgb2gray(I);
I=imresize(uint8(I),[300,300]);
mode=fspecial('gaussian',6,3);
IS=imfilter(I,mode,'replicate');
[label,num]=superpixels(IS,500);
BW = boundarymask(label);
%figure
[m n]=size(label);
supmean=uint64(zeros(num,5));
labelnum=zeros(num);
for i=1:m
    for j=1:n
        supmean(label(i,j),1)=supmean(label(i,j),1)+i;
        supmean(label(i,j),2)=supmean(label(i,j),2)+j;
        supmean(label(i,j),3)=(supmean(label(i,j),3)+uint64(IS(i,j,1)));
        supmean(label(i,j),4)=(supmean(label(i,j),4)+uint64(IS(i,j,2)));
        supmean(label(i,j),5)=(supmean(label(i,j),5)+uint64(IS(i,j,3)));
        labelnum(label(i,j))=labelnum(label(i,j))+1;
    end
end
for i=1:num
    supmean(i,1)=uint16(supmean(i,1)./labelnum(i));
    supmean(i,2)=uint16(supmean(i,2)./labelnum(i));
    supmean(i,3)=uint16(supmean(i,3)./labelnum(i));
    supmean(i,4)=uint16(supmean(i,4)./labelnum(i));
    supmean(i,5)=uint16(supmean(i,5)./labelnum(i));
end
IM=zeros(m,n,3);
for i=1:m
```

```
        for j=1:n
            IM(i,j,1)=uint8(supmean(label(i,j),3));
            IM(i,j,2)=uint8(supmean(label(i,j),4));
            IM(i,j,3)=uint8(supmean(label(i,j),5));
        end
    end
    supim=uint8(cat(3,IM(:,:,1),IM(:,:,2),IM(:,:,3)));
    %全局
    supmean=double(supmean);
    dist_all=zeros(num,1);
    w0=0.1;
    for i=1:num
        for j=1:num
            dist_all(i)=dist_all(i)+(w0*(supmean(i,1)-supmean(j,1))^2+w0*
(supmean(i,2)-supmean(j,2))^2+(supmean(i,3)-supmean(j,3))^2+(supmean(i,4)
-supmean(j,4))^2+(supmean(i,5)-supmean(j,5))^2)^0.5;
        end
    end
    %归一化
    dist_min=min(dist_all);
    dist_max=max(dist_all);
    for i=1:num
        dist_all(i)=(dist_all(i)-dist_min)*255/(dist_max-dist_min);
    end
    dist_all=uint8(dist_all);
    im_all=zeros(300,300);
    for i=1:m
        for j=1:n
            im_all(i,j)=dist_all(label(i,j));
        end
    end
    im_all=uint8(im_all);
    %边缘
    dist_edge=zeros(num,1);
    w0=0.1;
    thre=15;
    for i=1:num
        for j=1:num
            if (supmean(j,1)<=thre||supmean(j,1)>=m-thre||supmean(j,2)<=
```

thre||supmean(j,1)>=m-thre)

dist_edge(i)=dist_edge(i)+(w0 * (supmean(i,1)-supmean(j,1))^2+w0 * (supmean(i,2)-supmean(j,2))^2+(supmean(i,3)-supmean(j,3))^2+(supmean(i,4)-supmean(j,4))^2+(supmean(i,5)-supmean(j,5))^2)^0.5;

```
            end
        end
    end
    %归一化
    dist_min=min(dist_edge);
    dist_max=max(dist_edge);
    for i=1:num
        dist_edge(i)=(dist_edge(i)-dist_min) * 255/(dist_max-dist_min);
    end
    dist_edge=uint8(dist_edge);
    im_edge=zeros(300,300);
    for i=1:m
        for j=1:n
            im_edge(i,j)=dist_edge(label(i,j));
        end
    end
    im_edge=uint8(im_edge);
    %局部
    sa=ones(num,1);
    w0=0.12;
    w=0.18;
    radius=20;
    for i=1:num
        numerator=0;
        denominator=0;
        for j=1:num
            dist_ij=((supmean(i,1)-supmean(j,1))^2+(supmean(i,2)-supmean(j,2))^2);
            if i~=j
            if dist_ij<=radius^2
                dist_local=(w0 * dist_ij+(supmean(i,3)-supmean(j,3))^2+(supmean(i,4)-supmean(j,4))^2+(supmean(i,5)-supmean(j,5))^2)^0.5;
                numerator=numerator+exp(-w * dist_local) * dist_all(j);
                denominator=denominator+exp(-w * dist_local);
            end
```

```
            end
        end
      sa(i)=numerator. /denominator;
    end
  sa_max=max(sa);
  sa_min=min(sa);
  for i=1:num
      sa(i)=(sa(i)-sa_min) * 255/(sa_max-sa_min);
  end
  sa=uint8(sa);
  im_local=zeros(300,300);
  for i=1:m
      for j=1:n
            im_local(i,j)=sa(label(i,j));
      end
  end
  im_local=uint8(im_local);
  %显示图片
  subplot(321),imshow(I);title('Original Map');
  subplot(322),imshow(imoverlay(IS,BW,'cyan'),'InitialMagnification',100);title('Su-
perpixels Map');
  supingary=rgb2gray(supim);
  subplot(323),imshow(supim);title('Superixels Homogeneous Color Filling Map');
  subplot(324),imshow(im_all,'Colormap',jet(255));title('In All Superpixels');
  subplot(3,2,5),imshow(im_edge,'Colormap',jet(255));title('In Edge Superpixels');
  subplot(3,2,6),imshow(im_local,'Colormap',jet(255));title('In Local Superpixels');
  计算 APCE:
                [curr_apce,curr_Fmax,curr_Fmean] = apce(response);
                sum_apce =   sum_apce + curr_apce;
                sum_Fmax = sum_Fmax + curr_Fmax;
                mean_apce = sum_apce / counts;
                mean_Fmax =   sum_Fmax / counts;
                counts = counts + 1;
                 a(frame)=curr_apce;
                 b1(frame)=curr_Fmax;
                 b2(frame)=curr_Fmax-0.1;
                 c(frame)=curr_Fmean;
                beta1 = 0.35;
                beta2 = 0.5;
```

```
function [APCE,Fmax,Fmean] = apce(response)
    sum = 0;
    Fmax= max(max(response))
%       disp(Fmax)
    Fmin = min(min(response));
    for i = 1: size(response,1)
        for j = 1 ;size(response,2)
            sum = sum +( response(i,j) - Fmin)^2;
        end
    end
    Fmean =   sum / (size(response,1) * size(response,2));
    APCE = (Fmax - Fmin)^2 / Fmean;
end
function [positions, time] = tracker(video_path, img_files, pos, target_sz, ...
    padding, kernel, lambda, output_sigma_factor, interp_factor, cell_size, ...
    features, show_visualization)
global sum_apce;
global sum_Fmax;
global counts;
sum_apce=0;
sum_Fmax=0;
counts=1;
resize_image = (sqrt(prod(target_sz)) >= 100);
if resize_image,
    pos = floor(pos / 2);
    target_sz = floor(target_sz / 2);
end
%window size, taking padding into account
window_sz = floor(target_sz * (1 + padding));
output_sigma = sqrt(prod(target_sz)) * output_sigma_factor / cell_size;
yf = fft2(gaussian_shaped_labels(output_sigma, floor(window_sz / cell_size)));
cos_window = hann(size(yf,1)) * hann(size(yf,2))';
if show_visualization,
    update_visualization = show_video(img_files, video_path, resize_image);
end
%note: variables ending with 'f' are in the Fourier domain.
time = 0;   % FPS
positions = zeros(numel(img_files), 2);   % precision
start_detect = false;
```

```
for frame = 1:numel(img_files),
    im = imread([video_path img_files{frame}]);
    rgb_im = im;
    if size(im,3) > 1,
        im = rgb2gray(im);
    end
    if resize_image,
        im = imresize(im, 0.5);
    end
    tic()
    if frame > 1,
        if(start_detect)
            detect_pos = detector(rgb_im);
            if(~isempty(detect_pos))
                start_detect = false;
                pos = floor(detect_pos);
                pos = [pos(2)+25,pos(1)+25];
            else
                imim = im;
            end
        end
        if(~start_detect)
            %obtain a subwindow for detection at the position from last
            patch = get_subwindow(im, pos, window_sz);
            temp = get_features(patch, features, cell_size, cos_window);
            imim = im;
            zf = fft2(temp);
            %calculate response of the classifier at all shifts
            switch kernel.type
                case 'gaussian',
                    kzf = gaussian_correlation(zf, model_xf, kernel.sigma);
                case 'polynomial',
                    kzf = polynomial_correlation(zf, model_xf, kernel.poly_a, kernel.poly_b);
                case 'linear',
                    kzf = linear_correlation(zf, model_xf);
            end
            response = real(ifft2(model_alphaf . * kzf));   %equation for fast detection
```

```matlab
%                temp1 = max(response(:));
%开始运行检测
[curr_apce,curr_Fmax,curr_Fmean] = apce(response);
sum_apce =   sum_apce + curr_apce;
sum_Fmax = sum_Fmax + curr_Fmax;
mean_apce = sum_apce / counts;
mean_Fmax =   sum_Fmax / counts;
counts = counts + 1;
 a(frame)=curr_apce;
 b1(frame)=curr_Fmax;
 b2(frame)=curr_Fmax-0.1;
 c(frame)=curr_Fmean;
beta1 = 0.35;
beta2 = 0.5;
[vert_delta, horiz_delta] = find(response == max(response(:)), 1);
if vert_delta > size(zf,1) / 2,
    vert_delta = vert_delta - size(zf,1);
end
if horiz_delta > size(zf,2) / 2,   %same for horizontal axis
    horiz_delta = horiz_delta - size(zf,2);
end
pos = pos + cell_size * [vert_delta - 1, horiz_delta - 1];
box = [pos([2,1]) - target_sz([2,1])/2, target_sz([2,1])];
end
figure(3)
subplot(121)
if(~start_detect)
    imim = insertShape(imim,'Rectangle',box,'LineWidth',1);
end
imshow(imim);
x = ['frame ',num2str(frame)];
title(x);
subplot(122)
if(~start_detect)
    mesh(fftshift(response))
%   mesh(response)
end
x = ['response of frame ',num2str(frame)];
title(x)
```

```
        end
    %obtain a subwindow for training at newly estimated target position
    if(~start_detect)
        patch = get_subwindow(im, pos, window_sz);
        xf = fft2(get_features(patch, features, cell_size, cos_window));
        %Kernel Ridge Regression, calculate alphas (in Fourier domain)
        switch kernel.type
            case 'gaussian',
                kf = gaussian_correlation(xf, xf, kernel.sigma);
            case 'polynomial',
                kf = polynomial_correlation(xf, xf, kernel.poly_a, kernel.poly_b);
            case 'linear',
                kf = linear_correlation(xf, xf);
        end
        alphaf = yf ./ (kf + lambda);
        if frame == 1,
            model_alphaf = alphaf;
            model_xf = xf;
        else
            %subsequent frames, interpolate model
            model_alphaf = (1 - interp_factor) * model_alphaf + interp_factor * alphaf;
            model_xf = (1 - interp_factor) * model_xf + interp_factor * xf;
        end
    end
        %保存位置等信息
        positions(frame,:) = pos;
        time = time + toc();
        if show_visualization,
            box = [pos([2,1]) - target_sz([2,1])/2, target_sz([2,1])];
            stop = update_visualization(frame, box);
            if stop, break, end
            drawnow
        end
    end
    if resize_image,
        positions = positions * 2;
    end
```

```
figure(4)
if   frame= = numel(img_files),
          subplot(111)
          plot(b1, 'g—', 'LineWidth',1);
          xlabel('Frame'), ylabel('Fmax')
end
figure(5)
if   frame= = numel(img_files),
          subplot(111)
          plot(a, 'g—', 'LineWidth',1);
          xlabel('Frame'), ylabel('APCE')
end
end
```

跟踪框显示：

```
close all
clear
clc
warning off all;
addpath('. /util');
pathDraw = '.\tmp\imgs\';% The folder that will stores the images with overlaid
bounding box
rstIdx = 1;
seqs=configSeqs;
trks=configTrackers;
if isempty(rstIdx)
     rstIdx = 1;
end
LineWidth = 4;
plotSetting;
lenTotalSeq = 0;
resultsAll=[];
trackerNames=[];
for index_seq=1:length(seqs)
     seq = seqs{index_seq};
     seq_name = seq. name;
     seq_length = seq. endFrame—seq. startFrame+1;
     lenTotalSeq = lenTotalSeq + seq_length;
     for index_algrm=1:length(trks)
          algrm = trks{index_algrm};
```

```
        name＝algrm. name;
        trackerNames{index_algrm}＝name;
        fileName ＝ [pathRes seq_name '_' name '. mat];
        load(fileName);
        res ＝ results{rstIdx};
        if ～isfield(res,'type') && isfield(res,'transformType')
            res. type ＝ res. transformType;
            res. res ＝ res. res';
        end
        if strcmp(res. type,'rect')
            for i ＝ 2:res. len
                r ＝ res. res(i,:);
                if (isnan(r) | r(3)<=0 | r(4)<=0)
                    res. res(i,:)＝res. res(i-1,:);
                end
            end
        end
        resultsAll{index_algrm} ＝ res;
    end
    nz  ＝ strcat('%0',num2str(seq. nz),'d');
    pathSave ＝ [pathDraw seq_name '_' num2str(rstIdx) '/'];
    if ～exist(pathSave,'dir')
        mkdir(pathSave);
    end
    for i＝10:seq_length
        image_no ＝ seq. startFrame ＋ (i-1);
        id ＝ sprintf(nz,image_no);
        fileName ＝ strcat(seq. path,id,'.',seq. ext);
        img ＝ imread(fileName);
        imshow(img);
        text(10, 15, ['#' id], 'Color','y', 'FontWeight','bold', 'FontSize',24);
        for j＝1:length(trks)
            disp(trks{j}. name)
            LineStyle ＝ plotDrawStyle{j}. lineStyle;
            switch resultsAll{j}. type
                case 'rect'
                    rectangle('Position', resultsAll{j}. res(i,:), 'EdgeColor', plot-
DrawStyle{j}. color, 'LineWidth', LineWidth,'LineStyle',LineStyle);
                case 'ivtAff'
```

```
                    drawbox(resultsAll{j}. tmplsize, resultsAll{j}. res(i,:), 'Col-
or', plotDrawStyle{j}. color, 'LineWidth', LineWidth,'LineStyle', LineStyle);
                    case 'SIMILARITY'
                         warp_p = parameters_to_projective_matrix(resultsAll{j}.
type,resultsAll{j}. res(i,:));
                         [corner c] = getLKcorner(warp_p, resultsAll{j}. tmplsize);
                         hold on,
                         plot([corner(1,:) corner(1,1)], [corner(2,:) corner(2,1)],
'Color', plotDrawStyle{j}. color,'LineWidth', LineWidth,'LineStyle', LineStyle);
                    otherwise
                         disp('The type of output is not supported! ')
                         continue;
                end
            end
            imwrite(frame2im(getframe(gcf)), [pathSave   num2str(i) '. png']);
        end
        clf
    end
```

对比结果曲线：

```
clear
close all;
clc
addpath('. /util');
attPath = '.\anno\att\'; % The folder that contains the annotation files for sequence
attributes
attName={'illumination variation'   'out—of—plane rotation' 'scale variation'   'occlu-
sion' 'deformation'   'motion blur'   'fast motion'   'in—plane rotation' 'out of view'   'back-
ground clutter' 'low resolution'};
attFigName={'illumination_variations'   'out—of—plane_rotation' 'scale_variations'
'occlusions'   'deformation'   'blur'   'abrupt_motion' 'in—plane_rotation' 'out—of—view'
'background_clutter' 'low_resolution'};
% 不同算法设置不同颜色
plotDrawStyleAll={   struct('color',[1,0,0],'lineStyle','—'),...
    struct('color',[0,1,0],'lineStyle','—'),...
    struct('color',[0,0,1],'lineStyle','—'),...
    struct('color',[0,0,0],'lineStyle','—'),...
    struct('color',[1,0,1],'lineStyle','—'),..
    struct('color',[0,1,1],'lineStyle','—'),...
    struct('color',[0.5,0.5,0.5],'lineStyle','—'),..
```

```
        };
    plotDrawStyle10={    struct('color',[1,0,0],'lineStyle','—'),...
        struct('color',[0,1,0],'lineStyle','——'),...
        struct('color',[0,0,1],'lineStyle',';'),...
        struct('color',[0,0,0],'lineStyle','—'),....
        };
    seqs=configSeqs;
    trackers=configTrackers;
    numSeq=length(seqs);
    numTrk=length(trackers);
    nameTrkAll=cell(numTrk,1);
    for idxTrk=1:numTrk
        t = trackers{idxTrk};
        nameTrkAll{idxTrk}=t.namePaper;
    end
    nameSeqAll=cell(numSeq,1);
    numAllSeq=zeros(numSeq,1);
    att=[];
    for idxSeq=1:numSeq
        s = seqs{idxSeq};
        nameSeqAll{idxSeq}=s.name;
        s.len = s.endFrame — s.startFrame + 1;
        numAllSeq(idxSeq) = s.len;
        att(idxSeq,:)=load([attPath s.name '.txt']);
    end
    attNum = size(att,2);
    figPath = '.\figs\overall\';
    perfMatPath = '.\perfMat\overall\';
    if ~exist(figPath,'dir')
        mkdir(figPath);
    end
    metricTypeSet = {'error', 'overlap'};
    evalTypeSet = {'OPE'};%模式
    rankingType = 'threshold';
    rankNum = 10;
    if rankNum == 10
        plotDrawStyle=plotDrawStyle10;
    else
        plotDrawStyle=plotDrawStyleAll;
```

```
        end
    thresholdSetOverlap = 0:0.05:1;
    thresholdSetError = 0:50;
    for i=1:length(metricTypeSet)
        metricType = metricTypeSet{i};
        switch metricType
            case 'overlap'
                thresholdSet = thresholdSetOverlap;
                rankIdx = 11;
                xLabelName = 'Threshold';
                yLabelName = 'Success rate';
            case 'error'
                thresholdSet = thresholdSetError;
                rankIdx = 21;
                xLabelName = 'Location error threshold';
                yLabelName = 'Precision';
        end
        if strcmp(metricType,'error')&strcmp(rankingType,'AUC')
            continue;
        end
        tNum = length(thresholdSet);
        for j=1:length(evalTypeSet)
            evalType = evalTypeSet{j};
            plotType = [metricType '_' evalType];
            switch metricType
                case 'overlap'
                    titleName = ['Success plots of ' evalType];
                case 'error'
                    titleName = ['Precision plots of ' evalType];
            end
            dataName = [perfMatPath 'aveSuccessRatePlot_' num2str(numTrk) 'alg_'
plotType '.mat'];
            if ~exist(dataName)
                genPerfMat(seqs, trackers, evalType, nameTrkAll, perfMatPath);
            end
            load(dataName);
            numTrk = size(aveSuccessRatePlot,1);
            if rankNum > numTrk | rankNum <0
                rankNum = numTrk;
```

```
            end
        figName= [figPath 'quality_plot_' plotType '_' rankingType];
        idxSeqSet = 1:length(seqs);
    plotDrawSave ( numTrk, plotDrawStyle, aveSuccessRatePlot, idxSeqSet, rankNum,
rankingType,rankIdx,nameTrkAll,thresholdSet,titleName, xLabelName,yLabelName,
figName,metricType);
        attTrld = 0;
        for attIdx=1:attNum
            idxSeqSet=find(att(:,attIdx)>attTrld);
            if length(idxSeqSet) < 2
                continue;
            end
            disp([attName{attIdx} ' ' num2str(length(idxSeqSet))])
            figName=[figPath attFigName{attIdx} '_' plotType '_' rankingType];
            titleName = ['Plots of ' evalType ': ' attName{attIdx} ' (' num2str
(length(idxSeqSet)) ')'];
                switch metricType
                    case 'overlap'
                        titleName = ['Success plots of ' evalType ' — ' attName{at-
tIdx} ' (' num2str(length(idxSeqSet)) ')'];
                    case 'error'
                        titleName = ['Precision plots of ' evalType ' — ' attName{at-
tIdx} ' (' num2str(length(idxSeqSet)) ')'];
                end
    plotDrawSave ( numTrk, plotDrawStyle, aveSuccessRatePlot, idxSeqSet, rankNum,
rankingType,rankIdx,nameTrkAll,thresholdSet,titleName, xLabelName,yLabelName,
figName,metricType);
            end
        end
    end
参数设置：
close all
clear
clc
warning off all;
addpath('./util');
addpath(('D:\科研\目标跟踪和论文\目标跟踪\tracker_benchmark_v1.0\vlfeat—
0.9.18\toolbox'));
vl_setup
```

```
addpath(('. /rstEval'));
addpath(['. /trackers/VIVID_Tracker'])
seqs=configSeqs;
trackers=configTrackers;
shiftTypeSet = {'left','right','up','down','topLeft','topRight','bottomLeft','bottomRight
','scale_8','scale_9','scale_11','scale_12'};
evalType='OPE'; %'OPE','SRE','TRE'
diary(['. /tmp/' evalType '. txt']);
numSeq=length(seqs);
numTrk=length(trackers);
finalPath = ['. /results/results_' evalType '_CVPR13/'];
if ~exist(finalPath,'dir')
    mkdir(finalPath);
end
tmpRes_path = ['. /tmp/' evalType '/'];
bSaveImage=0;
if ~exist(tmpRes_path,'dir')
    mkdir(tmpRes_path);
end
pathAnno = '. /anno/';
for idxSeq=1:length(seqs)
    s = seqs{idxSeq};
    s. len = s. endFrame - s. startFrame + 1;
    s. s_frames = cell(s. len,1);
    nz   = strcat('%0',num2str(s. nz),'d');
    for i=1:s. len
        image_no = s. startFrame + (i-1);
        id = sprintf(nz,image_no);
        s. s_frames{i} = strcat(s. path,id,'.',s. ext);
    end
    img = imread(s. s_frames{1});
    [imgH,imgW,ch]=size(img);
    rect_anno = dlmread([pathAnno s. name '. txt']);
    numSeg = 20;
    [subSeqs, subAnno]=splitSeqTRE(s,numSeg,rect_anno);
    switch evalType
        case 'OPE'
            subS = subSeqs{1};
            subSeqs=[];
```

```
                subSeqs{1} = subS;
                subA = subAnno{1};
                subAnno=[];
                subAnno{1} = subA;
        otherwise
    end
    for idxTrk=1:numTrk
        t = trackers{idxTrk};
        if exist([finalPath s. name '_' t. name '. mat'])
            load([finalPath s. name '_' t. name '. mat']);
            bfail=checkResult(results, subAnno);
            if bfail
                disp([s. name ''   t. name]);
            end
            continue;
        end
        switch t. name
            case {'VTD','VTS'}
                continue;
        end
        results = [];
        for idx=1:length(subSeqs)
            disp([num2str(idxTrk) '_' t. name ', ' num2str(idxSeq) '_' s. name ': '
num2str(idx) '/' num2str(length(subSeqs))])
            rp = [tmpRes_path s. name '_' t. name '_' num2str(idx) '/'];
            if bSaveImage&~exist(rp,'dir')
                mkdir(rp);
            end
            subS = subSeqs{idx};
            subS. name = [subS. name '_' num2str(idx)];
            funcName = ['res=run_' t. name '(subS, rp, bSaveImage);'];
            try
                switch t. name
                    case {'VR','TM','RS','PD','MS'}
                    otherwise
                        cd(['. /trackers/' t. name]);
                        addpath(genpath('. /'))
                end
                eval(funcName);
```

```
                end
                if isempty(res)
                        results = [];
                        break;
                end
            end
            res. len = subS. len;
            res. annoBegin = subS. annoBegin;
            res. startFrame = subS. startFrame;
            switch evalType
                case 'SRE'
                        res. shiftType = shiftTypeSet{idx};
            end
            results{idx} = res;
        end
        save([finalPath s. name '_' t. name '. mat'], 'results');
    end
end
figure
t=clock;
t=uint8(t(2:end));
disp([num2str(t(1)) '/' num2str(t(2)) ' ' num2str(t(3)) ':' num2str(t(4)) ':' num2str
(t(5))]);
```

结果检查：

```
function bfail=checkResult(results, subAnno)
bfail=0;
if isempty(results)
    disp(['Empty all'])
    bfail=1;
else
    for i=1:length(results)
        if isempty(results{i}. res)
            disp(['Empty sub ' num2str(i)])
            bfail=1;
        else
            if size(results{i}. res,1)<size(subAnno{i},1)
                disp(['Size sub ' num2str(i)])
                bfail=1;
            end
```

```
            end
        end
    End
```

（2）视频监控系统部分程序代码

服务器端部分代码：

```
long    LocalQuerySQLStatus()
{
#define SQLSERVER_NOT_FIND 0
#define SQLSERVER_START_OK 1
#define SQLSERVER_START_ERR 2
SC_HANDLEschSCManager;
SC_HANDLEschService;
SERVICE_STATUSssStatus;
LONG               bRet = SQLSERVER_NOT_FIND;
long               count = 0;
schSCManager = OpenSCManager(NULL,NULL,SC_MANAGER_ALL_AC-
CESS);
    if( schSCManager )
    {
schService= OpenService(schSCManager," MSSQLServer", SERVICE_ALL_AC-
CESS);
    if(schService)
    {
bRet = SQLSERVER_START_OK;
QueryServiceStatus(schService,&ssStatus);
while(ssStatus.dwCurrentState! = SERVICE_RUNNING)
{
if( ssStatus.dwCurrentState==SERVICE_STOPPED )
{
StartService(schService,0,NULL);
if (! bFirstSql)
{
bSqlStart = true;
SYS_Ain.ReContoData();
SYS_Log.ReContoData();
SYS_Pactical.ReContoData();
SYS_User.ReContoData();
ExitProcess(STILL_ACTIVE);
}
```

```
        }
        else if( ssStatus. dwCurrentState==SERVICE_PAUSED )
        {
        ControlService(schService, SERVICE_CONTROL_CONTINUE, &ssStatus);
        }
        Sleep(500);
        if( count++ >= 100 )
        {
        bRet = SQLSERVER_START_ERR;
        break;
        }
        QueryServiceStatus(schService, &ssStatus);
        }
        CloseServiceHandle(schService);
        }
        CloseServiceHandle(schSCManager);
        }
        return bRet;
        }
        long CDB::Query(long Type,LPCTSTR strQuery,long &Structlen,long * nRowcount, char * * pInfo)
        {
        struct DataLinks
        {
        char * pData;
        DataLinks * pNext;
        };
        DataLinks * pHead = NULL, * pPos, * pEnum = NULL;
        long lFlen = 0;
        char * pBind = NULL;
        long nBufferSize = 0;
        long ret =-1;
        long nBind =0,nlenS = 0;
        USES_CONVERSION;
        char * lpinfo = NULL;
        int Rowcount =0;
        CCommand<CManualAccessor> rs;
        unsigned long ulColumns          = 0;
        DBCOLUMNINFO * pColumnInfo    = NULL;
```

```
LPOLESTR pStrings                = NULL;
// convert to uper
CString upperStr;
int l = strlen(strQuery);
char * tmpstr = new char[l+1];
if (tmpstr ==NULL)
goto ret2;
 * (tmpstr+l) =0;
memcpy(tmpstr,strQuery,l);
upperStr =(const char * )_strupr(tmpstr);
// find   distinct avg count......
TRY
{
// Open but don't bind.
if (rs. Open(m_session,strQuery, &dbrowset, NULL,
DBGUID_DBSQL, FALSE) ! = S_OK)
{
AfxMessageBox(_T("Couldn't open rowset"));
goto ret2;
}
if (rs. m_spRowset == NULL)
{
//AfxMessageBox(IDS_SUCCESSFUL);
goto ret2;
}
// Get the column information
if (rs. GetColumnInfo(&ulColumns, &pColumnInfo, &pStrings) ! = S_OK)
goto ret1;
for (l=0; l<ulColumns; l++)
{
nBufferSize += pColumnInfo[l]. ulColumnSize;
nBufferSize +=  2;
}
pBind= new char[nBufferSize +2];
if (pBind == NULL)
{
ret = -1;
//__leave;
goto ret1;
```

```
}
rs. CreateAccessor(ulColumns, pBind, nBufferSize);
//rs. m_spRowset. Release();
for (l=0; l<ulColumns; l++)
{
if (l>0)
{
nBind += pColumnInfo[l-1]. ulColumnSize;
nBind += 2;
}
switch (pColumnInfo[l]. wType)
{
case DBTYPE_I4:
case DBTYPE_R4:
rs. AddBindEntry(l+1, DBTYPE_I4, pColumnInfo[l]. ulColumnSize, pBind +
nBind,NULL, pBind + nBind +pColumnInfo[l]. ulColumnSize);
    break;
    case DBTYPE_R8:
    rs. AddBindEntry(l+1, DBTYPE_R8, pColumnInfo[l]. ulColumnSize, pBind +
nBind,NULL, pBind + nBind +pColumnInfo[l]. ulColumnSize);
    break;
    case DBTYPE_STR:
    rs. AddBindEntry(l+1, DBTYPE_STR, pColumnInfo[l]. ulColumnSize, pBind +
nBind,NULL,pBind + nBind +pColumnInfo[l]. ulColumnSize);
    break;
    default:
    break;
    }
    ///    folat length is 4.
    if (pColumnInfo[l]. wType == DBTYPE_R8)
    lFlen += pColumnInfo[l]. ulColumnSize/2;
    else
    lFlen += pColumnInfo[l]. ulColumnSize;
    }
    rs. Bind();
    Structlen = lFlen;
    // Display the data (to the maximum # of records allowed)
    while(rs. MoveNext() == S_OK)
    {
```

```
Rowcount++;
pEnum = new DataLinks;
if (pEnum ==NULL)
goto ret1;
pEnum->pData =NULL;
pEnum->pNext = NULL;
pEnum->pData = new char[Structlen];
if (pEnum->pData ==NULL)
goto ret1;
memset(pEnum->pData,0,Structlen);
if (pHead ==NULL)
{
pHead = pEnum;
pPos = pEnum;
}
lpinfo = pEnum->pData;
nBind =0;
for (l=0; l<ulColumns; l++)
{
DWORD * dstatus;
if (l>0)
{
nBind += pColumnInfo[l-1]. ulColumnSize;
nBind += 2;
}
switch (pColumnInfo[l]. wType)
{
case DBTYPE_R8:
nlenS = pColumnInfo[l]. ulColumnSize/2;
break;
default:
nlenS = pColumnInfo[l]. ulColumnSize;
break;
}
switch (pColumnInfo[l]. wType)
{
case DBTYPE_I4:
case DBTYPE_R4:
{
```

```
dstatus = (DWORD * )(pBind + nBind + pColumnInfo[1]. ulColumnSize);
if ( * (dstatus) == DBSTATUS_S_ISNULL)
 * (lpinfo) =0;
else
{ * ((long * )(lpinfo )) = * ((long * )(pBind + nBind));
}
break;
}
case DBTYPE_R8:
{
dstatus = (DWORD * )(pBind + nBind + pColumnInfo[1]. ulColumnSize);
if ( * (dstatus) == DBSTATUS_S_ISNULL)
 * (lpinfo) =0;
else
{
 * ((float * )(lpinfo )) = * ((double * )(pBind + nBind));
}
break;
}
case DBTYPE_STR:
{
dstatus = (DWORD * )(pBind + nBind + pColumnInfo[1]. ulColumnSize);
if ( * (dstatus) == DBSTATUS_S_ISNULL)
memset(lpinfo ,0,pColumnInfo[1]. ulColumnSize);
else
{
char * oldpos, * start;
char * pos = pBind + nBind;
oldpos = pos;
start = pos;
while( pos < pBind -2 + nBind+ pColumnInfo[1]. ulColumnSize && pos >0 )
{
pos =(char * )memchr(start,'',(pBind -2 + nBind + pColumnInfo[1]. ulColumnS-
ize - start +1));
    if (start ! = pos )
    oldpos = pos;
    start = pos + 1;
}
    if (pos >0)
```

```
* (oldpos) = '\0';
memcpy(lpinfo,pBind + nBind,pColumnInfo[1]. ulColumnSize);
}
break;
}
default:
break;
}
lpinfo += nlenS;
}
}
if (Rowcount ==0)
{
* nRowcount = 0;
ret= 1;
goto ret1;
}
if (Type ==0)
{
   if(NULL == ( * pInfo =
(char * )new char[Rowcount * Structlen]))
goto ret1;
}
else
{
   if(NULL == ( * pInfo = (char * )
midl_user_allocate(Rowcount * Structlen)))
goto ret1;
}
memset( * pInfo,0,Rowcount * Structlen);
lpinfo = * pInfo;
* nRowcount = Rowcount;
long ltmp = 0;
while (pHead ! =NULL)
{
memcpy(lpinfo,pHead->pData,Structlen);
lpinfo += Structlen;
pEnum = pHead;
pHead= pHead->pNext;
```

```
ltmp++;
delete pEnum->pData;
delete pEnum;
}
CoTaskMemFree(pColumnInfo);
CoTaskMemFree(pStrings);
delete []pBind;
pBind = NULL;
rs.ReleaseCommand();
rs.m_spRowset.Release();
rs.FreeRecordMemory();
delete [] rs.m_pAccessorInfo;
rs.Close();
}
CATCH(COLEDBException, e)
{
if (pColumnInfo)
CoTaskMemFree(pColumnInfo);
if (pStrings)
CoTaskMemFree(pStrings);
delete []pBind;
pBind = NULL;
rs.ReleaseCommand();
rs.m_spRowset.Release();
delete [] rs.m_pAccessorInfo;
rs.Close();
}
END_CATCH
delete []tmpstr;
return 1;
ret1:
if (pColumnInfo)
CoTaskMemFree(pColumnInfo);
if (pStrings)
CoTaskMemFree(pStrings);
delete pBind;
pBind = NULL;
ret2:
rs.ReleaseCommand();
```

```
rs. m_spRowset. Release();
delete [] rs. m_pAccessorInfo;
rs. Close();
delete []tmpstr;
return ret;
}
/// get   insert SQL
long CDB::Getinsert(LPCTSTR lpszTablename, CString &strQuery)
{
//CString primary;
CString pColumns;
long Fnums=0,ulColumns=0;
long lpFdstype[50],lpFdslen[50];
if (! GetTabFields(lpszTablename,Fnums,pColumns,lpFdstype,lpFdslen))
return 0;
ulColumns= Fnums;
bool bFirst =TRUE;
strQuery = "insert into ";
strQuery += lpszTablename;
strQuery += "  (";
strQuery += pColumns;
strQuery += ") values (";
for(long l=0;l<Fnums;l++)
{
if (bFirst)
{
strQuery += _T("");
bFirst = FALSE;
}
else
strQuery += _T(",");
switch( * (lpFdstype +l))
{
case DBTYPE_I4:
case DBTYPE_R4:
strQuery   += _T("%d");
break;
case DBTYPE_R8:
strQuery += _T("%f");
```

```
break;
case DBTYPE_STR:
strQuery += _T("'%s'");
break;
}
}
strQuery += ")";
return 1;
}
// get str of update
bool CDB::Getquerystr(LPCSTR lpszTableName, long Type,CString &strquery)
{
USES_CONVERSION;
try
{
// Get Column Information for the table we want
pColumns = new CColumns;
if (pColumns->Open(m_session, NULL, NULL, lpszTableName) ! = S_OK)
return false;
// Generate Column Headers
unsigned long ulColumns = 0;
bool cfirst = TRUE;
while (pColumns->MoveNext() == S_OK)
{
if (memcmp(pColumns->m_szColumnName,"unitid",6)==0|| memcmp(pCol-
umns->m_szColumnName,"encodeid",8)==0
|| memcmp(pColumns->m_szColumnName,"serverid",8) ==0)
continue;
ulColumns++;
if (cfirst)
{
strquery = _T("select ");
cfirst = FALSE;
}
else
strquery += _T(",");
strquery += pColumns->m_szColumnName;
}
strquery += _T(" from ");
```

```
strquery += lpszTableName;
switch( Type) {
        strquery += _T(" where unitid = %d and encodeid = %d and serverid = %d");
    case TYPE_MATRIX:
    strquery += _T(" where unitid = %d and encodeid = %d and serverid = %d ");
    break;
    strquery += _T(" where unitid = %d and encodeid = %d and serverid = %d order by id");
    case TYPE_MULTIPICTURE:
    strquery += _T(" where unitid = %d and encodeid = %d and serverid = %d");
    break;
    case TYPE_STATION:
    break;
    case TYPE_UNIT:
    break;
    case TYPE_ENCODE:
    strquery += _T(" where unitid = %d and encodeid = %d and serverid = %d");
    break;
    default:
    strquery += _T(" where unitid = %d   and serverid = %d");
    break;
    }
    //strquery += _T(" and id = %d");
    delete pColumns;
    pColumns = NULL;
    }
    catch (COLEDBException e)
    {
    }
    return TRUE;
    }
```

客户端部分代码：

```
BOOL CPTZControl::OnInitDialog()
{
CDialog::OnInitDialog();
    m_cPresetName. SetComboBitmap(IDB_COMBO_LEFT, IDB_COMBO_RIGHT, IDB_COMBO_CEN);
    m_cPresetName. SetComboListBitmap(IDB_LIST_LEFT, IDB_LIST_RIGHT,
```

IDB_LIST_TOP, IDB_LIST_BOT);

m_cPresetName. SetHighlightColor(RGB(115，138，174)，RGB(255，255，255));

m_cPresetName. SetNormalPositionColor(RGB(115，138，154)，

RGB(255，255，255));

m_cPatternName. SetComboBitmap(IDB_COMBO_LEFT, IDB_COMBO_RIGHT,

IDB_COMBO_CEN);

m_cPatternName. SetComboListBitmap(IDB_LIST_LEFT, IDB_LIST_RIGHT,IDB_

LIST_TOP, IDB_LIST_BOT);

m_cPatternName. SetHighlightColor(RGB(115，138，174)，RGB(255，255，255));

m_cPatternName. SetNormalPositionColor(RGB(115，138，154)，

RGB(255，255，255));

m_Ioputout. SetComboBitmap(IDB_COMBO_LEFT, IDB_COMBO_RIGHT, IDB_

COMBO_CEN);

m_Ioputout. SetComboListBitmap(IDB_ LIST_ LEFT, IDB_ LIST_ RIGHT, IDB_

LIST_TOP,IDB_LIST_BOT);

m_Ioputout. SetHighlightColor(RGB(115，138，174)，RGB(255，255，255));

m_Ioputout. SetNormalPositionColor(RGB(115，138，154)，RGB(255，255，255));

ReDraw();

if (m_ctrlComm. GetPortOpen())

m_ctrlComm. SetPortOpen(FALSE);

m_ctrlComm. SetCommPort(1);   //选择 com1

if (! m_ctrlComm. GetPortOpen())

m_ctrlComm. SetPortOpen(TRUE);//打开串口

else

AfxMessageBox("cannot open serial port");

m_ctrlComm. SetSettings("1200,n,8,1");//波特率9600,无校验,8个数据位,1个停

止位

m_ctrlComm. SetRThreshold(1);

//参数1表示每当串口接收缓冲区中有多于或等于1个字符时将引发一个接收数据的

OnComm 事件

m_ctrlComm. SetInputLen(8);   //设置当前接收区数据长度为0

m_ctrlComm. GetInput();//先预读缓冲区以清除残留数据

// TODO：Add extra initialization here

return TRUE； // return TRUE unless you set the focus to a control

// EXCEPTION：OCX Property Pages should return FALSE

}

bool CPTZControl：：ModifyPreSetName(long unitid, long chanelid, long cameraid,

long index，CString strName)

{

```
ONE_VIDEOSERVER * pVs = NULL;
if (pVideo->SYS_VSLink. Seek(unitid, &pVs) < 0)
return false;
else
{
for (long ll = 0;
ll < pVs->mEncode. Encode_info[chanelid]. Camera. Sum;ll++)
{
if (pVs->mEncode. Encode_info[chanelid]. Camera. Camera_info[ll]. Id == cam-
eraid)
{memset(pVs->mEncode. Encode_info[chanelid]. Camera. Camera_info[ll]. Preset_
info[index]. Name,
0, 32);
memcpy(pVs->mEncode. Encode_info[chanelid]. Camera. Camera_info[ll]. Preset_
info[index]. Name,
strName, strlen(strName)) ;
m_cPresetName. ResetContent();
for (long lll = 0; lll < 99; lll++)
{m_cPresetName. AddString(pVs->mEncode. Encode_info[chanelid]. Camera.
Camera_info[ll]. Preset_info[lll]. Name);
}
if (m_curIndex >= 0)
m_cPresetName. SetCurSel(m_curIndex);
break;
}
}
}
return true;
}
录像功能部分代码：
CDlgRecord::CDlgRecord() : CFormView(CDlgRecord::IDD)
{
pRecord = this;
m_lFrameSum = 0;
m_bPause = false;
mbStartplay = false;
m_pVideoTree_flag = 0;
g_bconStartplay = false;
mbconpause = false;
```

```
g_eFinishPlayRecord = CreateEvent(NULL, false, false, NULL);
mpvslivex = &m_vslive;
mpSlider = &m_Slider;
g_hEventDragBegin = CreateEvent(NULL, false, false, NULL);
g_hEventDragBegin_insamefile = CreateEvent(NULL, false, false, NULL);
g_hEventDragSetCurrentIndex = CreateEvent(NULL, false, false, NULL);
m_dragStartPos = 0;
g_hDlgRecord = GetSafeHwnd();
bflagDrag = false;
m_pConCom = NULL;
mPreIndex = 0;
Init();
benablepVideolist = TRUE;
mbFastPlay = false;
}
void CDlgRecord::OnInitialUpdate()
{
CFormView::OnInitialUpdate();
m_cbrowse.SetSkin(IDB_BT_LOGIN_SKIN1, IDB_BT_LOGIN_SKIN1_1,
IDB_BT_LOGIN_SKIN1_1, 0, 0, 0, 0, 0, 0);
m_cType.SetComboBitmap(IDB_COMBO_LEFT, IDB_COMBO_RIGHT, IDB_
COMBO_CEN);
m_cType.SetComboListBitmap(IDB_LIST_LEFT, IDB_LIST_RIGHT, IDB_LIST_
TOP, IDB_LIST_BOT);
m_cType.SetHighlightColor(RGB(115, 138, 174), RGB(255, 255, 255));
m_cType.SetNormalPositionColor(RGB(115, 138, 154), RGB(255, 255, 255));
m_All_Secon = 0;
m_FrameNum_One_Secon = 0;
CTime T = CTime::GetCurrentTime();
CTime T2(T.GetYear(), T.GetMonth(), T.GetDay(), 23, 59, 59);
CTime T1 = T2.GetTime() - 3600 * 24 * 2 + 1;    //初始化时取最近两天数据
m_cDatefrom.SetTime(&T1);
m_cDateEnd.SetTime(&T2);
m_cType.SetCurSel(0);
//设定播放按钮
HICON m_hIcon1 = AfxGetApp()->LoadIcon(IDI_PLAY1);
HICON m_hIcon2 = AfxGetApp()->LoadIcon(IDI_PLAY2);
m_conplay.SetIcon(m_hIcon1, m_hIcon2);
m_conplay.SetCursor(IDC_CURSOR1);
```

```
m_conplay. SetTooltip(_T("播放"));
m_hIcon1 = AfxGetApp()->LoadIcon(IDI_PAUSE1);
m_hIcon2 = AfxGetApp()->LoadIcon(IDI_PAUSE2);
m_conpause. SetIcon(m_hIcon1, m_hIcon2);
m_conpause. SetCursor(IDC_CURSOR1);
m_conpause. SetTooltip(_T("暂停"));
m_hIcon1 = AfxGetApp()->LoadIcon(IDI_STOP1);
m_hIcon2 = AfxGetApp()->LoadIcon(IDI_STOP2);
m_constop. SetIcon(m_hIcon1, m_hIcon2);
m_constop. SetCursor(IDC_CURSOR1);
m_constop. SetTooltip(_T("停止"));
m_hIcon1 = AfxGetApp()->LoadIcon(IDI_FAST1);
m_hIcon2 = AfxGetApp()->LoadIcon(IDI_FAST2);
m_Fast. SetIcon(m_hIcon1, m_hIcon2);
m_Fast. SetCursor(IDC_CURSOR1);
m_Fast. SetTooltip(_T("快速播放"));
m_hIcon1 = AfxGetApp()->LoadIcon(IDI_SLOW1);
m_hIcon2 = AfxGetApp()->LoadIcon(IDI_SLOW2);
m_Slow. SetIcon(m_hIcon1, m_hIcon2);
m_Slow. SetCursor(IDC_CURSOR1);
m_Slow. SetTooltip(_T("慢速播放"));
m_hIcon1 = AfxGetApp()->LoadIcon(IDI_STEP1);
m_hIcon2 = AfxGetApp()->LoadIcon(IDI_STEP2);
m_Step. SetIcon(m_hIcon1, m_hIcon2);
m_Step. SetCursor(IDC_CURSOR1);
m_Step. SetTooltip(_T("单步"));
m_conplay. EnableWindow(FALSE);
m_constop. EnableWindow(FALSE);
m_conpause. EnableWindow(FALSE);
m_Step. EnableWindow(FALSE);
m_Fast. EnableWindow(FALSE);
m_Slow. EnableWindow(FALSE);
m_Slider. SetPos(0);
m_vslive. SetRecordStreamFrameNo(0);
if (theFrame->miDisplaymode == 0)
m_vslive. Init(theFrame->mbinterlace, pVideo->m_User. IP, 56889, 0, 0,
1, pVideo->m_Server. Ip, 5004, pVideo->m_User. Id);
else
m_vslive. Init(theFrame->mbinterlace, pVideo->m_User. IP, 56889, 1, 0,
```

```
1, pVideo->m_Server. Ip, 5004, pVideo->m_User. Id);
m_vslive. InitAudio(pVideo->m_User. IP, 56888, 1);
g_hDlgRecord = GetSafeHwnd();
g_pCDlgRec = this;
m_conplay. EnableWindow(false);
m_conpause. EnableWindow(false);
m_constop. EnableWindow(false);
}
```

后　记

　　本书是作者结合近年来国内外前沿目标跟踪理论和方法，以及多年来科研课题研发过程中形成的科研成果，并对本人在 SCI 期刊、EI 期刊和北大核心期刊上发表的前期研究成果进行重新思考和优化完善后撰写完成的。

　　视频目标跟踪是当前计算机视觉和模式识别领域的重要研究课题之一，实际应用场景中目标往往受到光照变化、快速运动、遮挡、低分辨率、旋转、形变、低照度和运动模糊等因素的干扰，设计既能在各种复杂场景下保持较高的鲁棒性又保持一定实时性的跟踪算法是难点问题。本书从跟踪模型建模层面对目标跟踪算法的研究现状进行剖析，对目前目标跟踪算法遇到的难点及挑战进行归纳。在此基础上，基于生成式模型、判别式模型和孪生网络三种模型，从模型的数学建模方式出发，利用手工特征、深度特征和轻量型 CNN 网络对目标外观进行建模，并在重定位—重跟踪策略、目标函数建模和优化、目标模型更新和CNN 网络优化等方面对目标跟踪算法进行探讨和设计，旨在使算法能够在复杂场景下实现准确性、鲁棒性和实时性之间的平衡，满足实际应用需要。本书的主要贡献体现以下六个方面：

　　（1）提出联合改进局部纹理特征和辅助重定位的生成式跟踪算法。考虑到传统 Camshift 算法在特征模型表示和重定位策略设计方面存在的不足，从提取具有鲁棒性的特征入手，设计强化邻域像素和中心像素相关性的局部纹理特征提取模式，建立融合纹理和颜色的目标外观表征模型，分别利用 Meanshift 算法收敛到候选目标，根据特征贡献度和巴氏距离之间的相关性，通过动态加权的方式实现目标位置估计。利用基于分块的抗遮挡模型进行 Kalman 滤波位置补偿，并结合目标辅助重定位模块，减少目标模板漂移的风险，为跟踪丢失后目标的重定位提供参考。和其他同类型的算法对比，该算法在距离准确率和重叠成功率方面均有较大幅度提升，在跟踪精度方面表现一定的优势。

　　本部分内容已发表在作者的文献［41］（EI 期刊，2020：Long-term object

tracking based on improved continuously adaptive mean shift algorithm)和文献[43](EI期刊,2020:Continuously adaptive mean-shift tracking algorithm based on improved gaussian model)上。作者在此基础上,对算法做了进一步扩展和优化。

(2)提出基于动态空间正则化和目标显著性引导的相关滤波跟踪算法。考虑到利用循环位移操作进行样本扩充时产生的边界效应问题,相关滤波器在处理输入特征相关性方面存在的不足,将空间正则化矩阵引入到相关滤波目标函数的数学模型中,并添加不同帧的时序约束,学习更具鉴别性的滤波器模型,挖掘不同特征的滤波响应值和特征贡献度的内在关系,得到多特征自适应融合的跟踪结果。显著性检测分支将目标不同显著性先验特征引入到跟踪框架中,以第一帧图像和最近一次跟踪结果作为引导遍布到多层元胞自动机的每一层,归一化后获得更优的目标显著图,达到目标重新检测的目的。和其他同类型算法对比,所提算法在跟踪成功率方面表现一定的优势。

本部分内容已发表在作者的文献[2](SCI期刊,2020:Image salient object detection algorithm based on adaptive multi-feature template)和文献[134](EI期刊,2022:Correlation filter tracking algorithm based on object saliency guidance)上。作者在此基础上,对算法做了进一步扩展和优化。

(3)提出基于优化多特征耦合模型和尺度自适应的相关滤波跟踪算法。考虑到基于单一传统手工特征训练的滤波器模型易受环境影响,本部分从研究不同手工特征表征能力入手,探索多特征目标函数之间的约束关系,将不同特征相关滤波目标函数进行耦合建模,并采用拉格朗日方法进行优化求解,使优化的滤波器在不同场景中互补受益。利用特征贡献度和最大响应值之间的相关性获得目标位置权重系数,通过构建尺寸金字塔的方式学习一个自适应尺度滤波器,完成最终跟踪结果的输出。联合平均峰值相关能量和最大滤波响应值作为判断目标模型更新的依据,并结合候选区域建议方案,提高跟踪的准确性。和其他同类型算法对比,该算法在保证跟踪准确率的前提下提升了算法的跟踪速度。

本部分内容已发表在作者的文献[74](北大核心期刊,2021:多特征融合的长时间目标跟踪算法)、文献[135](SCI期刊,2020:Adaptive kernel correlation filter tracking algorithm in complex scenes)和文献[152](SCI 期刊,2023:Object tracking algorithm based on multi-time-space perception and instance-specific proposals)上。作者在此基础上,对算法做了进一步扩展和优化。

（4）提出改进深度特征与稀疏/平滑双约束的相关滤波跟踪算法。考虑到传统相关滤波器在建模和目标外观表示方面存在的不足,本部分继续在（3）优化滤波器目标函数的基础上,研究在最小化目标函数的计算中使用 L_1 范数进行惩罚约束,并在建模过程中添加不同视频帧之间的低秩约束,得到一个空间稀疏、时序低秩的滤波器,提高滤波器的时序相关性,防止算法过拟合和性能退化。该算法将卷积神经网络高层和低层特征交互融合实现目标定位,提取含有丰富语义信息最后一层特征进行粗粒度定位,提取含有高空间分辨率的低层特征进行细粒度定位,达到了跟踪精度和鲁棒性平衡。和其他同类型算法对比,所提算法在鲁棒性上表现出一定的优势。

本部分内容已发表在作者的文献[21](SCI 期刊,2021:Improved hierarchical convolutional features for robust visual object tracking)上。作者在此基础上,对算法做了进一步扩展和优化。

（5）提出基于双模板分支和层次化自适应损失函数的孪生轻量型网络的目标跟踪算法。考虑到传统孪生网络框架中只使用单一模板分支存在的不足,在不增加额外网络参数的前提下,设计一个存放历史正确跟踪结果的模板池,从历史帧中动态查找获得与当前搜索预期最匹配的外观模板,并训练基于层次化自适应损失函数的轻量型 CNN,提高骨干网络的泛化能力,减少网络计算参数,提高跟踪速度和准确性。和其他同类型算法对比,所提算法在跟踪准确率上表现出一定的优势。

本部分内容已发表在作者的文献[174](SCI 期刊,2023:A cloud-oriented siamese network object tracking algorithm with attention network and adaptive loss function)和文献[175](SCI 期刊,2022:Object tracking with channel group regularization and smooth constraints using improved dynamic convolution kernels in ITS)上。作者在此基础上,对算法做了进一步扩展和优化。

（6）在基于第 3～7 章研究成果的基础上,设计一套基于目标检测跟踪的智能视频监控系统。考虑到现有视频监控系统在目标外观变化、雾霾天气、低分辨率、光照变化、背景干扰、遮挡等复杂场景下监控效果和目标跟踪效果不理想、准确性差的问题，将理论研究和实际应用相结合，充分利用前期已有的算法模型和成果转化研究条件，根据不同章节提出的理论方法而开发了不同版本的视频监控系统，可满足不同层次客户的使用需求。

本部分内容已发表在作者的文献[183]（EI 检索，2019：Video Monitoring System Application to Urban Traffic Intersection）上，授权"目标跟踪软件"、"视频监控软件"等 6 项软件著作权，"一种运动目标检测装置"和"一种基于计算机视觉的交通智能监管器"2 项实用新型专利，为该部分内容提供重要研究基础和实现思路。

尽管本书在外观变化、光照变化、低分辨率、运动模糊、背景干扰、遮挡等复杂场景下单目标跟踪方面，取得了一些研究成果。然而，当处理实际应用场景下目标跟踪问题时，随时会出现不可预知的干扰因素，由于作者水平有限，仍有很多想法有待进一步实现。以后研究工作主要从以下几个方面展开：

① 基于深度卷积网络的跟踪算法通过离线训练的方式，学习到鲁棒的目标公共特征模型，并通过在线学习的方式动态更新分类器的系数，大大提升了跟踪算法的准确性和鲁棒性。但在跟踪过程中，会涉及到庞大网络参数的调整及更新问题，这会消耗大量的运算时间，在实时性方面还不能完全达到工业级标准。如何将离线网络模型和在线相关滤波算法进行有效融合是下一步一个重点工作，以期既能提高跟踪算法的准确性和鲁棒性，又能提高算法的处理速度，满足实时性任务的需要。可以从设计参数优化算法和优化 CNN 网络结构着手，并结合大规模公开数据集进行训练，实现算法在不同数据集上效果等效性。

② 目前公开的目标跟踪测试数据集有很多，但本书主要在 OTB、TC-128 和 VOT 三个数据集上实施的算法验证过程，将算法移植到其他数据集上展开实验，可能会取得和现在不同的跟踪结果。下一步继续优化算法，扩大验证算法的数据集，尤其加大在实时监控系统中训练算法参数、模型和有效性的力度，进一步提高算法的鲁棒性。

③ 外观表征模型在目标跟踪中起着重要作用，在设计能够适应目标变化的目标外观表征模型方面，考虑将基于稀疏表示的字典学习模型和相关滤波算法进行结合，是后续进一步改进算法的一个方向。

　　基于本书的研究内容，以及作者主持的江苏省高等学校基础科学（自然科学）研究重大项目"复杂场景下基于相关滤波的单目标跟踪技术研究（22KJA520012）"、住房和城乡建设部科学技术项目"复杂环境下的交通事件自动检测和跟踪技术研究（2016-R2-060）"、徐州市科技计划项目"基于视频图像的交通事件自动检测技术研究（KC16SH010）"等纵向科研课题和"基于机器视觉的智能交通监控系统（20223 20306000926）"横向科研课题的研究基础，作者作为主持人完成的"基于视频图像的复杂场景目标跟踪关键技术及应用"等科研成果获中国商业联合会科学技术二等奖和三等奖各1项，徐州市自然科学优秀学术论文二等奖1项，成果得到同行评审专家的认可。在本书出版过程中，中国矿业大学丁恩杰教授、徐州工程学院唐翔教授在内容组织和技术路线等方面提供了指导和帮助。作者参考了众多专家学者的相关著述，为本著作的撰写提供新思路，在书中一一进行了标注，对他们表示最诚挚的感谢！

孙金萍

2023年4月